最优化方法

主　编　王开荣
副主编　刘琼芳　肖　剑

科学出版社
北　京

内 容 简 介

本书介绍最优化的基本概念、常用算法及有关的理论分析和应用，全书包括7部分内容，分别是绪论、线性规划、非线性规划、多目标规划、动态规划、现代优化方法和MATLAB在优化中的应用. 书中的部分例题和案例用MATLAB软件做了演示计算，各章给出了典型例题并配有一定数量的习题，书后给出了部分习题答案或提示. 便于读者加深对书中内容的理解.

本书可作为理工科大学数学类本科少学时和工科硕士研究生的最优化课程教科书，还可作为理工科本科生和工程技术人员的学习参考书.

图书在版编目(CIP)数据

最优化方法/王开荣主编. —北京：科学出版社，2012
ISBN 978-7-03-035325-2

Ⅰ. ①最…　Ⅱ. ①王…　Ⅲ. ①最优化算法-研究生-教材　Ⅳ. ①O242. 23

中国版本图书馆CIP数据核字(2012)第191468号

责任编辑：胡云志　任俊红　唐保军 / 责任校对：林青梅
责任印制：赵　博 / 封面设计：华路天然工作室

科学出版社 出版
北京东黄城根北街16号
邮政编码：100717
http://www.sciencep.com

三河市骏杰印刷有限公司印刷

科学出版社发行　各地新华书店经销

*

2012年8月第　一　版　开本：720×1000　B5
2024年11月第十八次印刷　印张：17 1/4
字数：338 000

定价：49.00元

(如有印装质量问题，我社负责调换)

前　言

以最优化原理和方法为基础的优化设计广泛应用于机械、电子、化工、建筑等工业部门和管理决策部门.最优化方法是高校数学类本科生和工科硕士研究生的一门重要课程,本书是作者们在多年教学实践的基础上总结、整合而成的.

本书介绍最优化方法的研究对象、特点以及最优化方法模型的建立和模型的分析、求解、应用,主要是线性规划和非线性规划问题的模型、求解及其应用;简单介绍多目标规划和动态规划问题.教材中对于基本的理论和主要的定理都给出简单证明,为读者理解优化原理、训练思维和扩大应用奠定基础.在介绍每一种规划模型前都以实际问题引入,在讲清概念和理论后,对各种算法都有详细的推导过程,并且配有例题,参照例题的解法用 MATLAB 软件进行计算分析.

本书编写时特别注重课程体系的完整性、应用性和内容的可读性.为此,在系统介绍基本概念与基础理论时,省略了一些烦琐艰深的证明和推导过程,侧重于算法的叙述和算例分析.行文时注重通俗易懂,对专业术语尽量作通俗的解释,以增强本书的可读性.

本书的出版得到了重庆大学数学与统计学院、重庆大学研究生院的大力支持,科学出版社的龚剑波和任俊红也给予了帮助,在此表示衷心的感谢.鉴于作者的水平,诚盼同行和读者对书中问题和不足之处进行批评和指正,以期修订时得以改进和提高.

王开荣

2012 年 2 月于重庆大学

目　　录

三、非线性规划

四、多目标规划

五、动 态 规 划

六、现代优化方法

七、MATLAB 在优化中的应用

一、绪　　论

最优化方法，也称为运筹学方法，运用数学方法研究各种系统的优化途径及方案，为决策者提供科学决策的依据. 其主要研究对象是各种有组织系统的管理问题及生产经营活动.

最优化方法的目的在于针对所研究的系统，求得一个合理运用人力、物力和财力的最佳方案，发挥和提高系统的效能及效益，最终达到系统的最优目标. 随着科学技术的日益进步和生产经营的日益发展，最优化方法已成为现代管理科学的重要理论基础和不可或缺的方法. 在公共管理、经济管理、国防、科学研究等领域中发挥着越来越重要的作用. 掌握最优化思想并善于对遇到的问题进行优化处理是各类管理人员和科技人员必须具备的基本素质，也是培养创新人才必须具有的重要素质.

1. 最优化的数学意义

从数学意义上来说，最优化方法是一种求极值的方法，即在一定的条件下，使系统的目标函数达到极值——最大值或最小值. 从经济意义上来说，最优化方法是在一定的资源条件下，使经济效果(如产值、利润等)达到最大，或者在完成规定的生产或经济任务下，使投入的资源最少.

2. 最优化的发展简史

公元前 500 年，古希腊在建筑设计中发现门窗长宽的最佳比例为 1 ∶ 0.618，称其为黄金分割比，至今仍在优选法中得到广泛应用. 在微积分出现以前，就已经有许多学者开始研究用数学方法解决最优化问题了，如 Archimedes 证明了在给定周长条件下，圆所包围的面积最大，这就是欧洲古代城堡几乎都建成圆形的原因. 但是最优化方法真正成为科学方法是在 17 世纪以后. 17 世纪，Newton 和 Leibnitz 在他们所创建的微积分中提出了求解具有多个自变量实值函数的最大值和最小值的方法，后来又进一步讨论具有未知函数的函数极值，从而形成变分法. 第二次世界大战前后，由于军事上的需要、科学技术和生产的迅速发展，许多实际的最优化问题已经无法用古典方法来解决，这就促进了近代最优化方法的产生和发展. 近代最优化方法的形成和发展过程中最重要的事件有以前苏联 Kantorovich 和美国 Dantzig 为代表的线性规划、以美国 Kuhn 和 Tucker 为代表的非线性规划和以美国 Bellman 为代表的动态规划等. 这些方法后来都形成体系，成为近代很活跃的学科，对促进运筹学、管理科学、控制论和系统工程等学科的发展起了重要作用.

3. 最优化的步骤

用最优化方法解决实际应用问题，一般有以下 5 个步骤：

(1) 提出最优化问题，并收集有关资料和数据；

(2) 建立数学模型，确定变量，列出目标函数和约束条件；

(3) 分析模型，选择合适的最优化算法；

(4) 求解，编制程序或用现成的工具软件利用计算机求最优解；

(5) 最优解的检验和具体实施.

这 5 个步骤相互支持，也相互制约，反复交叉进行.

4. 最优化模型的基本要素

最优化模型一般包括变量、约束条件和目标函数三个要素.

(1) 变量. 变量指最优化问题中待确定的某些量，可用 $\boldsymbol{x}=(x_1,x_2,\cdots,x_n)^{\mathrm{T}}$ 表示.

(2) 约束条件. 约束条件指在求最优解时对变量的某些限制，包括技术上、资源上和时间上的约束等，列出的约束条件越接近实际系统，所求得的解就越接近实际最优解.

(3) 目标函数. 最优化有一定的评价标准，目标函数就是这种标准的数学描述，一般用 $f(\boldsymbol{x})$来表示，即 $f(\boldsymbol{x})=f(x_1,x_2,\cdots,x_n)$，要求目标函数为最大时写成 max，最小时写成 min；目标函数可以是系统功能的函数或费用的函数，在满足规定的约束条件下达到最大或最小.

5. 最优化方法

不同类型的最优化问题可以有不同的优化方法，即使同一类型的问题也可有多种优化方法，有些方法可用于不同类型的优化模型. 本书将介绍求解最优化问题的解析法、直接法和数值计算法.

(1) 解析法. 该方法适用于目标函数和约束条件有明显解析表达式的情形. 基本思想是由最优必要条件得到一组方程或不等式，再求解方程或不等式得到问题的解，一般是用求导数的方法或变分法求出必要条件.

(2) 直接法. 当目标函数较为复杂或者不能用解析函数描述时，可采用直接搜索的方法迭代搜索到问题的解，该方法常根据经验或试验得到所需结果.

(3) 数值计算法. 该方法也是直接法，是以梯度法为基础，解析与数值计算相结合的方法.

根据函数的解析性质，还可以对各种方法作进一步分类. 例如，目标函数和约束条件函数都是线性的就称为线性规划;当目标或约束中有非线性函数时就称为非线性规划;当目标函数是二次的而约束是线性时,则称为二次规划;目标函数具有多项式形式时,称为几何规划.

6. 最优解的概念

最优化问题的解称为最优解.如果只考查约束集合中某一局部范围内的优劣情况,则称为局部最优解.如果是考查整个约束集合中的情况,则称为全局最优解或整体最优解.不同的优化问题,其最优解就有不同的含义,而且还有专用名称.例如,在对策论和数理经济模型中称其为平衡解;在控制问题中称其为最优控制或极值控制;在多目标决策问题中称其为非劣解(又称为 Pareto 最优解或有效解).在解决实际问题时,理想的最优解不易求得,或需要付出较大的代价,因此,对解只要求能满足一定的条件,不一定过分强调最优.20 世纪 50 年代初,在运筹学发展的早期,就有人提出次优化的概念及相应的次优解.究其原因,一方面是因为最优化模型的建立本身就只是一种近似,实际问题中的某些因素,特别是那些非定量因素,难以在一个模型中考虑周全.另一方面,还缺乏一些求解较为复杂模型的有效方法.1961 年,H. A. Simon 进一步提出满意解的概念,只要决策者对解满意即可.

7. 最优化方法的应用

最优化问题广泛存在于国民经济的工农业、能源、交通等许多部门以及信息科学、环境科学与军事等领域,一般分为最优设计、最优计划、最优管理和最优控制等.

(1) 最优设计.工程设计中如何选择设计参数,使设计方案既能满足设计要求,又能降低成本.从各种设计参数的优选到最佳结构形状的选取等,结合其他科学方法使许多优化设计问题得以解决.例如,电力设计、机械设计、建筑设计等已广泛应用最优化方法;电子线路的最优设计,配方配比的优选在化工、橡胶、塑料等工业部门都得到成功的应用,并向计算机辅助搜索最佳配方、配比方向发展.

(2) 最优计划.国民经济或部门经济的计划,直至企业的发展规划和年度生产计划,尤其是农业规划、种植计划、能源规划和其他资源、环境和生态规划的制订,都已开始应用优化方法,特别是帮助决策部门进行各种优化决策.合理分配有限资源,既能满足各个方面的基本要求,又能获得好的经济效益;选择计划方案以提高产值和利润;原料配比问题中确定各种成分的比例,以提高质量降低成本;城建规划中安排工厂、机关、学校、商店、医院、住户和其他单位的合理布局,以方便群众并有利于城市各行各业的发展;农田规划中安排各种农作物的合理布局,保持高产稳产,发挥地区优势.

(3) 最优管理.在日常生产计划的制订、调度和运行中都会应用优化方法.随着管理信息系统和决策支持系统的建立和使用，使最优管理得到迅速的发展.

（4）最优控制. 最优控制主要用于对各种控制系统的优化. 例如，导弹系统的最优控制能保证用最少的燃料完成飞行任务，用最短的时间达到目标；飞机、船舶、电力系统等的最优控制，化工、冶金等工厂的最佳工况的控制. 计算机和优化方法的发展使最优控制的对象从对机械、电气、化工等硬系统的控制转向对生态、环境以至社会经济系统的控制.

二、线性规划

人们在生产实践和经营管理中，常会遇到如何安排有限的资源，如人力、资金、原材料等，使产量最大或利润最高的问题；也会遇到对给定的任务，如何统筹安排，使资源消耗达到最低. 这种在生产、经营活动中从计划与组织的角度来考查最大或最小目标函数的问题，就是线性规划（linear programming）问题. 线性规划是最优化方法中理论完整、方法成熟、应用广泛的一个分支，它本身在实际问题中有许多直接应用，而且为某些非线性规划问题的解法起到间接的作用.

第 1 章　线性规划与单纯形方法

1.1　线性规划问题举例

例 1.1(生产计划问题)　设生产 A,B,C 三种产品,每吨利润分别 2 万元、3 万元、1 万元,生产单位产品所需的工时和原材料如表 1.1 所示.

表 1.1

资源	产品		
	A	B	C
所需工时	1	2	2
所需原材料	1	4	7

若所能利用的劳动力总工时是固定的 4 个单位,供应的原材料每天不超过 9t,试制订生产计划,使三种产品的总利润最大.

解　设 x_1,x_2,x_3 分别为产品 A,B,C 的产量,由题意,劳动力约束条件为 $x_1+2x_2+2x_3\leqslant 4$,原材料约束条件为 $x_1+4x_2+7x_3\leqslant 9$,故生产计划问题的数学模型为

$$\max z=2x_1+3x_2+x_3$$
$$\text{s. t.}\begin{cases}x_1+2x_2+2x_3\leqslant 4\\x_1+4x_2+7x_3\leqslant 9\\x_1,x_2,x_3\geqslant 0\end{cases}$$

例 1.2(用料最省问题)　有一批长为 7.4m 的钢管,需要切断成 2.9m 的 100 根,2.1m 的 200 根,1.5m 的 300 根,问应如何下料,才能使用料最省?

解　7.4m 钢管的可能分割方式如表 1.2 所示.

表 1.2

加工方式	1	2	3	4	5	6	7	8	需求量
2.9m	1	2		1		1			100
2.1m			2	2	1	1	3		200
1.5m	3	1	2		3	1		4	300
用料长度	7.4	7.3	7.2	7.1	6.6	6.5	6.3	6	
废料长度	0	0.1	0.2	0.3	0.8	0.9	1.1	1.4	

设用于各种切割方式的钢管分别为 $x_1,x_2,\cdots,x_8$ 根，则用料问题的数学模型为

$$\min \quad 0x_1+0.1x_2+0.2x_3+0.3x_4+0.8x_5+0.9x_6+1.1x_7+1.4x_8$$
$$\text{s.t.}\begin{cases}x_1+2x_2+x_4+x_6\geqslant 100\\ 2x_3+2x_4+x_5+x_6+3x_7\geqslant 200\\ 3x_1+x_2+2x_3+3x_5+x_6+4x_8\geqslant 300\\ x_1,x_2,\cdots,x_8\geqslant 0 \text{ 且为整数.}\end{cases}$$

从以上两个例题可知，线性规划问题具有以下特征：

(1) 用一组决策变量 $(x_1,x_2,\cdots,x_n)^{\mathrm{T}}$ 表示某一方案，在一般情形下，决策变量有非负限制；

(2) 目标函数和约束条件函数都是线性函数；

(3) 目标函数实现最大化或最小化；

(4) 约束条件是线性等式或线性不等式.

1.2 线性规划问题的标准形及解的概念

1.2.1 线性规划问题的标准形

线性规划问题的目标函数有最大、最小的形式，约束条件有“≤”、“≥”、“=”的形式，这给讨论问题带来了不便. 因此，本书规定线性规划问题的标准形(standard form)为

$$\max z=c_1x_1+c_2x_2+\cdots+c_nx_n$$
$$\text{s.t.}\begin{cases}a_{11}x_1+a_{12}x_2+\cdots+a_{1n}x_n=b_1\\ a_{21}x_1+a_{22}x_2+\cdots+a_{2n}x_n=b_2\\ \qquad\cdots\cdots\\ a_{m1}x_1+a_{m2}x_2+\cdots+a_{mn}x_n=b_m\\ x_1,x_2,\cdots,x_n\geqslant 0\end{cases}\tag{1.1}$$

称 $c_1,c_2,\cdots,c_n$ 为价值系数，$b_1,b_2,\cdots,b_m$ 为资源限制量，$a_{ij}\,(i=1,2,\cdots,m;j=1,2,\cdots,n)$ 为第 i 个产品对第 j 种资源的单位消耗量. 线性规划问题的标准形也可以有以下的表述形式：

(1) 缩写形式：

$$\max z=\sum_{j=1}^{n}c_jx_j$$
$$\text{s.t.}\begin{cases}\displaystyle\sum_{j=1}^{n}a_{ij}x_j=b_i, & i=1,2,\cdots,m\\ x_j\geqslant 0, & j=1,2,\cdots,n\end{cases}$$

（2）向量形式：

$$\max z=\boldsymbol{c}^{\mathrm{T}}\boldsymbol{x}$$

$$\text{s. t.}\quad \begin{cases} \sum_{j=1}^{n}\boldsymbol{p}_j x_j = \boldsymbol{b} \\ x_j \geqslant 0, \quad j=1,2,\cdots,n \end{cases}$$

其中 $\boldsymbol{c}=(c_1,c_2,\cdots,c_n)^{\mathrm{T}}$，$\boldsymbol{x}=(x_1,x_2,\cdots,x_n)^{\mathrm{T}}$，$\boldsymbol{p}_j=(a_{1j},a_{2j},\cdots,a_{mj})^{\mathrm{T}}$，$\boldsymbol{b}=(b_1,b_2,\cdots,b_m)^{\mathrm{T}}$.

（3）矩阵形式：

$$\max z=\boldsymbol{c}^{\mathrm{T}}\boldsymbol{x}$$

$$\text{s. t.}\quad \begin{cases} \boldsymbol{A}\boldsymbol{x}=\boldsymbol{b} \\ \boldsymbol{x}\geqslant 0 \end{cases}$$

其中

$$\boldsymbol{A}=(\boldsymbol{p}_1,\boldsymbol{p}_2,\cdots,\boldsymbol{p}_n)=\begin{pmatrix} a_{11} & a_{12} & \cdots & a_{1n} \\ a_{21} & a_{22} & \cdots & a_{2n} \\ \vdots & \vdots & & \vdots \\ a_{m1} & a_{m2} & \cdots & a_{mn} \end{pmatrix}$$

称为约束方程组的系数矩阵.

以后介绍线性规划问题的一些基本概念和求解方法都是针对线性规划标准形而得的. 对非标准形的线性规划问题，可施展适当的变换将其转化为标准形.

（1）若目标函数为 $\min z=c_1x_1+c_2x_2+\cdots+c_nx_n$，则令 $z'=-z$ 便有 $\max z'=-c_1x_1-c_2x_2-\cdots-c_nx_n$；

（2）不等式约束 $a_{i1}x_1+a_{i2}x_2+\cdots+a_{in}x_n\leqslant b_i$，增加松弛变量 $x_{n+i}\geqslant 0$ 便有

$$a_{i1}x_1+a_{i2}x_2+\cdots+a_{in}x_n+x_{n+i}=b_i$$

不等式约束 $a_{i1}x_1+a_{i2}x_2+\cdots+a_{in}x_n\geqslant b_i$，增加剩余变量（也称为松弛变量）$x_{n+i}\geqslant 0$ 便有

$$a_{i1}x_1+a_{i2}x_2+\cdots+a_{in}x_n-x_{n+i}=b_i$$

（3）对无非负要求的自由变量 x_i，令 $x_i=x_i'-x_i''$，其中 $x_i'\geqslant 0$，$x_i''\geqslant 0$，由 x_i'，x_i'' 的大小来确定 x_i 的正负.

例 1.3 将下列线性规划问题化为标准形：

$$\min z=x_1-2x_2+3x_3$$

$$\text{s. t.}\quad \begin{cases} x_1-x_2+x_3\leqslant 3 \\ 2x_1-x_2+3x_3\geqslant 5 \\ x_1+x_2+x_3=4 \\ x_1,x_3\geqslant 0, x_2 \text{ 为自由变量} \end{cases}$$

解 原问题化为标准形式为

$$\max z' = -x_1 + 2x_2' - 2x_2'' - 3x_3$$

$$\text{s. t.} \begin{cases} x_1 - x_2' + x_2'' + x_3 + x_4 = 3 \\ 2x_1 - x_2' + x_2'' + 3x_3 - x_5 = 5 \\ x_1 + x_2' - x_2'' + x_3 = 4 \\ x_1, x_2', x_2'', x_3, x_4, x_5 \geqslant 0 \end{cases}$$

1.2.2　线性规划问题解的概念

(1) **可行解**(feasible solution). 若 $\boldsymbol{x}$ 满足 $\boldsymbol{Ax}=\boldsymbol{b}$ 且 $\boldsymbol{x}\geqslant 0$,则称 $\boldsymbol{x}$ 为线性规划问题(1.1)的可行解. 称 $D=\{\boldsymbol{x}\mid \boldsymbol{Ax}=\boldsymbol{b}, \boldsymbol{x}\geqslant 0\}$ 为线性规划问题(1.1)的可行域. 可行解是可行域内的点,有时也称为可行点.

(2) **最优解**(optimal solution). 满足(1.1)的解称为最优解.

(3) **最优值**(optimal value). 若 $\boldsymbol{x}$ 是(1.1)的最优解,则称 $z=\boldsymbol{c}^{\mathrm{T}}\boldsymbol{x}$ 为(1.1)的最优值.

(4) **基**(basis). 设(1.1)约束方程组的系数矩阵是 $m\times n$ 矩阵,其秩为 $r(\boldsymbol{A})=m$,若 $\boldsymbol{B}$ 是 $\boldsymbol{A}$ 中的 m 阶非奇异子矩阵,则称 $\boldsymbol{B}$ 为(1.1)的一个基矩阵,简称为基.

(5) **基变量**(basic variable). 基矩阵 $\boldsymbol{B}$ 的列向量 $\boldsymbol{p}_j$ 称为基向量,所对应的决策变量称为基变量.

不妨设 $\boldsymbol{A}$ 的前 m 个列向量线性无关(其他情形类似),即矩阵 $\boldsymbol{A}$ 可表示为 $\boldsymbol{A}=(\boldsymbol{B},\boldsymbol{N})$,称 $\boldsymbol{N}$ 为非基矩阵,约束等式 $\boldsymbol{Ax}=\boldsymbol{b}$ 可表示为

$$(\boldsymbol{B},\boldsymbol{N})\begin{pmatrix}\boldsymbol{x}_B\\ \boldsymbol{x}_N\end{pmatrix}=\boldsymbol{b}$$

故有 $\boldsymbol{x}_B=\boldsymbol{B}^{-1}\boldsymbol{b}-\boldsymbol{B}^{-1}\boldsymbol{N}\boldsymbol{x}_N$. 若取非基变量 $\boldsymbol{x}_N=\boldsymbol{0}$,则有 $\boldsymbol{x}_B=\boldsymbol{B}^{-1}\boldsymbol{b}$.

(6) **基解**(basic solution). 称 $\boldsymbol{x}=\begin{pmatrix}\boldsymbol{x}_B\\ \boldsymbol{x}_N\end{pmatrix}=\begin{pmatrix}\boldsymbol{B}^{-1}\boldsymbol{b}\\ \boldsymbol{0}\end{pmatrix}$ 为线性规划问题(1.1)的基解.

(7) **基可行解**(basic feasible solution). 若 $\boldsymbol{x}$ 是线性规划问题(1.1)的基解且 $\boldsymbol{x}_B=\boldsymbol{B}^{-1}\boldsymbol{b}\geqslant 0$,则称 $\boldsymbol{x}$ 为(1,1)的基可行解.

线性规划的基可行解的个数是有限的,其个数不超过 C_n^m.

(8) **退化**(degenerate). 若基可行解 $\boldsymbol{x}$ 中存在值为 0 的基变量,则称此基可行解 $\boldsymbol{x}$ 为退化的基可行解;若基变量都是严格大于 0 的,则称 $\boldsymbol{x}$ 为非退化的基可行解.

(9) **非退化**(non-degenerate). 若(1.1)的所有基可行解都是非退化的,则称(1.1)为非退化的线性规划问题.

1.3 线性规划问题的图解法

图解法只适合于求解两个变量的线性规划问题，其优点是简单、直观，有助于理解线性规划问题的几何特征，更能直观地了解解线性规划的算法思想和求解步骤，将有助于加深线性规划的通用算法——单纯形方法的理解.

例 1.4 求解如下线性规划问题：

$$\max z=x_1+x_2$$

$$\text{s. t.}\begin{cases}2x_1+x_2\leqslant 3\\x_1+2x_2\leqslant 3\\x_1\geqslant 0,x_2\geqslant 0\end{cases}$$

解 如图 1.1 所示，可行域是由 x_1，x_2 坐标轴与直线 $2x_1+x_2=3$，$x_1+2x_2=3$ 所围成的区域在第一象限中的部分.

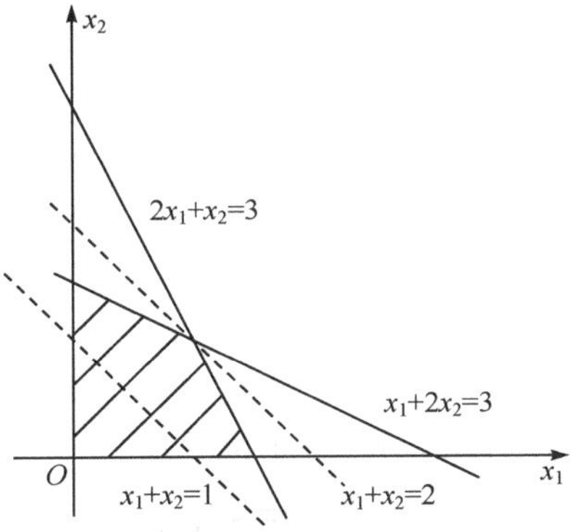

图 1.1

对目标函数 $z=x_1+x_2$，将 z 作为参数取一组不同的值，从而得到一组相应的平行线，称之为目标函数的等值线. 对极大化问题沿目标函数值增加的方向移动目标函数的等值线，直到可行域边界的极限位置为止. 如图 1.1 所示，在 $x_1+x_2=2$ 处，可行域边界的极限点就是最优解. 对本例而言，最优解是直线 $2x_1+x_2=3$，$x_1+2x_2=3$ 的交点(1,1)，最优值为 $z=2$.

若是极小化问题，就让目标函数的等值线沿目标函数值减小的方向平行移动.

从图 1.1 可知，线性规划问题的几何特征如下：

(1) 若线性规划问题的可行域非空，则其可行域为一凸多边形；

(2) 若线性规划问题有最优解，则必有可行域的一个顶点为其最优解；

(3) 线性规划问题的最优解可能不唯一，但其目标函数的最优值是唯一的；

(4) 线性规划问题的可行域和最优解有以下几种可能情况：

(i) 可行域为一有界闭区域,线性规划问题有唯一最优解或有一个以上的最优解,如图 1.2 所示;

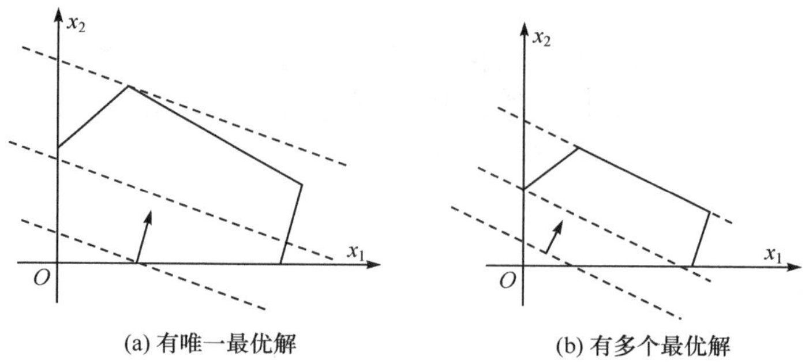

图 1.2　可行域为有界闭区域

(ii) 可行域为无界区域,有一个唯一最优解或有多个最优解,或无最优解(目标函数无界),如图 1.3 所示;

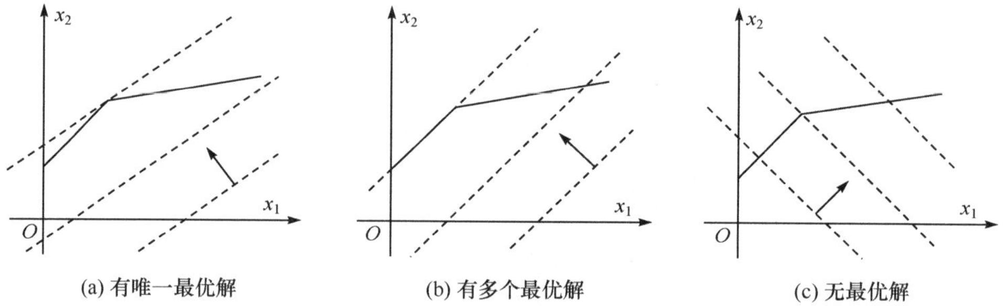

图 1.3　可行域为无穷区域

(iii) 可行域为空,无可行解,即约束条件出现了矛盾约束.

1.4　线性规划的基本定理

1.4.1　凸集和极点

(1) **凸集**(convex set). 设集合 $D\subset \mathbf{R}^n$,若 $\forall\, \boldsymbol{x}^{(1)},\boldsymbol{x}^{(2)}\in D$ 均有 $\alpha\boldsymbol{x}^{(1)}+(1-\alpha)\boldsymbol{x}^{(2)}\in D(\forall\,\alpha\in[0,1])$,则称 D 为凸集,如图 1.4 所示.

从图 1.4 中可以看出,连接凸集内任意两点的连线段均在凸集内.

(2) **凸组合**(convex combination). 设 m 个点 $\boldsymbol{x}^{(1)},\boldsymbol{x}^{(2)},\cdots,\boldsymbol{x}^{(m)}\in \mathbf{R}^n$,若存在 m 个数 $k_1,k_2,\cdots,k_m$,满足 $k_i\geqslant 0(i=1,2,\cdots,m)$, $\sum\limits_{i=1}^{m}k_i=1$,使得 $\boldsymbol{x}=k_1\boldsymbol{x}^{(1)}+k_2\boldsymbol{x}^{(2)}$

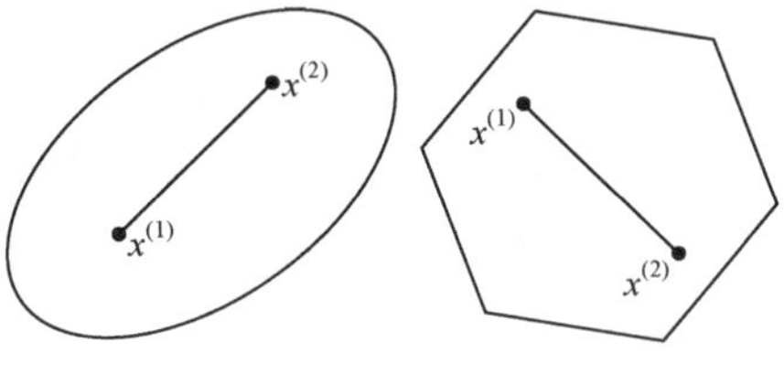

(a) 凸集

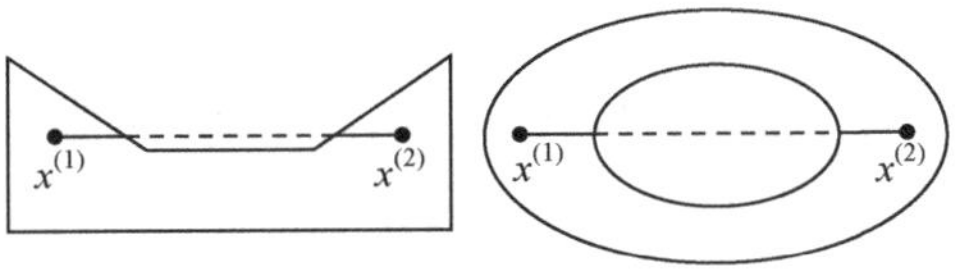

(b) 非凹集

图 1.4　凸集与非凸集

$+\cdots+k_m\boldsymbol{x}^{(m)}$,则称 $\boldsymbol{x}$ 为 $\boldsymbol{x}^{(1)},\boldsymbol{x}^{(2)},\cdots,\boldsymbol{x}^{(m)}$ 的凸组合.

(3) **极点**(vertex). 设 D 是凸集,若 $\boldsymbol{x}$ 不能表示为 D 中两个不同点 $\boldsymbol{x}^{(1)},\boldsymbol{x}^{(2)}$ 的凸组合,则称 $\boldsymbol{x}$ 为 D 的一个极点(顶点). 也就是说,若存在 $\alpha\in(0,1)$ 且 $\boldsymbol{x}=\alpha\boldsymbol{x}^{(1)}+(1-\alpha)\boldsymbol{x}^{(2)}$,则必有 $\boldsymbol{x}=\boldsymbol{x}^{(1)}=\boldsymbol{x}^{(2)}$.

显然,凸多边形的顶点是极点,圆域中圆周上的每一点都是极点.

1.4.2　基本定理

定理 1.1　若线性规划问题(1.1)存在可行域,则其可行域是凸集.

证明　设 $\boldsymbol{x}^{(1)},\boldsymbol{x}^{(2)}\in D$,则 $\boldsymbol{A}\boldsymbol{x}^{(1)}=\boldsymbol{b},\boldsymbol{x}^{(1)}\geqslant 0;\boldsymbol{A}\boldsymbol{x}^{(2)}=\boldsymbol{b},\boldsymbol{x}^{(2)}\geqslant 0$,故

$$\boldsymbol{A}[\alpha\boldsymbol{x}^{(1)}+(1-\alpha)\boldsymbol{x}^{(2)}]=\alpha\boldsymbol{A}\boldsymbol{x}^{(1)}+(1-\alpha)\boldsymbol{A}\boldsymbol{x}^{(2)}=\alpha\boldsymbol{b}+(1-\alpha)\boldsymbol{b}=\boldsymbol{b},\quad \forall\alpha\in[0,1]$$

并且 $\alpha\boldsymbol{x}^{(1)}+(1-\alpha)\boldsymbol{x}^{(2)}\geqslant 0(\forall\alpha\in[0,1])$,故 $\alpha\boldsymbol{x}^{(1)}+(1-\alpha)\boldsymbol{x}^{(2)}\in D$.

定理 1.2　线性规划问题(1.1)的可行解 $\boldsymbol{x}=(x_1,x_2,\cdots,x_n)^{\mathrm{T}}$ 为基可行解的充分必要条件是 $\boldsymbol{x}$ 的正分量所对应的系数列向量线性无关.

证明　必要性. 由基可行解的定义可直接得出结论成立.

充分性. 设可行解 $\boldsymbol{x}$ 的正分量为前 k 个分量,向量 $\boldsymbol{p}_1,\boldsymbol{p}_2,\cdots,\boldsymbol{p}_k$ 线性无关,则必有 $k\leqslant m$.

若 $k=m$,则 $\boldsymbol{p}_1,\boldsymbol{p}_2,\cdots,\boldsymbol{p}_m$ 构成基矩阵,从而 $\boldsymbol{x}=(x_1,x_2,\cdots,x_m,0,\cdots,0)^{\mathrm{T}}$ 为相应的基可行解.

若 $k<m$,则一定可以从其余的列向量中取出 $m-k$ 个与 $\boldsymbol{p}_1,\boldsymbol{p}_2,\cdots,\boldsymbol{p}_k$ 构成 $\boldsymbol{A}$ 的列向量组的最大线性无关组,其对应的解恰好为 $\boldsymbol{x}$. 由定义可知,它是(1.1)的退化基可行解.

定理 1.3　$\boldsymbol{x}$ 为线性规划问题(1.1)的基可行解的充分必要条件是 $\boldsymbol{x}$ 为(1.1)

可行域 D 的极点.

证明　必要性. 设 $\boldsymbol{x}=(x_1,x_2,\cdots,x_m,0,\cdots,0)^{\mathrm{T}}$ 是(1.1)的基可行解,并且 $\boldsymbol{x}$ 的前 m 个分量为基变量,若有 $\boldsymbol{x}^{(1)},\boldsymbol{x}^{(2)}\in D,\alpha\in(0,1)$,使得 $\boldsymbol{x}=\alpha\boldsymbol{x}^{(1)}+(1-\alpha)\boldsymbol{x}^{(2)}$. 由 $x_j=0(j=m+1,m+2,\cdots,n)$ 可得,$\boldsymbol{x}_j^{(1)}=\boldsymbol{x}_j^{(2)}=0(j=m+1,m+2,\cdots,n)$. 又由 $\boldsymbol{x}^{(1)},\boldsymbol{x}^{(2)}\in D$ 有

$$\sum_{j=1}^{m}\boldsymbol{p}_j x_j^{(1)}=\boldsymbol{b},\quad \sum_{j=1}^{m}\boldsymbol{p}_j x_j^{(2)}=\boldsymbol{b}$$

两式相减得 $\sum_{j=1}^{m}(x_j^{(1)}-x_j^{(2)})\boldsymbol{p}_j=0$. 由 $\boldsymbol{p}_1,\boldsymbol{p}_2,\cdots,\boldsymbol{p}_m$ 线性无关可得 $x_j^{(1)}-x_j^{(2)}=0$ $(j=1,2,\cdots,m)$,从而有 $\boldsymbol{x}^{(1)}=\boldsymbol{x}^{(2)}=\boldsymbol{x}$,即 $\boldsymbol{x}$ 是 D 的极点.

充分性. 设 $\boldsymbol{x}=(x_1,x_2,\cdots,x_k,0,\cdots,0)^{\mathrm{T}}$ 是可行域的极点,其中 $x_1,x_2,\cdots,x_k>0$,若 $\boldsymbol{x}$ 不是基可行解,则系数列向量 $\boldsymbol{p}_1,\boldsymbol{p}_2,\cdots,\boldsymbol{p}_k$ 线性相关,即存在不全为 0 的数 $\alpha_1,\alpha_2,\cdots,\alpha_k$,使得

$$\sum_{j=1}^{k}\alpha_j\boldsymbol{p}_j=\boldsymbol{0}$$

用 $\varepsilon>0$ 乘以 $\sum_{j=1}^{n}x_j\boldsymbol{p}_j=\boldsymbol{b}$,再与上式相加减可得

$$\sum_{j=1}^{k}(x_j+\varepsilon\alpha_j)\boldsymbol{p}_j=\boldsymbol{b},\quad \sum_{j=1}^{k}(x_j-\varepsilon\alpha_j)\boldsymbol{p}_j=\boldsymbol{b}$$

令 $\boldsymbol{x}^{(1)}=(x_1+\varepsilon\alpha_1,x_2+\varepsilon\alpha_2,\cdots,x_k+\varepsilon\alpha_k,0,\cdots,0)^{\mathrm{T}}$,$\boldsymbol{x}^{(2)}=(x_1-\varepsilon\alpha_1,x_2-\varepsilon\alpha_2,\cdots,x_k-\varepsilon\alpha_k,0,\cdots,0)^{\mathrm{T}}$,则有 $\boldsymbol{A}\boldsymbol{x}^{(1)}=\boldsymbol{b},\boldsymbol{A}\boldsymbol{x}^{(2)}=\boldsymbol{b}$,当 ε 充分小时还有 $\boldsymbol{x}^{(1)}\geqslant0,\boldsymbol{x}^{(2)}\geqslant0$ 且

$$\boldsymbol{x}=\frac{1}{2}\boldsymbol{x}^{(1)}+\frac{1}{2}\boldsymbol{x}^{(2)}$$

这与 $\boldsymbol{x}$ 是可行域 D 的极点相矛盾,故 $\boldsymbol{x}$ 是基可行解.

定理 1.4　若线性规划问题(1.1)有可行解,则必有基可行解.

证明　设 $\boldsymbol{x}=(x_1,x_2,\cdots,x_n)^{\mathrm{T}}$ 为(1.1)的可行解,假设其前 k 个分量为正,其余分量为 0,则有

$$\sum_{j=1}^{k}x_j\boldsymbol{p}_j=\boldsymbol{b}$$

若 $\boldsymbol{p}_1,\boldsymbol{p}_2,\cdots,\boldsymbol{p}_k$ 线性无关,则 $\boldsymbol{x}$ 为(1.1)的基可行解. 若 $\boldsymbol{p}_1,\boldsymbol{p}_2,\cdots,\boldsymbol{p}_k$ 线性相关,则存在不全为 0 的数 $\alpha_1,\alpha_2,\cdots,\alpha_k$,使得

$$\sum_{j=1}^{k}\alpha_j\boldsymbol{p}_j=\boldsymbol{0}$$

与定理 1.3 类似地作 $\boldsymbol{x}^{(1)}=\boldsymbol{x}+\varepsilon\boldsymbol{\alpha}$,$\boldsymbol{x}^{(2)}=\boldsymbol{x}-\varepsilon\boldsymbol{\alpha}$,其中 $\boldsymbol{\alpha}=(\alpha_1,\alpha_2,\cdots,\alpha_k,0,\cdots,0)^{\mathrm{T}}$,当 $\varepsilon>0$ 充分小时,可以保证 $\boldsymbol{x}^{(1)},\boldsymbol{x}^{(2)}$ 是(1.1)的可行解,适当选择 ε,使得 $x_j+\varepsilon\alpha_j$,$x_j-\varepsilon\alpha_j(j=1,2,\cdots,k)$ 中至少有一个为 0,而其余分量均非负,这样将得到一个新

的可行解，其非零分量的个数比 $\boldsymbol{x}$ 中非零分量的个数至少减少一个. 若新的可行解正分量对应的系数列向量线性无关，则得到基可行解；否则，重复上述过程，直到正分量对应的系数列向量线性无关为止.

定理 1.5 若线性规划问题(1.1)存在最优解，则必存在基可行解为最优解.

证明 设 $\boldsymbol{x}^{(1)},\boldsymbol{x}^{(2)},\cdots,\boldsymbol{x}^{(k)}$ 是(1.1)的可行域 D 的极点，若 $\boldsymbol{x}$ 是(1.1)的最优解，则存在凸组合 $\boldsymbol{x}=\sum_{i=1}^{k}\alpha_i\boldsymbol{x}^{(i)}$，其中 $\alpha_i\in[0,1]$ 且 $\sum_{i=1}^{k}\alpha_i=1$，故有目标函数值

$$\boldsymbol{c}^{\mathrm{T}}\boldsymbol{x}=\boldsymbol{c}^{\mathrm{T}}\sum_{i=1}^{k}\alpha_i\boldsymbol{x}^{(i)}=\sum_{i=1}^{k}\alpha_i\boldsymbol{c}^{\mathrm{T}}\boldsymbol{x}^{(i)}$$

设 $\boldsymbol{c}^{\mathrm{T}}\boldsymbol{x}^{(m)}=\max\limits_{1\leqslant i\leqslant k}\boldsymbol{c}^{\mathrm{T}}\boldsymbol{x}^{(i)}$，则 $\boldsymbol{c}^{\mathrm{T}}\boldsymbol{x}\leqslant\sum_{i=1}^{k}\alpha_i\boldsymbol{c}^{\mathrm{T}}\boldsymbol{x}^{(m)}=\boldsymbol{c}^{\mathrm{T}}\boldsymbol{x}^{(m)}$. 由于 $\boldsymbol{x}$ 是最优解，所以 $\boldsymbol{c}^{\mathrm{T}}\boldsymbol{x}\geqslant\boldsymbol{c}^{\mathrm{T}}\boldsymbol{x}^{(m)}$，故有 $\boldsymbol{c}^{\mathrm{T}}\boldsymbol{x}=\boldsymbol{c}^{\mathrm{T}}\boldsymbol{x}^{(m)}$.

从定理 1.5 的证明过程可知，若目标函数在多个极点上取得最优值，则在这些极点的凸组合上也取得最优值.

由定理 1.5 的结论可知，求线性规划问题的最优解，可用穷取法考查基可行解处的函数值来完成. 虽然基可行解的个数不超过 C_n^m 个，但当 m,n 较大时，穷举法的工作量非常大.

1.5 单纯形方法

单纯形方法(simplex method)是求解线性规划问题的通用有效算法，于 1947 年由 G. B. Dantaig 首先提出，该算法被称为 20 世纪最成功的算法之一. 其基本思想是根据线性规划问题的标准形式，从可行域中的某个初始基可行解出发，按目标函数值增大(或减小)的方式转换到另一个基可行解，直到目标函数值达到最优为止.

1.5.1 单纯形方法的经济解释

为便于直观地理解单纯方法的基本原理并掌握其计算方法，下面对例 1.1 的生产计划问题进行分析.

例 1.5 求解如下线性规划模型：

$$\max z=2x_1+3x_2+x_3$$

$$\text{s.t.}\begin{cases}x_1+2x_2+2x_3\leqslant 4\\ x_1+4x_2+7x_3\leqslant 9\\ x_1,x_2x_3\geqslant 0\end{cases}$$

解 增设松弛变量 x_4,x_5 使约束条件变为等式约束，目标函数中松弛变量对

应的价值系数为 0，从而得到标准形式的线性规划问题为

$$\max z=2x_1+3x_2+x_3+0x_4+0x_5$$

$$\text{s. t.}\begin{cases}x_1+2x_2+2x_3+x_4=4\\x_1+4x_2+7x_3+x_5=9\\x_j\geqslant 0,\quad j=1,2,\cdots,5\end{cases}$$

约束条件的系数矩阵为

$$\boldsymbol{A}=\begin{pmatrix}1&2&2&1&0\\1&4&7&0&1\end{pmatrix}=(\boldsymbol{p}_1,\boldsymbol{p}_2,\boldsymbol{p}_3,\boldsymbol{p}_4,\boldsymbol{p}_5)$$

取 $\boldsymbol{p}_4,\boldsymbol{p}_5$ 构成一个基矩阵 $\boldsymbol{B}=(\boldsymbol{p}_4,\boldsymbol{p}_5)=\begin{pmatrix}1&0\\0&1\end{pmatrix}$，基变量为 x_4,x_5 可表示为

$$\begin{cases}x_4=4-x_1-2x_2-2x_3\\x_5=9-x_1-4x_2-7x_3\end{cases}\tag{1.2}$$

代入目标函数有

$$z=0+2x_1+3x_2+x_3\tag{1.3}$$

当工厂未投入生产时，$x_1=x_2=x_3=0$，工时和原材料都没有被利用，取 $x_4=4,x_5=9$，此时工厂不产生利润，$z=0$，从而得到一个初始基可行解 $\boldsymbol{x}^{(0)}=(0,0,0,4,9)^{\mathrm{T}}$.

目标函数式(1.3)中 x_1,x_2,x_3 的系数均为正，它们都是非基变量. 若将其转换为基变量，也即安排产品投产，就可以增加工厂的利润. 优先选择获利最大的产品进行生产，本例中为 x_2，在(1.2)中取 $x_1=x_3=0$，x_2 需满足

$$\begin{cases}x_4=4-2x_2\geqslant 0\\x_5=9-4x_2\geqslant 0\end{cases}$$

取 $x_2=\min\left\{\dfrac{4}{2},\dfrac{9}{4}\right\}=2$，生产 2 个单位产品 B，正好将 4 个单位的工时用完，即 $x_4=0$，此时消耗原材料 $4\times 2=8$，原材料还有 1 个单位仍未被利用，从而得到新基可行解 $\boldsymbol{x}^{(1)}=(0,2,0,0,1)^{\mathrm{T}}$.

从经济意义上来看，4 个单位的工时生产 2 个单位的产品 B，即 x_2 变为基变量，x_4 变为非基变量，原线性规划问题转化为

$$\max z=6+\frac{1}{2}x_1-2x_3-\frac{3}{2}x_4$$

$$\text{s. t.}\begin{cases}x_2=2-\dfrac{1}{2}x_1-x_3-\dfrac{1}{2}x_4\\x_5=1+x_1-3x_3+2x_4\\x_1,x_2,x_3,x_4,x_5\geqslant 0\end{cases}\tag{1.4}$$

令 $x_1=x_3=x_4=0$ 得目标函数值为 $z=6$. 由于(1.4)中的目标函数仍有非基变量

的系数为正，所以将 x_1 从非基变量转换为基变量得到线性规划问题

$$\max z=8-x_2-3x_3-2x_4$$

$$\text{s. t.}\begin{cases}x_1=4-2x_2-2x_3-x_4\\x_5=5-2x_2-5x_3+x_4\\x_1,x_2,x_3,x_4,x_5\geqslant 0\end{cases}$$

目标函数中非基变量系数都为负值，这些变量的增加将会导致目标值的减少，故目前的生产方案 $x_1=4,x_2=0,x_3=0,x_4=0,x_5=5$ 使目标函数达到最大值 $z=8$，最优解为 $\boldsymbol{x}^{(2)}=(4,0,0,0,5)^{\mathrm{T}}$.

1.5.2 单纯形方法

设线性规划问题(1.1)的约束条件系数矩阵的秩为 m，$\boldsymbol{x}$ 的前 m 个分量 x_1，$x_2,\cdots,x_m$ 为基变量，$x_{m+1},x_{m+2},\cdots,x_n$ 为非基变量，将系数矩阵分解为 $\boldsymbol{A}=(\boldsymbol{B},\boldsymbol{N})$，其中 $\boldsymbol{B}$ 为基矩阵，$\boldsymbol{N}$ 为非基矩阵，则线性规划问题(1.1)可简化为

$$\begin{aligned}&\max z=\boldsymbol{c}_{\boldsymbol{B}}^{\mathrm{T}}\boldsymbol{B}^{-1}\boldsymbol{b}+(\boldsymbol{c}_{\boldsymbol{N}}^{\mathrm{T}}-\boldsymbol{c}_{\boldsymbol{B}}^{\mathrm{T}}\boldsymbol{B}^{-1}\boldsymbol{N})\boldsymbol{x}_{\boldsymbol{N}}\\&\text{s. t.}\begin{cases}\boldsymbol{x}_{\boldsymbol{B}}+\boldsymbol{B}^{-1}\boldsymbol{N}\boldsymbol{x}_{\boldsymbol{N}}=\boldsymbol{B}^{-1}\boldsymbol{b}\\\boldsymbol{x}\geqslant 0\end{cases}\end{aligned}\tag{1.5}$$

令 $\boldsymbol{c}_{\boldsymbol{B}}^{\mathrm{T}}\boldsymbol{B}^{-1}\boldsymbol{b}=z_0$，$\boldsymbol{\alpha}=\boldsymbol{B}^{-1}\boldsymbol{b}=(\alpha_1,\alpha_2,\cdots,\alpha_m)^{\mathrm{T}}$，$\boldsymbol{\sigma}_{\boldsymbol{N}}=\boldsymbol{c}_{\boldsymbol{N}}^{\mathrm{T}}-\boldsymbol{c}_{\boldsymbol{B}}^{\mathrm{T}}\boldsymbol{B}^{-1}\boldsymbol{N}=(\sigma_{m+1},\sigma_{m+2},\cdots,\sigma_n)$，

$$\boldsymbol{B}^{-1}\boldsymbol{N}=\begin{pmatrix}\beta_{1,m+1}&\beta_{1,m+2}&\cdots&\beta_{1n}\\\beta_{2,m+1}&\beta_{2,m+2}&\cdots&\beta_{2n}\\\vdots&\vdots&&\vdots\\\beta_{m,m+1}&\beta_{m,m+2}&\cdots&\beta_{mn}\end{pmatrix}$$

则有 $x_i=\alpha_i-\sum\limits_{j=m+1}^{n}\beta_{ij}x_j\,(i=1,2,\cdots,m)$，$\sigma_j=c_j-\sum\limits_{i=1}^{m}c_i\beta_{ij}\,(j=m+1,\cdots,n)$. 线性规划问题(1.5)又可表示为

$$\begin{aligned}&\max z=z_0+\sum_{j=m+1}^{n}\sigma_j x_j\\&\text{s. t.}\begin{cases}x_i+\sum\limits_{j=m+1}^{n}\beta_{ij}x_j=\alpha_i, & i=1,2,\cdots,m\\x_j>0, & j=1,2,\cdots,n\end{cases}\end{aligned}\tag{1.6}$$

称(1.6)为线性规划问题(1.5)的规范式(canonical form).

若基变量是 $x_{j_1},x_{j_2},\cdots,x_{j_m}$，记 $S=\{j_1,j_2,\cdots,j_m\}$ 为基变量的下标集合，$T=\{1,2,\cdots,n\}\backslash S$ 表示非基变量的下标集，相应的规范式为

$$\max z = z_0 + \sum_{j \in T} \sigma_j x_j$$

$$\text{s. t.} \quad \begin{cases} x_i + \sum_{j \in T} \beta_{ij} x_j = \alpha_i, & i \in S \\ x_j \geqslant 0, & j = 1,2,\cdots,n \end{cases} \tag{1.7}$$

在线性规划的规范式(1.7)中，若取非基变量 $x_j = 0 (j \in T)$，则得基解 $\boldsymbol{x}^{(0)} = (x_1, x_2, \cdots, x_n)^{\mathrm{T}}$，其中

$$x_j = \begin{cases} \alpha_j, & j \in S \\ 0, & j \in T \end{cases}$$

若还有 $\alpha_j \geqslant 0 (j \in S)$，则 $\boldsymbol{x}^{(0)}$ 是基可行解.

称 $\sigma_j = c_j - \sum_{i \in S} c_i \beta_{ij} \ (j \in T)$ 为非基变量 x_j 的检验数，并记 $\boldsymbol{\sigma} = \boldsymbol{c}^{\mathrm{T}} - \boldsymbol{c}_{\boldsymbol{B}}^{\mathrm{T}} \boldsymbol{B}^{-1} \boldsymbol{A}$，其中 $\boldsymbol{\sigma}_{\boldsymbol{B}} = \boldsymbol{c}_{\boldsymbol{B}}^{\mathrm{T}} - \boldsymbol{c}_{\boldsymbol{B}}^{\mathrm{T}} \boldsymbol{B}^{-1} \boldsymbol{B} = 0$，$\boldsymbol{\sigma}_{\boldsymbol{N}} = \boldsymbol{c}_{\boldsymbol{N}}^{\mathrm{T}} - \boldsymbol{c}_{\boldsymbol{B}}^{\mathrm{T}} \boldsymbol{B}^{-1} \boldsymbol{N}$.

定理 1.6(最优性条件)　设 $\boldsymbol{x}^{(0)}$ 是线性规划问题(1.1)的基可行解，若其规范式中所有非基变量的检验数都非正，即 $\sigma_j \leqslant 0 (j \in T)$，则 $\boldsymbol{x}^{(0)}$ 是(1.1)的最优解.

证明　对(1.1)的任一可行解 $\boldsymbol{x} \in D$，由 $\sigma_j \leqslant 0, x_j \geqslant 0$ 有目标函数值

$$z = z_0 + \sum_{j \in T} \sigma_j x_j \leqslant z_0$$

故 $\boldsymbol{x}^{(0)}$ 是(1.1)的最优解.

定理 1.7　设 $\boldsymbol{x}^{(0)}$ 是线性规划问题(1.1)的基可行解，若其规范式中存在某个非基变量的检验数 $\sigma_k > 0 (k \in T)$，并且所有的 $\beta_{ik} \leqslant 0 (i = 1, 2, \cdots, m)$，则线性规划问题(1.1)无最优解.

证明　为方便起见，设规范式为(1.6)，对 $\forall \mu > 0$，令 $\boldsymbol{x} = \boldsymbol{x}^{(0)} + \mu \boldsymbol{d}$，其中 $\boldsymbol{d} = (-\beta_{1k}, -\beta_{2k}, \cdots, -\beta_{mk}, 0, \cdots, 0, 1, 0, \cdots, 0)^{\mathrm{T}}$，1 为第 k 个分量，$\boldsymbol{x}$ 的分量为

$$x_j = \begin{cases} \alpha_j - \mu \beta_{jk}, & j = 1, 2, \cdots, m \\ \mu, & j = k \\ 0, & j = m+1, m+2, \cdots, n; j \neq k \end{cases}$$

因为 $\beta_{jk} \leqslant 0, \alpha_j \geqslant 0 (j = 1, 2, \cdots, m)$，由规范式(1.6)知，当 $\mu > 0$ 时，$\boldsymbol{x}$ 是线性规划问题(1.1)的可行解，而当 $\mu \to +\infty$ 时，$\boldsymbol{x}$ 对应的目标函数值 $z = z_0 + \mu \sigma_k \to +\infty$，即在可行域上，目标函数无上界，故线性规划问题(1.1)无最优解.

下面介绍基可行解的转换. 从定理 1.6 和定理 1.7 的结论可判别基可行解 $\boldsymbol{x}^{(0)}$ 或者是线性规划问题的最优解，或者判定线性规划问题无最优解.

若初始基可行解 $\boldsymbol{x}^{(0)}$ 对应的规范式中若初始基可行解 $x^{(0)}$ 对应的规范式中所有正检验数对应的非基变量 x_k 的系数 β_{1k}，β_{2k}，$\cdots$，β_{mk} 中有大于零的元素时，就应迭代到另一个基可行解，也即从原来的非基变量中选取一个变量转换为基变量，并从原来的基变量中选取一个变量转换为非基变量.

关于确定换入变量,原则上,任何一个与正检验数相对应的非基变量均可作为换入变量,但一般取最大的正检验数所对应非基变量转换为基变量,使其目标函数值增加最快. 设 $\sigma_k=\max\{\sigma_j\,|\,\sigma_j>0\}$,将非基变量 x_k 作为换入变量.

关于确定换出变量,设 x_k 为换入变量,在规范式(1.7)中,取 $x_j=0(j\in T,j\neq k)$,则有 $x_i=\alpha_i-\beta_{ik}x_k(i\in S)$. 若 $\beta_{ik}\leqslant 0$,则对 $\forall x_k\geqslant 0$,总有 $x_i=\alpha_i-\beta_{ik}x_k\geqslant 0$;当$\beta_{ik}>0$时,取

$$x_k=\min\left\{\frac{\alpha_i}{\beta_{ik}}\,\middle|\,\beta_{ik}>0\right\}=\frac{\alpha_l}{\beta_{lk}}$$

此时,将基变量 x_l 作为换出变量,新的基可行解满足

$$\begin{cases}x_i=\alpha_i-\beta_{ik}x_k\geqslant 0, & i\in S\\ x_k=\dfrac{\alpha_l}{\beta_{lk}}\geqslant 0\end{cases}$$

若线性规划问题(1.1)是非退化的,则按上述方法,每次迭代都使目标函数值有所增加,而且已经出现过的基可行解在迭代过程中不会重复出现. 由于基可行解的个数有限,所以经过有限次的迭代,一定能得到线性规划问题的最优解或可判断原线性规划问题无最优解.

算法 1.1(单纯形方法)

(1) 找出初始基可行解,计算其检验数 $\sigma_j(j\in T)$;

(2) 若 $\sigma_j\leqslant 0$,则得到线性规划问题的最优解,停止计算;若存在 $\sigma_j>0$ 且规范式中 $\beta_{ij}\leqslant 0(i\in S)$,则线性规划问题无最优解,停止计算;否则,转(3);

(3) 取 $\sigma_k=\max\{\sigma_j\,|\,\sigma_j>0\}$,确定 x_k 为换入变量;

(4) 令 $\theta_l=\min\limits_{i\in S}\left\{\dfrac{\alpha_i}{\beta_{ik}}\,\middle|\,\beta_{ik}>0\right\}=\dfrac{\alpha_l}{\beta_{lk}}$,确定 x_l 为换出变量;

(5) 以 β_{lk} 为主元素进行旋转变换,得到原线性规划问题的新的规范式,转(2).

1.5.3 单纯形表

为叙述方便起见,对线性规划问题(1.1)及其规范式(1.5)列成单纯形表,如表 1.3和表 1.4 所示。

表 1.3

$\boldsymbol{c}^{\mathrm{T}}$	0
$\boldsymbol{A}$	$\boldsymbol{b}$

表 1.4

0	$\boldsymbol{c}_N^{\mathrm{T}}-\boldsymbol{c}_B^{\mathrm{T}}\boldsymbol{B}^{-1}\boldsymbol{N}$	$-\boldsymbol{c}_B^{\mathrm{T}}\boldsymbol{B}^{-1}\boldsymbol{b}$
$\boldsymbol{I}_B$	$\boldsymbol{B}^{-1}\boldsymbol{N}$	$\boldsymbol{B}^{-1}\boldsymbol{b}$

顶行	右上端
中心部分	右列

将规范式(1.6)列成单纯形表,如表 1.5 所示.

表 1.5

	x_1	x_2	$\cdots$	x_m	x_{m+1}	x_{m+2}	$\cdots$	x_n	
	0	0	$\cdots$	0	σ_{m+1}	σ_{m+2}	$\cdots$	σ_n	$-z_0$
x_1	1	0	$\cdots$	0	$\beta_{1,m+1}$	$\beta_{1,m+2}$	$\cdots$	β_{1m}	α_1
$\vdots$	$\vdots$	$\vdots$		$\vdots$	$\vdots$	$\vdots$		$\vdots$	$\vdots$
x_m	0	0	$\cdots$	1	$\beta_{m,m+1}$	$\beta_{m,m+2}$	$\cdots$	β_{mn}	α_m

单纯形表 1.4 或表 1.5 具有以下特点：

(1) 中心部分有单位子块；

(2) 右列非负；

(3) 顶行相应于单位子块位置的元素为 0；

(4) 顶行其他元素非正.

具有以上 4 个特点的单纯形表就是线性规划问题(1.1)的最优单纯形表，其中单位子块所对应的基变量取相应右列的值，非单位子块所对应的非基变量取值为 0，而右上角元素变号即为目标函数的最优值.

单纯形方法就是首先保证(1)～(3)成立，然后施展旋转变换逐步使(4)成立，或判断原线性规划问题无最优解.

例 1.6 用单纯形方法求解

$$\max z=-\frac{5}{2}x_1+\frac{13}{2}x_2+\frac{5}{2}x_3+x_4-x_5$$

$$\text{s.t.}\begin{cases}-x_1+x_2+x_3=2\\ x_1+2x_2+x_4=10\\ 3x_1+x_2+x_5=15\\ x_1,x_2,x_3,x_4,x_5\geqslant 0\end{cases}$$

解 将原线性规划问题列成表 1.6

表 1.6

	x_1	x_2	x_3	x_4	x_5	
	$-\frac{5}{2}$	$\frac{13}{2}$	$\frac{5}{2}$	1	-1	
	-1	1	1	0	0	2
	1	2	0	1	0	10
	3	1	0	0	1	15

于是得初始单纯形表 1.7(规范式).

表 1.7

	x_1	x_2	x_3	x_4	x_5	
	2	3	0	0	0	
x_3	-1	1^*	1	0	0	2
x_4	1	2	0	1	0	10
x_5	3	1	0	0	1	15

表 1.7 具有(1)～(3)三个特点，从顶行的元素中选择最大的正检验数 3，x_2 为换入变量，由

$$\min\left\{\frac{2}{1},\frac{10}{2},\frac{15}{1}\right\}=2$$

确定 x_3 为换出变量，β_{32} 为主元素（带 * 的元素），施展旋转变换（Gauss 消去法）得单纯形表 1.8.

表 1.8

	x_1	x_2	x_3	x_4	x_5	
	5	0	-3	0	0	-6
x_2	-1	1	1	0	0	2
x_4	3^*	0	-2	1	0	6
x_5	4	0	-1	0	1	13

选择 x_1 为换入变量，x_4 为换出变量，β_{41} 为主元素，施展旋转变换得新单纯形表 1.9.

表 1.9

	x_1	x_2	x_3	x_4	x_5	
	0	0	$\frac{1}{3}$	$-\frac{5}{3}$	0	-16
x_2	0	1	$\frac{1}{3}$	$\frac{1}{3}$	0	4
x_1	1	0	$-\frac{2}{3}$	$\frac{1}{3}$	0	2
x_5	0	0	$\frac{5}{3}^*$	$-\frac{4}{3}$	1	5

选择 x_3 为换入变量，x_5 为换出变量，β_{53} 为主元素，施展旋转变换得新单纯形表 1.10.

表 1.10

	x_1	x_2	x_3	x_4	x_5	
	0	0	0	$-\frac{7}{5}$	$-\frac{1}{5}$	-17
x_2	0	1	0	$\frac{3}{5}$	$-\frac{1}{5}$	3
x_1	1	0	0	$-\frac{1}{5}$	$\frac{2}{5}$	4
x_3	0	0	1	$-\frac{4}{5}$	$\frac{3}{5}$	3

单纯形表 1.10 已具备最优单纯形表的 4 个特点，从而得到原线性规划问题的最优解为 $x^*=(4,3,3,0,0)^{\mathrm{T}}$，目标函数的最优值为 $z^*=17$.

例 1.7　用单纯形方法求解

$$\min z=-2x_1+2x_2$$

$$\text{s. t.}\ \begin{cases} x_1-3x_2\leqslant 5\\ x_1-2x_2\leqslant 6\\ x_1,x_2\geqslant 0\end{cases}$$

解　将原线性规划问题化为标准形式为

$$\max z=2x_1-2x_2$$

$$\text{s. t.}\ \begin{cases} x_1-3x_2+x_3=5\\ x_1-2x_2+x_4=6\\ x_1,x_2,x_3,x_4\geqslant 0\end{cases}$$

从而得到初始单纯形表 1.11.

表 1.11

	x_1	x_2	x_3	x_4	
	2	-2	0	0	
x_3	1^*	-3	1	0	5
x_4	1	-2	0	1	6

选择 x_1 为换入变量，x_3 为换出变量，β_{31} 为主元素，施展旋转变换得单纯形表 1.12.

表 1.12

	x_1	x_2	x_3	x_4	
	0	4	-2	0	-10
x_1	1	-3	1	0	5
x_4	0	1^*	-1	1	1

选择 x_2 为换入变量，x_4 为换出变量，β_{42} 为主元素，施展旋转变换得单纯形表 1.13.

表 1.13

	x_1	x_2	x_3	x_4	
	0	0	2	-4	-14
x_1	1	0	-2	3	8
x_2	0	1	-1	1	1

由定理 1.7，该线性规划问题无最优解.

为了进一步理解单纯形法的迭代原理和判优准则，现在来说明 $\sum\limits_{i\in S} c_i\beta_{ij}$ 的经济意义. $\sum\limits_{i\in S} c_i\beta_{ij} = c_j - \sigma_j$ 的实质是机会成本，经济学中的机会成本是指在决策分析过程中，从各备选方案中选取最优方案而放弃次优方案所丧失的潜在收益，它虽不构成企业的实际支出，但它必须从被选用方案的所得中获得补偿，这样才能对最优方案的经济效益作出全面、合理的评价. 将例 1.5 的求解过程列举为单纯形表，如表 1.14 所示.

表 1.14

	x_1	x_2	x_3	x_4	x_5	
	2	3	1	0	0	
x_4	1	2^*	2	1	0	4
x_5	1	4	7	0	1	9

选择 x_2 为换入变量，x_4 为换出变量得到单纯形表 1.15.

表 1.15

	x_1	x_2	x_3	x_4	x_5	
	$\frac{1}{2}$	0	-2	$-\frac{3}{2}$	0	-6
x_2	$\frac{1}{2}^*$	1	1	$\frac{1}{2}$	0	2
x_5	-1	0	3	-2	1	1

选择 x_1 为换入变量，x_2 为换出变量得到最终单纯形表 1.16.

表 1.16

	x_1	x_2	x_3	x_4	x_5	
	0	−1	−3	−2	0	−8
x_1	1	2	2	1	0	4
x_5	0	2	5	−1	1	5

从表 1.15 可知，不生产 A 产品($x_1=0$)，只生产 2 个单位 B 产品($x_2=2$)消耗 $2\times2=4$ 个单位的工时，$4\times2=8$ 个单位的原材料，工时已全部用完，原材料还剩 1 个单位. 若要生产 1 个单位 A 产品，需用 1 个单位的工时，1 个单位的原材料，这只能从少生产 1/2 单位的 B 产品腾出的工时中得到，原材料仍有剩余，所以生产一件 A 产品要牺牲的利润为

$$3\times\frac{1}{2}+0\times(-1)=2-\frac{1}{2}=\frac{3}{2}$$

这种为了生产 1 个单位的某产品将所需资源从原来用途中抽出来而牺牲的利润称为此种产品在此生产方案下的机会成本，其计算公式为 $\sum\limits_{i\in S}c_i\beta_{ij}=c_j-\sigma_j$，收益的增量为 σ_j. 生产 1 个单位的 A 产品可获利 2 万元，其机会成本为 $\frac{3}{2}$ 万元，这说明改变表 1.15 中的生产方案是有利的. 用 x_1 换出 x_2 可以增加企业的利润，收益的增量为 $\sigma_1=\frac{1}{2}$，所以了解 $\sum\limits_{i\in S}c_j\beta_{ij}$ 和 σ_j 的经济意义有助于理解每一个单纯形表中各种数据变换的经济含义.

1.6 单纯形方法的补充与说明

用单纯形方法求解线性规划问题，首先需要确定一个初始的基可行解，本节介绍的大 M 法与两阶段法是用来求线性规划问题的初始基可行解的.

1.6.1 大 M 法

对标准形式的线性规划问题(1.1)引入人工变量(artificial variable) y_1, $y_2,\cdots,y_m$，记 $\boldsymbol{y}=(y_1,y_2,\cdots,y_m)^{\mathrm{T}}$，构造辅助线性规划

$$\begin{aligned}&\max\ w=\boldsymbol{c}^{\mathrm{T}}\boldsymbol{x}-M\boldsymbol{E}^{\mathrm{T}}\boldsymbol{y}\\&\text{s. t.}\quad\begin{cases}\boldsymbol{Ax}+\boldsymbol{y}=\boldsymbol{b}\\ \boldsymbol{x}\geqslant0,\boldsymbol{y}\geqslant0\end{cases}\end{aligned}\tag{1.8}$$

其中 M 为一个充分大的正数，$\boldsymbol{E}=(1,1,\cdots,1)^{\mathrm{T}}\in\mathbf{R}^m$.

定理 1.8 设$\begin{pmatrix} \boldsymbol{x}^* \\ \boldsymbol{y}^* \end{pmatrix}$是辅助线性规划问题(1.8)的最优解，若 $\boldsymbol{y}^*=0$，则 $\boldsymbol{x}^*$ 是原线性规划问题(1.1)的最优解；若 $\boldsymbol{y}^*\neq 0$，则原线性规划问题没有可行解.

证明 若 $\boldsymbol{y}^*=0$，设 $\boldsymbol{x}$ 是(1.1)的任一可行解，则$\begin{pmatrix} \boldsymbol{x} \\ 0 \end{pmatrix}$也是(1.8)的可行解. 由问题(1.8)有

$$z=\boldsymbol{c}^{\mathrm{T}}\boldsymbol{x}\leqslant \boldsymbol{c}^{\mathrm{T}}\boldsymbol{x}^*=w^*$$

即 $\boldsymbol{x}^*$ 是(1.1)的最优解.

若 $\boldsymbol{y}^*\neq 0$，假设问题(1.1)有可行解 $\boldsymbol{x}^{(0)}$，则$\begin{pmatrix} \boldsymbol{x}^{(0)} \\ 0 \end{pmatrix}$也是问题(1.8)的可行解，并且有

$$\boldsymbol{c}^{\mathrm{T}}\boldsymbol{x}^{(0)}=\boldsymbol{c}^{\mathrm{T}}\boldsymbol{x}^{(0)}-M\cdot 0\leqslant \boldsymbol{c}^{\mathrm{T}}\boldsymbol{x}^*-M\sum_{i=1}^{m}y_i^*$$

则当 $M\to+\infty$时，上式右端的极限为$-\infty$，上述不等式不可能成立，故当 $\boldsymbol{y}^*\neq 0$ 时，问题(1.1)没有可行解.

定理 1.8 表明，为了求解线性规划问题的最优解，只需求辅助线性规划问题(1.8)即可. 而问题(1.8)的人工变量是一组明显的初始基可行解，手工计算时，只需将 M 看成一个足够大的正数来处理；用计算机计算时，可直接将 M 赋予一个充分大的正数来加以计算求解.

例 1.8 用大 M 法求解

$$\max z=3x_1-x_2-2x_3$$

$$\text{s. t.}\begin{cases} 3x_1+2x_2-3x_3=6 \\ x_1-2x_2+x_3=4 \\ x_1,x_2,x_3\geqslant 0 \end{cases}$$

解 构造辅助线性规划

$$\max w=3x_1-x_2-2x_3-Mx_4-Mx_5$$

$$\text{s. t.}\begin{cases} 3x_1+2x_2-3x_3+x_4=6 \\ x_1-2x_2+x_3+x_5=4 \\ x_1,x_2,x_3,x_4,x_5\geqslant 0 \end{cases}$$

将其转化为规范式如下：

$$\max w=(3+4M)x_1-x_2+(-2-2M)x_3-10M$$

$$\text{s. t.}\begin{cases} 3x_1+2x_2-3x_3+x_4=6 \\ x_1-2x_2+x_3+x_5=4 \\ x_1,x_2,x_3,x_4,x_5\geqslant 0 \end{cases}$$

构造初始的单纯形表 1.17.

表 1.17

	x_1	x_2	x_3	x_4	x_5	
	$3+4M$	-1	$-(2+2M)$	0	0	$10M$
x_4	3^*	2	-3	1	0	6
x_5	1	-2	1	0	1	4

由于 M 是充分大的正数,选取 x_1 为换入变量,x_4 为换出变量,β_{41} 为主元素,施展旋转变换得到单纯形表 1.18.

表 1.18

	x_1	x_2	x_3	x_4	x_5	
	0	$-3-\frac{8}{3}M$	$1+2M$	$-1-\frac{4}{3}M$	0	$-6+2M$
x_1	1	$\frac{2}{3}$	-1	$\frac{1}{3}$	0	2
x_5	0	$-\frac{8}{3}$	2^*	$-\frac{1}{3}$	1	2

选取 x_3 为换入变量,x_5 为换出变量,β_{53} 为主元素,施展旋转变换得到单纯形表 1.19.

表 1.19

	x_1	x_2	x_3	x_4	x_5	
	0	$-\frac{5}{3}$	0	$-\frac{5}{6}-M$	$-\frac{1}{2}-M$	-7
x_1	1	$-\frac{2}{3}$	0	$\frac{1}{6}$	$-\frac{1}{2}$	3
x_3	0	$-\frac{4}{3}$	1	$-\frac{1}{6}$	$\frac{1}{2}$	1

此时,人工变量是非基变量 $x_4=x_5=0$,从而得到原线性规划问题的最优解为 $\boldsymbol{x}^*=(3,0,1)^{\mathrm{T}}$,最优值为 $z^*=7$.

例 1.9 用大 M 法求解

$$\max z=2x_1+x_2$$

$$\text{s. t.} \begin{cases} x_1+x_2\geqslant 4 \\ x_1+x_2\leqslant 3 \\ x_1, x_2\geqslant 0 \end{cases}$$

解 该线性规划问题的可行域为空集,无可行解,当然也无最优解. 现在用大 M 法来求解,引入松弛变量 x_3,x_4 和人工变量 x_5,得到辅助线性规划

$$\max w=2x_1+x_2-Mx_5$$

$$\text{s. t.}\begin{cases}x_1+x_2-x_3+x_5=4\\x_1+x_2+x_4=3\\x_1,x_2,x_3,x_4,x_5\geqslant 0\end{cases}$$

化为规范式为

$$\max w=(2+M)x_1+(1+M)x_2-Mx_3-4M$$

$$\text{s. t.}\begin{cases}x_1+x_2-x_3+x_5=4\\x_1+x_2+x_4=3\\x_1,x_2,x_3,x_4,x_5\geqslant 0\end{cases}$$

构造初始单纯形表 1.20.

表 1.20

	x_1	x_2	x_3	x_4	x_5	
	$2+M$	$1+M$	$-M$	0	0	$4M$
x_5	1	1	-1	0	1	4
x_4	1^*	1	0	1	0	3

选取 x_1 为换入变量，x_4 为换出变量，β_{41} 为主元素，施展旋转变换得到单纯形表 1.21.

表 1.21

	x_1	x_2	x_3	x_4	x_5	
	0	-1	$-M$	$-2-M$	0	$-6+M$
x_5	0	0	-1	-1	1	1
x_1	1	1	0	1	0	3

单纯形表 1.21 已经满足最优单纯形表的 4 个特点，是辅助线性规划问题的最优单纯形表，可以得到辅助线性规划问题的最优解. 但由于人工变量 $x_5=1>0$ 是基变量，故原线性规划问题没有可行解.

1.6.2 两阶段法

对标准形线性规划问题(1.1)引入人工变量 $y_1,y_2,\cdots,y_m$，构造辅助线性规划

$$\max w=-(y_1+y_2+\cdots+y_m)$$
$$\text{s. t.}\begin{cases}\boldsymbol{Ax}+\boldsymbol{y}=\boldsymbol{b}\\\boldsymbol{x}\geqslant 0,\boldsymbol{y}\geqslant 0\end{cases}\tag{1.9}$$

定理 1.9 设$\begin{pmatrix}\boldsymbol{x}^*\\\boldsymbol{y}^*\end{pmatrix}$是辅助线性规划问题(1.9)的最优解，若 $\boldsymbol{y}^*=0$，则 $\boldsymbol{x}^*$ 是原

线性规划问题(1.1)的一个基可行解;若 $\boldsymbol{y}^* \neq 0$,则原线性规划问题没有可行解.

证明 定理前半部分的结论是显然的,只需证明后半部分.

用反证法.设 $\boldsymbol{x}^{(0)}$ 为(1.1)的一个可行解,则 $\begin{pmatrix}\boldsymbol{x}^{(0)}\\0\end{pmatrix}$ 为(1.9)的可行解,并且有

$$w^* = -\sum_{i=1}^{m} y_i^* \geqslant w_0 = 0$$

但由 $\boldsymbol{y}^* \geqslant 0$ 且 $\boldsymbol{y}^* \neq 0$ 有 $w^* = -\sum_{i=1}^{m} y_i^* < 0$,矛盾.

从定理 1.9 的结论可知,为了获得原线性规划问题(1.1)的初始基可行解,可先求解辅助线性规划问题(1.9),从其最优解中得到问题(1.1)的一个基可行解.求解问题(1.9)分为如下两个阶段:

第 1 阶段 求解辅助线性规划(1.9),人工变量可作为其初始基可行解;

第 2 阶段 利用第 1 阶段的结论,求解原线性规划问题(1.1).

例 1.10 利用两阶段法求解线性规划问题

$$\max z = -5x_1 - 21x_3$$
$$\text{s.t.} \begin{cases} x_1 - x_2 + 6x_3 \geqslant 2 \\ x_1 + x_2 + 2x_3 \geqslant 1 \\ x_1, x_2, x_3 \geqslant 0 \end{cases}$$

解 增加松弛变量 x_4, x_5,人工变量 x_6, x_7 得到辅助线性规划

$$\max w = -x_6 - x_7$$
$$\text{s.t.} \begin{cases} x_1 - x_2 + 6x_3 - x_4 + x_6 = 2 \\ x_1 + x_2 + 2x_3 - x_5 + x_7 = 1 \\ x_i \geqslant 0, i = 1, 2, \cdots, 7. \end{cases}$$

将目标函数改写为 $w = 2x_1 + 8x_3 - x_4 - x_5 - 3$,构造单纯形表 1.22.

表 1.22

	x_1	x_2	x_3	x_4	x_5	x_6	x_7	
z	−5	0	−21	0	0	0	0	0
w	2	0	8	−1	−1	0	0	3
x_6	1	−1	6^*	−1	0	1	0	2
x_7	1	1	2	0	−1	0	1	1

考查辅助线性规划,选取 x_3 为换入变量,x_6 为换出变量,β_{63} 为主元素,施展旋转变换得到新单纯形表 1.23.

表 1.23

	x_1	x_2	x_3	x_4	x_5	x_6	x_7	
z	$-\frac{3}{2}$	$-\frac{7}{2}$	0	$-\frac{7}{2}$	0	$\frac{7}{2}$	0	7
w	$\frac{2}{3}$	$\frac{4}{3}$	0	$\frac{1}{3}$	-1	$-\frac{4}{3}$	0	$\frac{1}{3}$
x_3	$\frac{1}{6}$	$-\frac{1}{6}$	1	$-\frac{1}{6}$	0	$\frac{1}{6}$	0	$\frac{1}{3}$
x_7	$\frac{2}{3}$	$\frac{4}{3}^*$	0	$\frac{1}{3}$	-1	$-\frac{1}{3}$	1	$\frac{1}{3}$

对辅助线性规划，选取 x_2 为换入变量，x_7 为换出变量，β_{72} 为主元素，施展旋转变换得到单纯形表 1.24.

表 1.24

	x_1	x_2	x_3	x_4	x_5	x_6	x_7	
z	$\frac{1}{4}$	0	0	$-\frac{21}{8}$	$-\frac{21}{8}$	0	0	$\frac{63}{8}$
w	0	0	0	0	0	-1	-1	0
x_3	$\frac{1}{4}$	0	1	$-\frac{1}{8}$	$-\frac{1}{8}$	$\frac{1}{8}$	$\frac{1}{8}$	$\frac{3}{8}$
x_2	$\frac{1}{2}^*$	1	0	$\frac{1}{4}$	$-\frac{3}{4}$	$-\frac{1}{4}$	$\frac{3}{4}$	$\frac{1}{4}$

辅助线性规划得到最优解，并且人工变量为非基变量，删除人工变量 x_6，x_7 和辅助规划的目标函数行得到原线性规划问题的初始单纯形表. 对原线性规划问题，选取 x_1 为换入变量，x_2 为换出变量，β_{21} 为主元素，施展旋转变换得到单纯形表 1.25.

表 1.25

	x_1	x_2	x_3	x_4	x_5	
z	0	$-\frac{1}{2}$	0	$-\frac{11}{4}$	$-\frac{9}{4}$	$\frac{31}{4}$
x_3	0	$-\frac{1}{2}$	1	$-\frac{1}{4}$	$\frac{1}{4}$	$\frac{1}{4}$
x_1	1	2	0	$\frac{1}{2}$	$-\frac{3}{2}$	$\frac{1}{2}$

因此，原线性规划问题的最优解为 $\boldsymbol{x}^*=\left(\frac{1}{2},0,\frac{1}{4}\right)^{\mathrm{T}}$，最优值为 $z^*=-\frac{31}{4}$.

例 1.11 利用两阶法求解例 1.9 的线性规划问题.

解 增加松弛变量 x_4，人工变量 x_5，构造辅助线性规划

$$\max w=-x_5$$

$$\text{s. t.}\begin{cases}x_1+x_2-x_3+x_5=4\\x_1+x_2+x_4=3\\x_1,x_2,x_3,x_4,x_5\geqslant 0\end{cases}$$

目标函数改写为 $w=x_1+x_2-x_3-4$，得到辅助规划问题的单纯形表 1.26.

表 1.26

	x_1	x_2	x_3	x_4	x_5	
w	1	1	−1	0	0	4
x_5	1	1	−1	0	1	4
x_4	1*	1	0	1	0	3

选取 x_1 为换入变量(也可选取 x_2 为换入变量)，x_4 为换出变量，β_{41} 为主元素，施展旋转变换得到单纯形表 1.27.

表 1.27

	x_1	x_2	x_3	x_4	x_5	
w	0	0	−1	−1	0	4
x_5	0	0	−1	−1	1	1
x_1	1	1	0	1	0	3

求得辅助线性规划问题的最优解，但由于人工变量 x_5 为基变量，并且 $x_5=1>0$，故原线性规划问题没有可行解.

1.6.3 退化解

当线性规划问题的基可行解中非零基变量的个数少于约束条件的个数时，就出现了退化解. 退化解产生的原因是确定换出变量时存在两个以上的最小比值，这样在迭代过程中就会出现两个以上的基变量为零的情形，并且迭代的目标函数值保持不变.

有时退化现象会出现迭代无限循环而达不到最优解. 1951 年，A. J. Hoffman 举出了第一个迭代过程中可能出现循环的线性规划问题. 1955 年，E. M. L. Beale 给出了一个较简单的出现循环的线性规划问题. 1952 年，A. Charnes 提出了避免循环出现的摄动方法. 1976 年，Bland 提出了避免循环出现的更简便的方法，称为 Bland 规则. 按以下两个规则进行迭代计算，一定能避免线性规划问题的单纯形方法出现循环：

(1) 选择换入变量时，选取非基变量正检验数的下标最小者，即换入变量 x_k

满足

$$k=\min\{j\mid \sigma_j>0\}$$

(2) 选择换出变量时,若有两个及以上相同的最小比值,则选取下标最小的基变量作为换出变量.

需要说明的是,在线性规划问题的求解中,退化是难免的,但循环现象很少发生.

1.6.4 多重解

若单纯形表(或规范式)中检验数为 0 的个数多于基变量的个数,则线性规划问题具有多重解.

例 1.12 求解线性规划问题

$$\max z=4x_1+2x_2+5x_3$$

$$\text{s.t.}\ \begin{cases}3x_1+x_2+4x_3\leqslant 8\\2x_1+x_2+4x_3\leqslant 3\\x_1,x_2,x_3\geqslant 0\end{cases}$$

解 增加松弛变量 x_4,x_5 构造单纯形表 1.28.

表 1.28

	x_1	x_2	x_3	x_4	x_5	
	4	2	5	0	0	
x_4	3	1	4	1	0	8
x_5	2	1	4*	0	1	3

选取 x_3 为换入变量,x_5 为换出变量,β_{53} 为主元素,施展旋转变换得到单纯形表 1.29.

表 1.29

	x_1	x_2	x_3	x_4	x_5	
	$\frac{3}{2}$	$\frac{3}{4}$	0	0	$-\frac{5}{4}$	$-\frac{15}{4}$
x_4	1	0	0	1	-1	5
x_3	$\frac{1}{2}$*	$\frac{1}{4}$	1	0	$\frac{1}{4}$	$\frac{3}{4}$

选取 x_1 为换入变量,x_3 为换出变量,β_{31} 为主元素,施展旋转变换得到单纯形表 1.30.

表 1.30

	x_1	x_2	x_3	x_4	x_5	
	0	0	-3	0	-2	-6
x_4	0	$-\frac{1}{2}$	-2	1	$-\frac{3}{2}$	$\frac{7}{2}$
x_1	1	$\frac{1}{2}^*$	2	0	$\frac{1}{2}$	$\frac{3}{2}$

单纯形表 1.30 已经满足最优单纯形表的 4 个特点，从而得到最优解 $\boldsymbol{x}^{(1)}=\left(\frac{3}{2},0,0,\frac{7}{2},0\right)^{\mathrm{T}}$. 但单纯形表 1.30 中，检验数为 0 的个数为 3，大于基变量的个数 2. 于是选取 x_2 为换入变量，x_1 为换出变量，β_{12} 为主元素，施展旋转变换得到单纯形表 1.31.

表 1.31

	x_1	x_2	x_3	x_4	x_5	
	0	0	-3	0	-2	-6
x_4	1	0	0	1	-1	5
x_2	2	1	4	0	1	3

又可得到最优解为 $x^{(2)}=(0,3,0,5,0)^{\mathrm{T}}$，但目标函数值均为 6. 事实上，$\boldsymbol{x}^{(1)}$，$\boldsymbol{x}^{(2)}$ 的任意凸组合

$$\boldsymbol{x}^*=\alpha\boldsymbol{x}^{(1)}+(1-\alpha)\boldsymbol{x}^{(2)}\in D,\quad \forall\,\alpha\in[0,1]$$

均是该线性规划问题的最优解，目标数的最优值均为 6.

习 题 1

1.1 用图解法求解下列线性规划问题：

(1) $\max\ z=x_1+x_2$

$$\text{s. t.}\begin{cases}3x_1+x_2\geqslant 2\\ x_1+2x_2\leqslant 5\\ x_1,x_2\geqslant 0\end{cases}$$

(2) $\min\ z=x_1-6x_2$

$$\text{s. t.}\begin{cases}2x_1+x_2\leqslant 1\\ -x_1+x_2\leqslant 7\\ x_1,x_2\geqslant 0\end{cases}$$

(3) $\max\ z=3x_1+2x_2$

$$\text{s. t.}\begin{cases}-x_1+x_2\leqslant 1\\ x_1-2x_2\geqslant -4\\ x_1,x_2\geqslant 0\end{cases}$$

(4) $\min\ z=2x_1-5x_2$

$$\text{s. t.}\begin{cases}x_1+2x_2\geqslant 6\\ x_1+x_2\leqslant 2\\ x_1,x_2\geqslant 0\end{cases}$$

1.2 对下列线性规划问题，找出所有基解、基可行解，并求出最优解和最优值：

(1) $\min z=5x_1-2x_2+3x_3-6x_4$

$$\text{s.t.}\begin{cases}x_1+2x_2+3x_3+4x_4=7\\2x_1+x_2+x_3+2x_4=3\\x_1,x_2,x_3,x_4\geqslant 0\end{cases}$$

(2) $\max z=x_1+x_2-2x_3+x_4-x_5$

$$\text{s.t.}\begin{cases}x_1+x_2+x_3+x_4=1\\-x_1+2x_2+x_5=4\\x_i\geqslant 0,\quad i=1,2,\cdots,5\end{cases}$$

1.3　用单纯形法求解下列线性规划问题:

(1) $\max z=2x_1+3x_2$

$$\text{s.t.}\begin{cases}x_1+3x_2\leqslant 5\\x_1+x_2\geqslant 2\\x_1,x_2\geqslant 0\end{cases}$$

(2) $\max z=x_1+x_2-2x_3$

$$\text{s.t.}\begin{cases}3x_1+x_2-x_3\leqslant 5\\x_1-4x_2+x_3\geqslant 7\\x_1,x_2,x_3\geqslant 0\end{cases}$$

(3) $\min z=2x_1+3x_2+x_3$

$$\text{s.t.}\begin{cases}x_1+4x_2+2x_3\geqslant 8\\3x_1+2x_2\geqslant 6\\x_1,x_2\geqslant 0\end{cases}$$

(4) $\max z=10x_1+15x_2+12x_3$

$$\text{s.t.}\begin{cases}5x_1+3x_2+x_3\leqslant 9\\-5x_1+6x_2+15x_3\leqslant 15\\2x_1+x_2+x_3\geqslant 5\\x_j\geqslant 0,\quad j=1,2,3\end{cases}$$

1.4　设目标函数极大化的线性规划问题的单纯形表如表 1.32 所示,表中无人工变量,当待定常数 a_1,a_2,b_1,c_1,c_2 为何值时,表中的解:(1)为唯一最优解;(2)为多重解;(3)有无界解;(4)为退化解.

表 1.32

	x_1	x_2	x_3	x_4	x_5	x_6	
	c_1	0	c_2	-9	0	0	z_0
x_2	a_1	1	a_2	-1	0	0	7
x_5	-1	0	-5	0	1	0	3
x_6	4	0	-2	1	0	1	b_1

1.5　某商店要制订某种商品第 2 季度的计划,已知该商店仓库容纳此种商品的容量不能超过 600 件,3 月底已存货 200 件,以后每月初进货一次. 假定各月份此种商品买进售出的单价如表 1.33 所示,问各月进货、售货各多少件,才能使利润最大? 假设进货时受到仓库容量的限制,售货时受到进货量的限制,不考虑货物存放在仓库内的损耗与保管费用.

表 1.33

月份	买进单价/(元/件)	售出单价/(元/件)
4	17	18
5	16.5	18
6	17	19

1.6　设市场上可买到 n 种不同的食品，第 j 种食品的单位售价为 c_j，每种食品含有 m 种基本营养成分，第 j 种食品每一个单位含第 i 种营养成分为 a_{ij}，每人每天对第 i 种营养成分的需要量不少于 b_i，试确定在保持营养要求条件下的最经济食谱.

1.7　A，B 两种产品都需要经过前、后两道工序加工，每一个单位产品 A 需要前道工序 1h 和后道工序 2h，每一个单位产品 B 需要前道工序 2h 和后道工序 3h. 可供利用的前道工序有 11h，后道工序有 17h. 每加工一个单位产品 B 的同时，会产生 2 个单位的副产品 C，并且不需要任何费用，产品 C 一部分可出售营利，其余的只能加以销毁. 出售单位产品 A、B、C 的利润分别为 3 元、7 元、2 元，每单位产品 C 的销毁费为 1 元. 预测表明，产品 C 最多只能售出 13 个单位. 试建立总利润最大的生产计划数学模型.

第 2 章　对偶问题与灵敏度分析

对一个实际的优化问题，可以从不同的角度进行分析和研究. 根据同样的条件可构成两个不同的优化问题，一个是目标函数求最小值；另一个是目标函数求最大值. 当有限最优解存在时，它们的目标函数最优值相等，这就是线性规划的对偶问题(dual problem).

2.1　对偶问题及其数学模型

2.1.1　对偶问题的提出

例 2.1　假设某工厂有 m 种设备，一年内各设备的生产能力(有效台时数)为 $b_i(i=1,2,\cdots,m)$. 利用这些设备可以加工 n 种产品，单位产品的利润为 $c_j(j=1,2,\cdots,n)$，第 j 种产品在第 i 种设备上加工的台时数为 a_{ij}. 问在设备能力容许的条件下，如何安排生产计划，才能使全年收入最多？

解　设 $x_1,x_2,\cdots,x_n$ 为各产品的计划年产量，则有线性规划模型

$$\max z = \sum_{j=1}^{n} c_j x_j$$

$$\text{s.t.} \begin{cases} \sum_{j=1}^{n} a_{ij} x_j \leqslant b_i, & i=1,2,\cdots,m \\ x_j \geqslant 0, & j=1,2,\cdots,n \end{cases}$$

例 2.2　假设对例 2.1 中的设备承担加工任务，需给各种设备制订收费标准，其原则是加工第 j 种产品的单位收入不少于 c_j，而且为了能获取加工任务，应使全年的收入尽量少. 如何进行计划决策？

解　设第 i 种设备的单位台时收费标准为 y_i，则有线性规划模型

$$\min w = \sum_{i=1}^{m} b_i y_i$$

$$\text{s.t.} \begin{cases} \sum_{i=1}^{m} a_{ij} y_i \geqslant c_j, & j=1,2,\cdots,n \\ y_i \geqslant 0, & i=1,2,\cdots,m \end{cases}$$

称上述两个线性规划问题为一对对偶问题，称其中一个为原问题，另一个为对偶问题.

1. 对称形式的对偶

对原线性规划问题

$$\max z=\boldsymbol{c}^{\mathrm{T}}\boldsymbol{x}$$
$$\text{s.t.}\ \begin{cases}\boldsymbol{A}\boldsymbol{x}\leqslant\boldsymbol{b}\\ \boldsymbol{x}\geqslant 0\end{cases} \tag{2.1}$$

其对偶规划问题为

$$\min w=\boldsymbol{y}^{\mathrm{T}}\boldsymbol{b}$$
$$\text{s.t.}\ \begin{cases}\boldsymbol{y}^{\mathrm{T}}\boldsymbol{A}\geqslant\boldsymbol{c}^{\mathrm{T}}\\ \boldsymbol{y}\geqslant 0\end{cases} \tag{2.2}$$

它们之间的关系是对称关系.

定理 2.1　线性规划问题(2.2)的对偶规划是原线性规划问题(2.1).

证明　将问题(2.2)改写为

$$\max(-\boldsymbol{b})^{\mathrm{T}}\boldsymbol{y}$$
$$\text{s.t.}\ \begin{cases}(-\boldsymbol{A}^{\mathrm{T}})\boldsymbol{y}\leqslant-\boldsymbol{c}\\ \boldsymbol{y}\geqslant 0\end{cases}$$

则其对偶规划为

$$\min \boldsymbol{x}^{\mathrm{T}}(-\boldsymbol{c})$$
$$\text{s.t.}\ \begin{cases}\boldsymbol{x}^{\mathrm{T}}(-\boldsymbol{A}^{\mathrm{T}})\geqslant-\boldsymbol{b}^{\mathrm{T}}\\ \boldsymbol{x}^{\mathrm{T}}\geqslant 0\end{cases}$$

化简即得线性规划问题(2.1).

2. 标准形式的对偶

设原线性规划问题为标准形式(1.1),将其等式约束改写为两个不等式约束 $\boldsymbol{A}\boldsymbol{x}\leqslant\boldsymbol{b},-\boldsymbol{A}\boldsymbol{x}\leqslant-\boldsymbol{b}$ 则(1.1)可写成

$$\max z=\boldsymbol{c}^{\mathrm{T}}\boldsymbol{x}$$
$$\text{s.t.}\ \begin{cases}\begin{pmatrix}\boldsymbol{A}\\ -\boldsymbol{A}\end{pmatrix}\boldsymbol{x}\leqslant\begin{pmatrix}\boldsymbol{b}\\ -\boldsymbol{b}\end{pmatrix}\\ \boldsymbol{x}\geqslant 0\end{cases}$$

其对偶规划为

$$\min w=\boldsymbol{u}^{\mathrm{T}}\boldsymbol{b}-\boldsymbol{v}^{\mathrm{T}}\boldsymbol{b}$$
$$\text{s.t.}\ \begin{cases}(\boldsymbol{u}^{\mathrm{T}},\boldsymbol{v}^{\mathrm{T}})\begin{pmatrix}\boldsymbol{A}\\ -\boldsymbol{A}\end{pmatrix}\geqslant\boldsymbol{c}^{\mathrm{T}}\\ \boldsymbol{u},\boldsymbol{v}\geqslant 0\end{cases}$$

令 $\boldsymbol{y}=\boldsymbol{u}-\boldsymbol{v}$,则可表示为

$$\begin{aligned} &\min\ w = \boldsymbol{y}^{\mathrm{T}}\boldsymbol{b} \\ &\text{s. t.}\quad \boldsymbol{y}^{\mathrm{T}}\boldsymbol{A} \geqslant \boldsymbol{c}^{\mathrm{T}} \end{aligned} \tag{2.3}$$

3. 混合约束问题的对偶规划

若原线性规划为

$$\max\ z = \boldsymbol{c}^{\mathrm{T}}\boldsymbol{x}$$
$$\text{s. t.}\ \begin{cases} \boldsymbol{A}_1\boldsymbol{x} \geqslant \boldsymbol{b}_1 \\ \boldsymbol{A}_2\boldsymbol{x} = \boldsymbol{b}_2 \\ \boldsymbol{A}_3\boldsymbol{x} \leqslant \boldsymbol{b}_3 \\ \boldsymbol{x} \geqslant 0 \end{cases}$$

则其对偶规划为

$$\min\ w = \boldsymbol{y}_1^{\mathrm{T}}\boldsymbol{b}_1 + \boldsymbol{y}_2^{\mathrm{T}}\boldsymbol{b}_2 + \boldsymbol{y}_3^{\mathrm{T}}\boldsymbol{b}_3$$
$$\text{s. t.}\ \begin{cases} \boldsymbol{y}_1^{\mathrm{T}}\boldsymbol{A}_1 + \boldsymbol{y}_2^{\mathrm{T}}\boldsymbol{A}_2 + \boldsymbol{y}_3^{\mathrm{T}}\boldsymbol{A}_3 \geqslant \boldsymbol{c}^{\mathrm{T}} \\ \boldsymbol{y}_1 \leqslant 0, \boldsymbol{y}_3 \geqslant 0, \quad \boldsymbol{y}_2\ \text{为自由变量} \end{cases}$$

2.1.2 对偶定理

从标准形式线性规划问题(1.1)及其对偶规划(2.3)来考查它们的最优解之间的关系.

定理 2.2(弱对偶定理) 设 $\boldsymbol{x}$ 是原规划(1.1)的可行解,$\boldsymbol{y}$ 是对偶规划(2.3)的可行解,则其目标函数值满足

$$\boldsymbol{c}^{\mathrm{T}}\boldsymbol{x} \leqslant \boldsymbol{y}^{\mathrm{T}}\boldsymbol{b} \tag{2.4}$$

证明 由 $\boldsymbol{x}$ 是(1.1)的可行解得 $\boldsymbol{A}\boldsymbol{x}=\boldsymbol{b}, \boldsymbol{x} \geqslant 0$,由 $\boldsymbol{y}$ 是(2.3)的可行解得 $\boldsymbol{y}^{\mathrm{T}}\boldsymbol{A} \geqslant \boldsymbol{c}^{\mathrm{T}}$,故

$$\boldsymbol{y}^{\mathrm{T}}\boldsymbol{b} = \boldsymbol{y}^{\mathrm{T}}\boldsymbol{A}\boldsymbol{x} \geqslant \boldsymbol{c}^{\mathrm{T}}\boldsymbol{x}$$

推论 2.1 设 $\boldsymbol{x}^*, \boldsymbol{y}^*$ 分别是原规划(1.1)及对偶规划(2.3)的可行解,并且 $\boldsymbol{c}^{\mathrm{T}}\boldsymbol{x}^* = \boldsymbol{y}^{*\mathrm{T}}\boldsymbol{b}$,则 $\boldsymbol{x}^*, \boldsymbol{y}^*$ 分别是它们的最优解.

证明 由定理 2.2,对(1.1)的任一可行解 $\boldsymbol{x}$,均有 $\boldsymbol{c}^{\mathrm{T}}\boldsymbol{x} \leqslant \boldsymbol{y}^{*\mathrm{T}}\boldsymbol{b} = \boldsymbol{c}^{\mathrm{T}}\boldsymbol{x}^*$,故 $\boldsymbol{x}^*$ 是(1.1)的最优解. 同理可证 $\boldsymbol{y}^*$ 是(2.3)的最优解.

推论 2.2 若原规划与对偶规划问题中有一个问题的目标函数无界,则另一个问题必无可行解.

证明 由式(2.4)可知,结论成立.

定理 2.3(对偶定理) 若原线性规划问题和对偶线性规划问题之一有最优解,则另一个也有最优解,并且两个问题的目标函数最优值相等.

证明 由对称性,只需证明原规划有最优解的情形即可.

设 $\boldsymbol{x}^*$ 是原线性规划问题的最优解,对应的基矩阵为 $\boldsymbol{B}$,目标数值为 $\boldsymbol{c}^{\mathrm{T}}\boldsymbol{x}^* =$

$\boldsymbol{c}_{\boldsymbol{B}}^{\mathrm{T}}\boldsymbol{B}^{-1}\boldsymbol{b}$,对应的检验数 $\sigma=\boldsymbol{c}^{\mathrm{T}}-\boldsymbol{c}_{\boldsymbol{B}}^{\mathrm{T}}\boldsymbol{B}^{-1}\boldsymbol{A}\leqslant 0$,则有 $\boldsymbol{c}_{\boldsymbol{B}}^{\mathrm{T}}\boldsymbol{B}^{-1}\boldsymbol{A}\geqslant\boldsymbol{c}^{\mathrm{T}}$. 令 $\boldsymbol{y}^{*\mathrm{T}}=\boldsymbol{c}_{\boldsymbol{B}}^{\mathrm{T}}\boldsymbol{B}^{-1}$,则 $\boldsymbol{y}^{*\mathrm{T}}\boldsymbol{A}\geqslant\boldsymbol{c}^{\mathrm{T}}$. 即 $\boldsymbol{y}^*$ 是(2.3)的可行解,并且 $\boldsymbol{c}^{\mathrm{T}}\boldsymbol{x}^*=\boldsymbol{c}_{\boldsymbol{B}}^{\mathrm{T}}\boldsymbol{B}^{-1}\boldsymbol{b}=\boldsymbol{y}^{*\mathrm{T}}\boldsymbol{b}$. 由推论 2.1 知,$\boldsymbol{y}^*$ 是对偶问题(2.3)的最优解,并且两个问题目标函数的最优值相等.

定理 2.4(互补松弛定理) 设 $\boldsymbol{x},\boldsymbol{y}$ 分别是原线性规划(1.1)和对偶规划(2.3)的可行解,则 $\boldsymbol{x},\boldsymbol{y}$ 分别是(1.1),(2.3)最优解的充分必要条件是

$$(\boldsymbol{y}^{\mathrm{T}}\boldsymbol{A}-\boldsymbol{c}^{\mathrm{T}})\boldsymbol{x}=0 \tag{2.5}$$

证明 若 $\boldsymbol{x},\boldsymbol{y}$ 分别是最优解,则由对偶定理有 $\boldsymbol{y}^{\mathrm{T}}\boldsymbol{b}=\boldsymbol{c}^{\mathrm{T}}\boldsymbol{x}$. 由 $\boldsymbol{A}\boldsymbol{x}=\boldsymbol{b}$ 代入就有式(2.5)成立.

称式(2.5)为互补松弛条件,常写为如下形式:

(1) 若 $x_j>0$,则 $\boldsymbol{y}^{\mathrm{T}}\boldsymbol{p}_j=c_j(j=1,2,\cdots,n)$,

(2) 若 $\boldsymbol{y}^{\mathrm{T}}\boldsymbol{p}_j>c_j$,则 $x_j=0(j=1,2,\cdots,n)$.

对于"$\leqslant$"的不等式约束线性规划问题,其最优单纯形表中松弛变量的检验数 $\sigma_j=(0-\boldsymbol{c}_{\boldsymbol{B}}^{\mathrm{T}}\boldsymbol{B}^{-1}\boldsymbol{I})_j=(-\boldsymbol{c}_{\boldsymbol{B}}^{\mathrm{T}}\boldsymbol{B}^{-1})_j\leqslant 0$,即 $(\boldsymbol{c}_{\boldsymbol{B}}^{\mathrm{T}}\boldsymbol{B}^{-1})_j=-\sigma_j$,也即松弛变量的检验数反号就是对偶规划问题的最优解.

2.2 对偶单纯形方法

用单纯形方法求解线性规划问题时,从初始基可行解开始,迭代过程中始终保持解的可行性 $\boldsymbol{B}^{-1}\boldsymbol{b}\geqslant 0$,不断改变基可行解对应的检验数. 当检验数 $\boldsymbol{\sigma}=\boldsymbol{c}^{\mathrm{T}}-\boldsymbol{c}_{\boldsymbol{B}}^{\mathrm{T}}\boldsymbol{B}^{-1}\boldsymbol{A}\leqslant 0$ 时就得到了线性规划问题的最优解. $\boldsymbol{\sigma}\leqslant 0$ 意味着 $\boldsymbol{y}^{\mathrm{T}}\boldsymbol{A}=\boldsymbol{c}_{\boldsymbol{B}}^{\mathrm{T}}\boldsymbol{B}^{-1}\boldsymbol{A}\geqslant\boldsymbol{c}^{\mathrm{T}}$,即 $\boldsymbol{y}=(\boldsymbol{c}_{\boldsymbol{B}}^{\mathrm{T}}\boldsymbol{B}^{-1})^{\mathrm{T}}$ 是其对偶线性规划问题的可行解,所以单纯形方法可解释如下:从基可行解迭代到另一个基可行解,始终保证原线性规划问题的可行性,逐步满足其对偶规划问题的可行性. 下面介绍的对偶单纯形方法,在迭代过程中,永远保证基解对应的检验数 $\boldsymbol{\sigma}\leqslant 0$,逐步使基解满足 $\boldsymbol{B}^{-1}\boldsymbol{b}\geqslant 0$,即永远保证对偶规划问题的可行性,逐步使原线性规划问题达到可行性的要求,也即允许基解的分量为负,但要保证检验数非正,逐步使基解分量非负而达到可行性.

2.2.1 对偶单纯形方法

首先介绍确定换出变量. 设基解 $\boldsymbol{x}$ 对应的线性规划规范式中,检验数非正,$\sigma_j\leqslant 0(j=1,2,\cdots,n)$. 原则上,$\boldsymbol{\alpha}=\boldsymbol{B}^{-1}\boldsymbol{b}$ 的任何一个负分量对应的基变量均可作为换出变量,但常取负分量绝对值最大者所对应的基变量作为换出变量. 令 $\alpha_l=\min\{\alpha_i\,|\,\alpha_i<0\}$,则取 x_l 为换出变量.

若存在某个 $\alpha_i<0$,但规范式中(单纯形表中 α_i 所在行)$\beta_{ij}\geqslant 0(j=1,2,\cdots,n)$,则原线性规划问题无可行解;否则,若 $\bar{\boldsymbol{x}}=(\bar{x}_1,\bar{x}_2,\cdots,\bar{x}_n)^{\mathrm{T}}$ 是原线性规划问题的可行解,则由规范式的第 i 个约束等式有

$$\bar{x}_i = \alpha_i - \sum_{j \in T} \beta_{ij} \bar{x}_j < 0$$

这与 $\bar{x}$ 是可行解矛盾.

下面介绍确定换入变量. 假设非基变量 x_k 作为换入变量，在原规范式中，用 x_k 替换 x_l 后目标函数为

$$z = \left(z_0 + \sigma_k \frac{\alpha_l}{\beta_{lk}}\right) + \sum_{j \in T, j \neq k} \left(\sigma_j - \sigma_k \frac{\beta_{lj}}{\beta_{lk}}\right) x_j - \frac{\sigma_k}{\beta_{lk}} x_l$$

为了保证检验数非正，应该有

$$\begin{cases} -\dfrac{\sigma_k}{\beta_{lk}} \leqslant 0 \\ \sigma_j - \sigma_k \dfrac{\beta_{lj}}{\beta_{lk}} \leqslant 0, \quad j \in T, j \neq k \end{cases}$$

从第一式得 $\beta_{lk} < 0$. 当 $\beta_{lj} \geqslant 0$ 时，第二式恒成立；当 $\beta_{lj} < 0$ 时，需满足 $\dfrac{\sigma_k}{\beta_{lk}} \leqslant \dfrac{\sigma_j}{\beta_{lj}}$.

因此，令

$$\frac{\sigma_k}{\beta_{lk}} = \min\left\{ \frac{\sigma_j}{\beta_{lj}} \middle| \beta_{lj} < 0 \right\}$$

则 x_k 为换入变量，迭代后新基解的目标函数值为 $z_0 + \sigma_k \dfrac{\alpha_l}{\beta_{lk}} < z_0$，即每次迭代使目标函数值严格下降，并且已出现过的基解不会重复出现. 因此，有限次迭代后即可得出原问题的最优解.

算法 2.1（对偶单纯形方法） 已知线性规划问题的一个基解 $\boldsymbol{x}$，对应的基矩阵 $\boldsymbol{B}$，$\boldsymbol{x_B} = \boldsymbol{B}^{-1}\boldsymbol{b} = \boldsymbol{\alpha}$，该基解的所有检验数非正.

(1) 若 $\alpha \geqslant 0$，则得线性规划问题的最优解 $\boldsymbol{x}^* = \begin{pmatrix} \boldsymbol{\alpha} \\ 0 \end{pmatrix}$，停止计算；若存在 $\boldsymbol{\alpha}$ 的某个分量 $\alpha_i < 0$，而 $\beta_{ij} \geqslant 0 (j = 1, 2, \cdots, n)$，则线性规划问题无可行解，停止计算；

(2) 取 $\alpha_l = \min\limits_{i \in S} \{\alpha_i \mid \alpha_i < 0\}$，确定基变量 x_l 为换出变量；

(3) 令 $\theta_k = \min\limits_{j \in T} \left\{ \dfrac{\sigma_j}{\beta_{lj}} \middle| \beta_{lj} < 0 \right\} = \dfrac{\sigma_k}{\beta_{lk}}$；

(4) 以 β_{lk} 为主元素，施展旋转变换得到新的基解，转(1).

例 2.3 求解线性规划问题

$$\min z = 5x_1 + 21x_3$$

$$\text{s. t.} \quad \begin{cases} x_1 - x_2 + 6x_3 \geqslant 2 \\ x_1 + x_2 + 2x_3 \geqslant 1 \\ x_1, x_2, x_3 \geqslant 0 \end{cases}$$

解 该问题若用单纯形方法求解，需增加松弛变量 x_4, x_5 和人工变量 x_6, x_7，

参见例 1.10. 而用对偶单纯形法求解，只需增加松弛变量 x_4，x_5 即可. 原问题化为规范式如下：

$$\max z=-5x_1-21x_3$$
$$\text{s.t.}\quad\begin{cases}-x_1+x_2-6x_3+x_4=-2\\-x_1-x_2-2x_3+x_5=-1\\x_1,x_2,x_3,x_4,x_5\geqslant 0\end{cases}$$

构造单纯形表 2.1.

表 2.1

	x_1	x_2	x_3	x_4	x_5	
	-5	0	-21	0	0	
x_4	-1	1	-6^*	1	0	-2
x_5	-1	-1	-2	0	1	-1

选取 x_4 为换出变量，x_3 为换入变量，β_{43} 为主元素，施展旋转变换得到单纯形表 2.2.

表 2.2

	x_1	x_2	x_3	x_4	x_5	
	$-\frac{3}{2}$	$-\frac{7}{2}$	0	$-\frac{7}{2}$	0	7
x_3	$\frac{1}{6}$	$-\frac{1}{6}$	1	$-\frac{1}{6}$	0	$\frac{1}{3}$
x_5	$-\frac{2}{3}^*$	$-\frac{4}{3}$	0	$-\frac{1}{3}$	1	$-\frac{1}{3}$

选取 x_5 为换出变量，x_1 为换入变量，β_{51} 为主元素，施展旋转变换得到单纯形表 2.3.

表 2.3

	x_1	x_2	x_3	x_4	x_5	
z	0	$-\frac{1}{2}$	0	$-\frac{11}{4}$	$-\frac{9}{4}$	$\frac{31}{4}$
x_3	0	$-\frac{1}{2}$	1	$-\frac{1}{4}$	$\frac{1}{4}$	$\frac{1}{4}$
x_1	1	2	0	$\frac{1}{2}$	$-\frac{3}{2}$	$\frac{1}{2}$

因此，原线性规划问题的最优解为 $\boldsymbol{x}^*=\left(\frac{1}{2},0,\frac{1}{4}\right)^{\mathrm{T}}$，最优值为 $z^*=\frac{31}{4}$.

2.2.2 对偶问题的经济解释——影子价格

产品的生产需要消耗多种不同的资源. 产品的生产成本主要由资源成本构成，

增加某种产品产量所创造的利润是由该种产品消耗的资源机会成本构成的,即资源机会成本可以表示企业使用或消耗一个单位该种资源所创造的利润,其值的大小反映出资源利用的合理性和科学性,决定了资源的使用方式.

从前面的对偶定理可知,当原规划与对偶规划都有可行解时,若它们都有最优解 $\boldsymbol{x}^*,\boldsymbol{y}^*$,则目标函数的最优值相等,即 $z^*=\boldsymbol{c}^{\mathrm{T}}\boldsymbol{x}^*=\boldsymbol{y}^{*\mathrm{T}}\boldsymbol{b}=w^*=y_1^*b_1+y_2^*b_2+\cdots+y_m^*b_m$. 由于 b_i 是第 i 种资源的限制量,将 y_i^* 看成定值,b_i 看成变量,则有

$$\frac{\partial z^*}{\partial b_i}=\frac{\partial w^*}{\partial b_i}=y_i^*,\quad i=1,2,\cdots,m$$

即 y_i^* 是第 i 种资源 b_i 变化引起的最优值 z^* 的变化率. 也就是说,当 b_i 增加一个单位时,效益 z^* 也随之增加 y_i^*;当放弃增加 b_i 一个单位时,将失去增加效益 y_i^* 的机会. y_i^* 的值代表对第 i 种资源的估价. 这种估价是针对企业具体产品而存在的一种特殊价格,称为“影子价格”(shadow price). 它不是资源的市场价格,而是在利用资源产生效益时的价格评估,影子价格是人们在使用该资源时的边际效益.

在对偶规划问题中,第 j 个约束条件为

$$\sum_{i=1}^{m}a_{ij}y_i\geqslant c_j,\quad j=1,2,\cdots,n$$

其中 a_{ij} 为第 j 种产品对第 i 种资源的单位消耗量,$\sum\limits_{i=1}^{m}a_{ij}y_i$ 为生产第 j 种产品消耗的资源价值,c_j 为第 j 种产品的单价或利润. 若产品价值低于生产它时消耗的资源价值,即亏本生产,就不应该生产该产品,在互补松弛条件中就是 $\sum\limits_{i=1}^{m}a_{ij}y_i>c_j$,有 $x_j=0$. 若最优解中 $x_j^*>0$,即生产第 j 种产品,就有 $\sum\limits_{i=1}^{m}a_{ij}y_i=c_j$. 因此,影子价格实质上是企业生产在盈亏平衡状态下对资源利用价值的评估价格.

影子价格表明资源在使用时的重要程度,影子价格越大,表明每增加一个单位资源时,总效益增加也越多. 因此,相对于资源的市场价格与生产的产品销路来说,影子价格为企业经营决策人员提供了决策分析的一种依据,是经济管理与生产活动分析的有用工具. 需要注意的是,同一种资源在不同的问题中使用时,对应的影响子价格是不同的,它是由线性规划问题所决定的.

2.3 灵敏度分析

在前面讨论的线性规划问题中,总是假定约束条件的系数矩阵 $\boldsymbol{A}$,约束条件右侧资源限制向量 $\boldsymbol{b}$,以及目标函数的价值系数向量 $\boldsymbol{c}$ 中的元素均为常数,保持不

变.而实际上,这些元素常常是通过估计和预测而得到的,不可能十分准确或一成不变.例如,市场条件变化会导致价值系数 c_j 变化,工艺条件的改变会导致单位资源消耗量 a_{ij} 发生改变,随着现有条件的改变或决策人的决策发生变化,资源限制量 b_i 也会随之发生变化.

当线性规划问题中的某一个或某几个系数发生变化后,原来已得的结果一般会发生变化,当然可以用单纯形法重新计算获得新的最优解,但其工作量很大,而且也有不必要的浪费.所以需要考虑:①当线性规划问题中的各系数在什么范围内变化时,不影响已获得的结果;②当变化超过以上范围或需要增加变量或约束时,如何在原有结果的基础上获得所需的新最优解.这就是本节灵敏度分析(sensitivity analysis)所需考虑的问题.

2.3.1 目标函数价值系数发生变化

目标函数 x_k 的价值系数 c_k 发生变化,只会影响最优解的检验数 $\sigma_k=c_k-\boldsymbol{c}_{\boldsymbol{B}}^{\mathrm{T}}\boldsymbol{B}^{-1}\boldsymbol{p}_k(k=1,2,\cdots,n)$,而不会影响最优解的值 $\boldsymbol{\alpha}=\boldsymbol{B}^{-1}\boldsymbol{b}$,即只会影响最优解的对偶可行性,而不会影响原问题的可行性.

当 x_k 是非基变量时,c_k 的变化只影响到一个非基变量 x_k 的检验数,对规范式中的其他系数都无影响.设 x_k 的系数从 c_k 变成为 $\bar{c}_k=c_k+\Delta c_k$,此时,x_k 的检验数变为

$$\bar{\sigma}_k=\bar{c}_k-\boldsymbol{c}_{\boldsymbol{B}}^{\mathrm{T}}\boldsymbol{B}^{-1}\boldsymbol{p}_k=(c_k+\Delta c_k)-\boldsymbol{c}_{\boldsymbol{B}}^{\mathrm{T}}\boldsymbol{B}^{-1}\boldsymbol{p}_k=\Delta c_k+\sigma_k$$

若 $\bar{\sigma}_k\leqslant 0$,即 $\Delta c_k\leqslant-\sigma_k$,则原最优解和目标函数的最优值都保持不变.

若 $\bar{\sigma}_k>0$,即 $\Delta c_k>-\sigma_k$,则将 x_k 作为换入变量,施展单纯形方法进行迭代,求出新的最优解.

当 x_k 是基变量时,若基变量 x_k 的系数由 c_k 变化到 $\bar{c}_k=c_k+\Delta c_k$,则将影响所有非基变量的检验数 $\sigma_j(j\in T)$,变化后的检验数为

$$\bar{\sigma}_j=c_j-\bar{\boldsymbol{c}}_{\boldsymbol{B}}^{\mathrm{T}}\boldsymbol{B}^{-1}\boldsymbol{p}_j=\sigma_j-\Delta c_k\beta_{kj}$$

当 $\bar{\sigma}_j\leqslant 0$ 时,即 Δc_k 满足

$$\max_{j\in T}\left\{\frac{\sigma_j}{\beta_{kj}}\middle|\beta_{kj}>0\right\}\leqslant\Delta c_k\leqslant\min_{j\in T}\left\{\frac{\sigma_j}{\beta_{kj}}\middle|\beta_{kj}<0\right\}\tag{2.6}$$

此时最优解保持不变,但目标函数值为 $\boldsymbol{c}_{\boldsymbol{B}}^{\mathrm{T}}\boldsymbol{B}^{-1}\boldsymbol{b}+\Delta c_k\alpha_k$,增量为 $\Delta c_k\alpha_k$.

当 Δc_k 不满足(2.6)时,至少有一个检验数不满足最优性条件,用单纯形方法继续迭代,可得新的最优解.

2.3.2 约束条件右端资源限制量发生变化

当右侧资源限制量由 b_k 变为 $\bar{b}_k=b_k+\Delta b_k$ 时,规范式的检验数保持不变,即资源限制量的改变只影响最优解的可行性,而不会影响其对偶可行性.

设基矩阵的逆矩阵为 $\boldsymbol{B}^{-1}=(a'_{ij})_{m\times m}(i,j\in S)$，新的基解为 $\bar{\boldsymbol{x}}_{\boldsymbol{B}}$，则

$$\bar{\boldsymbol{x}}_{\boldsymbol{B}}=\boldsymbol{B}^{-1}\bar{\boldsymbol{b}}=\boldsymbol{B}^{-1}\boldsymbol{b}+\Delta b_k(a'_{1k},a'_{2k},\cdots,a'_{mk})^{\mathrm{T}}$$

其分量 $(\bar{\boldsymbol{x}}_{\boldsymbol{B}})_i=\alpha_i+\Delta b_k a'_{ik}(i\in S)$. 由 $\bar{\boldsymbol{x}}_{\boldsymbol{B}}\geqslant 0$ 有

$$\max_{i\in S}\left\{\frac{-\alpha_i}{a'_{ik}}\middle| a'_{ik}>0\right\}\leqslant\Delta b_k\leqslant\min_{i\in S}\left\{\frac{-\alpha_i}{a'_{ik}}\middle| a'_{ik}<0\right\} \tag{2.7}$$

此时的基变量仍是原来的基变量，但基变量的取值发生了改变.

当 Δb_k 不满足(2.7)时，存在基变量的取值为负，利用对偶单纯形方法迭代，计算出新的最优解.

2.3.3 资源单位消耗量发生变化

设约束条件系数矩阵 $\boldsymbol{A}$ 的某个元素 a_{ik} 变为 $\bar{a}_{ik}=a_{ik}+\Delta a_{ik}$，其他系数保持不变.

当 x_k 是非基变量时，元素 a_{ik} 的变化只影响到一个检验数 σ_k，变化后的检验数为

$$\bar{\sigma}_k=c_k-\boldsymbol{c}_{\boldsymbol{B}}^{\mathrm{T}}\boldsymbol{B}^{-1}\bar{\boldsymbol{p}}_k=\sigma_k-y_i\Delta a_{ik}$$

其中 y_i 为 $\boldsymbol{y}=(\boldsymbol{c}_{\boldsymbol{B}}^{\mathrm{T}}\boldsymbol{B}^{-1})^{\mathrm{T}}$ 的第 i 个元素，为第 i 种资源的影子价格，表示对第 i 种资源的估价. 为了保持最优解不变，需满足 $\bar{\sigma}_k=\sigma_k-y_i\Delta a_{ik}\leqslant 0$.

(1) 若 $y_i>0$，则当 $\Delta a_{ik}\geqslant\dfrac{\sigma_k}{y_i}$ 时，最优解和目标函数的最优值都保持不变；

(2) 若 $y_i<0$，则当 $\Delta a_{ik}\leqslant\dfrac{\sigma_k}{y_i}$ 时，最优解和目标函数的最优值都保持不变；

(3) 若 $y_i=0$，则 Δa_{ik} 可取任意值，即第 i 种资源的使用对总效益不产生影响.

当 x_k 是基变量时，原最优解的可行性和最优性都将受到影响，一般来说，需用单纯形方法重新计算，以寻找线性规划问题的最优解.

2.3.4 增加一个新的变量

在原线性规划问题中增加一个新变量 x_{n+1}，该变量在目标函数中的系数为 c_{n+1}，约束矩阵中的系数向量为 $\boldsymbol{p}_{n+1}=(a_{1,n+1},a_{2,n+1},\cdots,a_{m,n+1})^{\mathrm{T}}$，此时，需在最优单纯形表中增加一列 $\boldsymbol{B}^{-1}\boldsymbol{p}_{n+1}$.

若 $\sigma_{n+1}=c_{n+1}-\boldsymbol{c}_{\boldsymbol{B}}^{\mathrm{T}}\boldsymbol{B}^{-1}\boldsymbol{p}_{n+1}\leqslant 0$，则原最优解和目标函数的最优值都保持不变，即增加变量 x_{n+1} 对改进目标函数值没有帮助.

若 $\sigma_{n+1}>0$，则以 x_{n+1} 为换入变量，施展单纯形方法进行迭代，计算求出新的最优解.

2.3.5 增加一个新约束条件

当增加约束条件后，原最优解满足该约束条件，则最优解保持不变；若原最优解不满足新增加的约束条件，则需用对偶单纯形方法重新迭代计算出新的最优解.

例 2.4　设某工厂计划生产 A,B,C 三种产品,每吨利润分别为−1 万元、−1 万元、4 万元,生产单位产品所需的工时、钢材、木材及资源限制量如表 2.4 所示.

表 2.4

	A	B	C	资源限制量
所需工时	1	1	2	9
钢材	1	1	−1	2
木材	−1	1	1	4

(1) 对 $c_2=-1$ 和 $c_1=-1$ 进行灵敏度分析;

(2) 对 $b_1=9$ 进行灵敏度分析;

(3) 对 $a_{12}=1$ 进行灵敏度分析;

(4) 增加一个新变量 x_7,它在目标函数中的系数为 $c_7=2$,约束条件系数向量为 $\boldsymbol{p}_7=(-1,0,1)^{\mathrm{T}}$,求新的最优解;

(5) 增加约束条件 $-x_1+2x_2\geqslant 2$,求新的最优解.

解　设 x_1,x_2,x_3 为产品 A,B,C 的产量,则有线性规划模型

$$\max z=-x_1-x_2+4x_3$$

$$\text{s. t.}\begin{cases}x_1+x_2+2x_3\leqslant 9\\ x_1+x_2-x_3\leqslant 2\\ -x_1+x_2+x_3\leqslant 4\\ x_1,x_2,x_3\geqslant 0\end{cases}$$

增加松弛变量 x_4,x_5,x_6 化为标准形为

$$\max z=-x_1-x_2+4x_3$$

$$\text{s. t.}\begin{cases}x_1+x_2+2x_3+x_4=9\\ x_1+x_2-x_3+x_5=2\\ -x_1+x_2+x_3+x_6=4\\ x_1,x_2,x_3,x_4,x_5\geqslant 0\end{cases}$$

于是有单纯形表 2.5.

表 2.5

	x_1	x_2	x_3	x_4	x_5	x_6	
	−1	−1	4	0	0	0	
x_4	1	1	2	1	0	0	9
x_5	1	1	−1	0	1	0	2
x_6	−1	1	1*	0	0	1	4

选取 x_3 为换入变量,x_6 为换出变量,进行单纯形迭代有表 2.6.

表 2.6

	x_1	x_2	x_3	x_4	x_5	x_6	
	3	-5	0	0	0	-4	-16
x_4	3^*	-1	0	1	0	-2	1
x_5	0	2	0	0	1	1	6
x_3	-1	1	1	0	0	1	4

选取 x_1 为换入变量，x_4 为换出变量，进行单纯形迭代得最终单纯形表 2.7.

表 2.7

	x_1	x_2	x_3	x_4	x_5	x_6	
	0	-4	0	-1	0	-2	-17
x_1	1	$-\frac{1}{3}$	0	$\frac{1}{3}$	0	$-\frac{2}{3}$	$\frac{1}{3}$
x_5	0	2	0	0	1	1	6
x_3	0	$\frac{2}{3}$	1	$\frac{1}{3}$	0	$\frac{1}{3}$	$\frac{13}{3}$

最后得最优解为 $\boldsymbol{x}^*=\left(\frac{1}{3},0,\frac{13}{3}\right)^{\mathrm{T}}$，目标函数的最优值为 $z^*=17$.

(1) x_2 是非基变量. 当 $\Delta c_2\leqslant-\sigma_2=4$ 时，原最优解和目标函数的最优值都保持不变；当 $\Delta c_2>4$ 时，非基变量 x_2 的检验数为正，选取 x_2 为换入变量，x_5 为换出变量，进行单纯形迭代，求出新的最优解.

因为 x_1 是基变量，由式(2.6)有 $\max\left\{\frac{-1}{1/3}\right\}=-3$，$\min\left\{\frac{-4}{-1/3},\frac{-2}{-2/3}\right\}=3$，当 $-3\leqslant\Delta c_1\leqslant3$ 时，最优解保持不变；当 Δc_1 超出该范围时，至少有一个非基变量的检验数为正. 按换入规则确定出换入变量后，选取 x_1 为换出变量，进行单纯形迭代，求出最优解.

(2) 基矩阵及其逆矩阵分别为

$$\boldsymbol{B}=(\boldsymbol{p}_1,\boldsymbol{p}_5,\boldsymbol{p}_3)=\begin{pmatrix}1&0&2\\1&1&-1\\-1&0&1\end{pmatrix},\quad \boldsymbol{B}^{-1}=\begin{pmatrix}\frac{1}{3}&0&-\frac{2}{3}\\0&1&1\\\frac{1}{3}&0&\frac{1}{3}\end{pmatrix}$$

由式(2.7)有

$$\max\left\{\frac{-1/3}{1/3},\frac{-13/3}{1/3}\right\}=-1$$

当 $\Delta b_1\geqslant-1$ 时，原来的基变量保持不变，但其取值将会发生改变. 例如，$\Delta b_1=-2$，

即 $b_1=7$ 时的最终单纯形表如表 2.8 所示.

表 2.8

	x_1	x_2	x_3	x_4	x_5	x_6	
	0	-4	0	-1	0	-2	-15
x_1	1	$-\frac{1}{3}$	0	$\frac{1}{3}$	0	$-\frac{2}{3}$	$-\frac{1}{3}$
x_5	0	2	0	0	1	1	6
x_3	0	$\frac{2}{3}$	1	$\frac{1}{3}$	0	$\frac{1}{3}$	$\frac{11}{3}$

选取 x_1 为换出变量,x_6 为换入变量,用对偶单纯形方法迭代计算有表 2.9.

表 2.9

	x_1	x_2	x_3	x_4	x_5	x_6	
	-3	-3	0	-2	0	0	-14
x_6	$-\frac{3}{2}$	$\frac{1}{2}$	0	$-\frac{1}{2}$	0	1	$\frac{1}{2}$
x_5	$\frac{3}{2}$	$\frac{3}{2}$	0	$\frac{1}{2}$	1	0	$\frac{11}{2}$
x_3	$\frac{1}{2}$	$\frac{1}{2}$	1	$\frac{1}{2}$	0	0	$\frac{7}{2}$

最后得最优解为$\left(0,0,\frac{7}{2}\right)^{\mathrm{T}}$,最优值为 14.

(3) 从最终单纯形表 2.7 中得

$$\boldsymbol{y}=(\boldsymbol{c}_{\boldsymbol{B}}^{\mathrm{T}}\boldsymbol{B}^{-1})^{\mathrm{T}}=(1,0,2)^{\mathrm{T}}$$

$$\bar{\sigma}_2=\sigma_2-y_1\Delta a_{12}=-4-\Delta a_{12}\leqslant 0$$

即当 $\Delta a_{12}\geqslant -4$ 时,原最优解和目标函数最优值都保持不变.

(4) $\boldsymbol{B}^{-1}\boldsymbol{p}_7=(-1,1,0)^{\mathrm{T}}$, $\bar{\sigma}_7=c_7-\boldsymbol{c}_{\boldsymbol{B}}^{\mathrm{T}}\boldsymbol{B}^{-1}\boldsymbol{p}_7=1>0$

在最终单纯形表 2.9 中增加一列得表 2.10.

表 2.10

	x_1	x_2	x_3	x_4	x_5	x_6	x_7	
	0	-4	0	-1	0	-2	1	-17
x_1	1	$-\frac{1}{3}$	0	$\frac{1}{3}$	0	$-\frac{2}{3}$	-1	$\frac{1}{3}$
x_5	0	2	0	0	1	1	1^*	6
x_3	0	$\frac{2}{3}$	1	$\frac{1}{3}$	0	$\frac{1}{3}$	0	$\frac{13}{3}$

选取 x_7 为换入变量，x_5 为换出变量，进行单纯形迭代有表 2.11.

表 2.11

	x_1	x_2	x_3	x_4	x_5	x_6	x_7	
	0	-6	0	-1	-1	-3	0	-23
x_1	1	$\frac{5}{3}$	0	$\frac{1}{3}$	1	$\frac{1}{3}$	0	$\frac{19}{3}$
x_7	0	2	0	0	1	1	1	6
x_3	0	$\frac{2}{3}$	1	$\frac{1}{3}$	0	$\frac{1}{3}$	0	$\frac{13}{3}$

最后得最优解为 $\left(\frac{19}{3},0,\frac{13}{3},0,0,0,6\right)^{\mathrm{T}}$，最优值为 23.

(5) 增加松弛变量 x_7，在原最终单纯形表 2.11 中增加一行一列得表 2.12.

表 2.12

	x_1	x_2	x_3	x_4	x_5	x_6	x_7	
	0	-4	0	-1	0	-2	0	-17
x_1	1	$-\frac{1}{3}$	0	$\frac{1}{3}$	0	$-\frac{2}{3}$	0	$\frac{1}{3}$
x_5	0	2	0	0	1	1	0	6
x_3	0	$\frac{2}{3}$	1	$\frac{1}{3}$	0	$\frac{1}{3}$	0	$\frac{13}{3}$
x_7	1	-2	0	0	0	0	1	-2

化为规范式有表 2.13.

表 2.13

	x_1	x_2	x_3	x_4	x_5	x_6	x_7	
	0	-4	0	-1	0	-2	0	-17
x_1	1	$-\frac{1}{3}$	0	$\frac{1}{3}$	0	$-\frac{2}{3}$	0	$\frac{1}{3}$
x_5	0	2	0	0	1	1	0	6
x_3	0	$\frac{2}{3}$	1	$\frac{1}{3}$	0	$\frac{1}{3}$	0	$\frac{13}{3}$
x_7	0	$-\frac{5}{3}^{*}$	0	$-\frac{1}{3}$	0	$\frac{2}{3}$	1	$-\frac{7}{3}$

选取 x_7 为换出变量，x_2 为换入变量，施展对偶单纯形方法迭代计算得表 2.14.

表 2.14

	x_1	x_2	x_3	x_4	x_5	x_6	x_7	
	0	0	0	$-\frac{1}{5}$	0	$-\frac{18}{5}$	$-\frac{12}{5}$	$-\frac{57}{5}$
x_1	1	0	0	$\frac{2}{5}$	0	$-\frac{4}{5}$	$-\frac{1}{5}$	$\frac{4}{5}$
x_5	0	0	0	$-\frac{2}{5}$	1	$\frac{9}{5}$	$\frac{6}{5}$	$\frac{16}{5}$
x_3	0	0	1	$\frac{1}{5}$	0	$\frac{3}{5}$	$\frac{2}{5}$	$\frac{17}{5}$
x_2	0	1	0	$\frac{1}{5}$	0	$-\frac{2}{5}$	$-\frac{3}{5}$	$\frac{7}{5}$

最后得最优解为$\left(\frac{4}{5},\frac{7}{5},\frac{17}{5},0,\frac{16}{5},0,0\right)^{\mathrm{T}}$，最优值为$\frac{57}{5}$.

2.4 参数线性规划

灵敏度分析是讨论在最优基不变的情况下，确定系数 a_{ij}，b_i，c_j 的变化范围. 而参数线性规划是研究这些参数中某一参数连续变化时，使最优解发生变化的临界点值，即将某一参数作为参变量，仍用单纯形方法或对偶单纯形方法求解并分析参数线性规划问题，其步骤如下：

(1) 先令参变量 $t=0$，用单纯形方法求出最优解；

(2) 用灵敏度分析法，将参变量 t 直接反映到最终单纯形表中；

(3) 当参数 t 变化时，观察单纯形表的右列和检验数行，若右列首先出现负值，则以负值对应的变量为换出变量，施展对偶单纯形方法迭代计算；若检验数值首先出现正值，则将它对应的变量作为换入变量，施展单纯形方法迭代计算；

(4) 重复步骤(3)，直到单纯形表的右列非负，检验数非正为止.

2.4.1 参数 c 的变化

例 2.5 设有线性规划问题

$$\max\ z=(3+2t)x_1+(5-t)x_2$$

$$\text{s. t.}\begin{cases}x_1+x_3=4\\2x_2+x_4=12\\3x_1+2x_2+x_5=18\\x_1,x_2,x_3,x_4,x_5\geqslant 0\end{cases}$$

分析当参数 $t\geqslant 0$ 变化时最优解的变化.

解 令 $t=0$ 得初始单纯形表 2.15.

表 2.15

	x_1	x_2	x_3	x_4	x_5	
	3	5	0	0	0	
x_3	1	0	1	0	0	4
x_4	0	2^*	0	1	0	12
x_5	3	2	0	0	1	18

选取 x_2 为换入变量，x_4 为换出变量，施展单纯形方法得表 2.16.

表 2.16

	x_1	x_2	x_3	x_4	x_5	
	3	0	0	$-\frac{5}{2}$	0	-30
x_3	1	0	1	0	0	4
x_2	0	1	0	$\frac{1}{2}$	0	6
x_5	3^*	0	0	-1	1	6

选取 x_1 为换入变量，x_5 为换出变量，施展单纯形方法得最优单纯形表 2.17.

表 2.17

	x_1	x_2	x_3	x_4	x_5	
	0	0	0	$-\frac{3}{2}$	-1	-36
x_3	0	0	1	$\frac{1}{3}$	$-\frac{1}{3}$	2
x_2	0	1	0	$\frac{1}{2}$	0	6
x_1	1	0	0	$-\frac{1}{3}$	$\frac{1}{3}$	2

将参变量 t 反映到最终单纯形表 2.17 中，由 $\sigma_j = c_j - \sum\limits_{i \in S} c_i \beta_{ij}$ 得

$$\sigma_4 = 0 - (5-t)\frac{1}{2} - (3+2t)\left(-\frac{1}{3}\right) = -\frac{3}{2} + \frac{7}{6}t$$

$$\sigma_5 = 0 - (3+2t) \cdot \frac{1}{3} = -1 - \frac{2}{3}t$$

从而有单纯形表 2.18.

表 2.18

	x_1	x_2	x_3	x_4	x_5	
	0	0	0	$-\frac{3}{2}+\frac{7}{6}t$	$-1-\frac{2}{3}t$	-36
x_3	0	0	1	$\frac{1}{3}$	$-\frac{1}{3}$	2
x_2	0	1	0	$\frac{1}{2}$	0	6
x_1	1	0	0	$-\frac{1}{3}$	$\frac{1}{3}$	2

当 $0\leqslant t\leqslant\frac{9}{7}$ 时得最优解为 $(2,6,2,0,0)^{\mathrm{T}}$，$t=\frac{9}{7}$ 是第一临界点；当 $t>\frac{9}{7}$ 时，$\sigma_4>0$，选取 x_4 作为换入变量，x_3 作为换出变量，进行单纯形迭代有表 2.19.

表 2.19

	x_1	x_2	x_3	x_4	x_5	
	0	0	$\frac{9}{2}-\frac{7}{2}t$	0	$-\frac{5}{2}+\frac{1}{2}t$	
x_4	0	0	3	1	-1	6
x_2	0	1	$-\frac{3}{2}$	0	$\frac{1}{2}$	3
x_1	1	0	1	0	0	4

当 $\frac{9}{7}\leqslant t\leqslant 5$ 时得最优解为 $(4,3,0,6,0)^{\mathrm{T}}$，$t=5$ 为第二临界点；当 $t>5$ 时，$\sigma_5>0$，选取 x_5 为换入变量，x_2 为换出变量，进行单纯形迭代有表 2.20.

表 2.20

	x_1	x_2	x_3	x_4	x_5	
	0	$5-t$	$-3-2t$	0	0	
x_4	0	2	0	1	0	12
x_5	0	2	-3	0	1	6
x_1	1	0	1	0	0	4

当 $t>5$ 时，$\sigma_2<0$，$\sigma_3<0$，故最优解为 $(4,0,0,12,6)^{\mathrm{T}}$.

2.4.2 参数 b 的变化

例 2.6 设有线性规划问题

$$\max z=x_1+3x_2$$

$$s.t.\begin{cases}x_1+x_2+x_3=6-t\\-x_1+2x_2+x_4=6+t\\x_1,x_2,x_3,x_4\geqslant 0\end{cases}$$

分析当 $t\geqslant 0$ 变化时最优解的变化.

解 令 $t=0$ 得初始单纯形表表 2.21.

表 2.21

	x_1	x_2	x_3	x_4	
	1	3	0	0	
x_3	1	1	1	0	6
x_4	-1	2^*	0	1	6

选取 x_2 为换入变量,x_4 为换出变量,进行单纯形迭代得单纯形表 2.22.

表 2.22

	x_1	x_2	x_3	x_4	
	$\frac{5}{2}$	0	0	$-\frac{3}{2}$	-9
x_3	$\frac{3}{2}^*$	0	1	$-\frac{1}{2}$	3
x_2	$-\frac{1}{2}$	1	0	$\frac{1}{2}$	3

选取 x_1 为换入变量,x_3 为换出变量,进行单纯形迭代得最终单纯形表 2.23.

表 2.23

	x_1	x_2	x_3	x_4	
	0	0	$-\frac{5}{3}$	$-\frac{2}{3}$	-14
x_1	1	0	$\frac{2}{3}$	$-\frac{1}{3}$	2
x_2	0	1	$\frac{1}{3}$	$\frac{1}{3}$	4

计算 $\boldsymbol{B}^{-1}\Delta\boldsymbol{b}=\begin{pmatrix}1 & 1\\-1 & 2\end{pmatrix}^{-1}\begin{pmatrix}-t\\t\end{pmatrix}=\begin{pmatrix}\frac{2}{3} & -\frac{1}{3}\\\frac{1}{3} & \frac{1}{3}\end{pmatrix}\begin{pmatrix}-t\\t\end{pmatrix}=\begin{pmatrix}-t\\0\end{pmatrix}$,将其加到最终单纯形表 2.23 中有表 2.24.

表 2.24

	x_1	x_2	x_3	x_4	
	0	0	$-\frac{5}{3}$	$-\frac{2}{3}$	
x_1	1	0	$\frac{2}{3}$	$-\frac{1}{3}$	$2-t$
x_2	0	1	$\frac{1}{3}$	$\frac{1}{3}$	4

当 $0\leqslant t\leqslant 2$ 时得最优解为$(2-t,4,0,0)^{\mathrm{T}}$；当 $t>2$ 时，$\alpha_1=2-t<0$. 选取 x_1 为换出变量，x_4 为换入变量，使用对偶单纯形方法迭代计算得表 2.25.

表 2.25

	x_1	x_2	x_3	x_4	
	-2	0	-3	0	
x_4	-3	0	-2	1	$-6+3t$
x_2	1	1	1	0	$6-t$

当 $2\leqslant t\leqslant 6$ 时得最优解为$(0,6-t,0,-6+3t)^{\mathrm{T}}$；当 $t>6$ 时，由 2.2.1 小节的结论可知，原问题无可行解.

习　题　2

2.1　写出下列线性规划问题的对偶问题：

(1) $\min z=10x_1-5x_2+x_3$

$$\text{s.t.}\begin{cases}x_1+2x_2+4x_3\geqslant 10\\ x_1+6x_2-5x_3\leqslant 2\\ -1\leqslant x_2\leqslant 7\\ x_1,x_3\geqslant 0,x_2\ \text{自由变量}.\end{cases}$$

(2) $\max z=x_1-2x_2+3x_3-4x_4$

$$\text{s.t.}\begin{cases}x_1+5x_2-x_3+2x_4=6\\ 2x_1+x_2+x_3-5x_4\leqslant 13\\ 4x_1-2x_2+3x_3+x_4\geqslant 5\\ x_1,x_2,x_3\geqslant 0,x_4\ \text{自由变量}.\end{cases}$$

2.2　证明下列线性规划问题无最优解：

$$\min z=x_1-2x_2-2x_3$$
$$\begin{cases}2x_1+x_2-2x_3=3\\ x_1-2x_2+3x_3\geqslant 2\\ x_1,x_2\geqslant 0,x_3\ \text{自由变量}\end{cases}$$

2.3　对线性规划问题

$$\min z=4x_1+6x_2+18x_3$$
$$\text{s.t.}\begin{cases}x_1+3x_3\geqslant 3\\ x_2+2x_3\geqslant 5\\ x_1,x_2,x_3\geqslant 0\end{cases}$$

(1) 写出该线性规划问题的对偶问题；

(2) 已知对偶问题的最优解为$(2,6)^{\mathrm{T}}$，试用互补松弛定理求其原问题的最优解.

2.4 对线性规划问题

$$\max z=2x_1+x_2+5x_3+6x_4$$

$$\text{s. t.}\quad\begin{cases}2x_1+x_3+x_4\leqslant 8\\2x_1+3x_2+x_3+2x_4=12\\x_j\geqslant 0,\quad j=1,2,3,4.\end{cases}$$

(1) 写出该线性规划问题的对偶问题；

(2) 已知原问题的最优解为$(0,0,4,4)^{\mathrm{T}}$，试用互补松弛定理求对偶问题的最优解.

2.5 用对偶单纯形法求解下列线性规划问题：

(1) $\min z=2x_1+4x_2+5x_3$

$$\text{s. t.}\quad\begin{cases}x_1+x_2-3x_3\geqslant 1\\-x_1+x_2\geqslant 6\\x_1,x_2,x_3\geqslant 0\end{cases}$$

(2) $\max z=-x_1-x_2-2x_3$

$$\text{s. t.}\quad\begin{cases}x_1-5x_2+3x_3\leqslant 4\\2x_1+x_2+6x_3\geqslant 10\\x_1-2x_2+3x_3\leqslant 7\\x_1,x_2,x_3\geqslant 0\end{cases}$$

2.6 设有线性规划问题

$$\min z=-2x_1+x_2+x_3$$

$$\text{s. t.}\quad\begin{cases}3x_1+x_2+x_3\leqslant 60\\x_1-x_2+2x_3\leqslant 10\\x_1+x_2-x_3\leqslant 20\\x_1,x_2,x_3\geqslant 0\end{cases}$$

求出最优解，并进行以下分析：

(1) c_2 在什么范围内变动而不影响最优解？

(2) b_3 从 20 变为 16，求最优解；

(3) x_3 的系数变为$(1,3,-1)^{\mathrm{T}}$，其价值系数从 1 变为-5，试问最优解是否会发生变化？

(4) 增加约束条件 $2x_1+x_2+x_5\leqslant 31$，最优解有何变化？

2.7 某厂生产 A_1,A_2,A_3 三种产品，需要 B_1,B_2,B_3 三种设备加工，生产单位各种产品所需的设备台时、设备的现有加工能力及每件产品的预期利润如表 2.26 所示.

表 2.26

台/h	A_1	A_2	A_3	设备能力
B_1	1	1	1	100
B_2	10	4	5	600
B_3	2	2	6	300
单位产品利润	10	6	4	

(1) 求获利最大的产品生产计划；

(2) 每件产品 A_3 的利润增加到多大时，才值得安排生产？如果每件产品 A_3 的利润增加到 50/6，求最优计划的变化；

(3) 产品 A_1 的利润在多大范围内变化时，原最优计划保持不变？

(4) 如设备 B_1 的能力为 $100+10\delta$，确定保持最优基不变的 δ 的变化范围；

(5) 如有一种新产品，加工一件需设备 B_1，B_2，B_3 的台时各为 1h，4h，3h，预期每件的利润为 8 元，是否值得安排生产？

(6) 如合同规定该厂至少生产 10 件产品 A_3，试确定最优计划的变化.

2.8 对所有 t 值，讨论以下参数线性规划问题最优解的变化情况：

$$\max z=(7+2t)x_1+(12+t)x_2+(10-t)x_3$$

$$\text{s. t.}\begin{cases}x_1+x_2+x_3\leqslant 20\\2x_1+2x_2+x_3\leqslant 30\\x_1,x_2,x_3\geqslant 0,\quad t\geqslant 0\end{cases}$$

2.9 考虑下列问题：

$$\max z=3x_1+x_2$$

$$\text{s. t.}\begin{cases}x_1+x_2\leqslant 4\\2x_1-x_2\leqslant 4\\x_1,x_2\geqslant 0\end{cases}$$

(1) 用单纯形方法求出最优解；

(2) 将约束右端 $\boldsymbol{b}=\begin{pmatrix}4\\4\end{pmatrix}$ 改变为 $\begin{pmatrix}4\\4\end{pmatrix}+t\begin{pmatrix}-2\\1\end{pmatrix}(t\geqslant 0)$，对 t 的所有值求出问题的最优解.

第 3 章　整数线性规划

整数规划(integer programming)是一类要求部分或全部决策变量取整数值的数学规划. 实际问题中有很多决策变量是必须取整数的,如完成某项工作的人员数、机器设备的台数、运输问题中的车辆数和集装箱等. 本章主要介绍求解整数线性规划(integer linear programming)问题的割平面方法和分支定界方法.

3.1　整数规划及其数学模型

整数规划主要有以下三大类:

(1) 全整数规划(all integer programming):所有的决策变量都取整数值,也称为纯整数规划(pure integer programming);

(2) 混合整数规划(mixed integer programming):仅要求一部分决策变量取整数值;

(3) 0-1 规划(zero-one integer programming):该类问题的决策变量只能取 0 或 1.

整数规划在许多领域中都有重要的应用,如分配问题、工厂选址、线路设计、时间表问题等.

例 3.1　某工厂拟生产 A,B 两种产品,其所需木材、钢材、利润及每天提供的木材、钢材量如表 3.1 所示,问应如何安排生产,可使每天获得的利润最大?

表 3.1

产品	材料		利润
	钢材(根)	木材(根)	
A	2	2	6
B	4	1	4
每天可用量	13	7	

解　设 x_1, x_2 为 A,B 两种产品的日产量,则有如下全整数线性规划问题:

$$\max z = 6x_1 + 4x_2$$

$$\text{s.t.} \begin{cases} 2x_1 + 4x_2 \leqslant 13 \\ 2x_1 + x_2 \leqslant 7 \\ x_1, x_2 \geqslant 0 \text{ 且为整数} \end{cases}$$

例 3.2 设某产品有 n 个需求点，有 m 个地方可供选择建厂生产该种产品，每个地点最多只能建一个工厂，在第 i 处建厂的生产能力为 d_i，建厂投资的固定成本为 a_i 元，第 j 个需求点的需求量为 b_j，从第 i 生产点到第 j 需求点的单位运费为 c_{ij}，问应如何选择厂址并安排生产计划，可使总花费最少？

解 设从第 i 生产点到第 j 需求点的运输量为 x_{ij}，令 $y_i=\begin{cases}1, & \text{在第 } i \text{ 处建厂},\\ 0, & \text{不在第 } i \text{ 处建厂},\end{cases}$ 则有混合整数线性规划模型

$$\min z=\sum_{i=1}^{m}\sum_{j=1}^{n}c_{ij}x_{ij}+\sum_{i=1}^{m}a_iy_i$$

$$\text{s.t.}\quad\begin{cases}\sum_{j=1}^{n}x_{ij}\leqslant d_iy_i, & i=1,2,\cdots,m\\ \sum_{i=1}^{m}x_{ij}\geqslant b_j, & j=1,2,\cdots,n\\ x_{ij}\geqslant 0, y_i=0 \text{ 或 } 1, & i=1,2,\cdots,m;j=1,2,\cdots,n\end{cases}$$

例 3.3 设在今后 5 年内能用于投资的资金为 b 万元，有 n 个可供选择的投资项目，每个项目最多只能投资一次，第 i 个项目所需投资的资金为 $a_i(i=1,2,\cdots,n)$ 万元可获得利润 $c_i(i=1,2,\cdots,n)$ 万元，问应如何选择投资项目，才能使获得的总利润最大？

解 设 $x_i=\begin{cases}1, & \text{对第 } i \text{ 个项目投资},\\ 0, & \text{不对第 } i \text{ 个项目投资},\end{cases}$ 则有如下 0-1 规划问题：

$$\max z=\sum_{i=1}^{n}c_ix_i$$

$$\text{s.t.}\quad\begin{cases}\sum_{i=1}^{n}a_ix_i\leqslant b, & i=1,2,\cdots,n\\ x_i=0 \text{ 或 } 1, & i=1,2,\cdots,n\end{cases}$$

本章主要讨论整数线性规划问题

$$\max z=\boldsymbol{c}^{\mathrm{T}}\boldsymbol{x}$$

$$\text{s.t.}\quad\begin{cases}\boldsymbol{Ax}=\boldsymbol{b}\\ \boldsymbol{x}\geqslant 0\\ x_j \text{ 为整数}, & j=1,2,\cdots,n\end{cases}\tag{3.1}$$

对问题(3.1)，从表面上来看，它是线性规划问题(1.1)的特殊情形，似乎可以不考虑(3.1)中的整数条件而求解线性规划问题(1.1)，再对(1.1)的最优解中的非整数变量通过取整就可以了. 但这常常是行不通的，因为(1.1)的最优解取整后不一定是(3.1)的可行解，即使是(3.1)的可行解，也不一定是(3.1)的最优解. 因此，对整数线性规划问题，需要有专门的求解方法.

3.2 割平面方法

割平面法(cutting plane method)是 R. E. Gomory 于 1958 年提出的，所以又称为 Gomory 割平面法，它既可以求解纯整数线性规划，又可以求解混合整数线性规划问题.

其基本做法如下：在求解整数线性规划问题(3.1)时，先不考虑其整数条件，将其作为线性规划问题来求解. 若线性规划问题的最优解恰好为整数解，则得到(3.1)的解；否则，按一定的规则，在问题中增加一个适当的约束条件，称为割平面(cutting plane). 将包含该非整数解的一部分从可行域中割去，但需要保留所有的整数解. 这样进行下去，直到新可行域的某个整数解是(3.1)的整数最优解为止.

设去掉整数线性规划问题(3.1)的整数条件后得如下标准形式的线性规划：

$$\max z=\boldsymbol{c}^{\mathrm{T}}\boldsymbol{x}$$
$$\text{s. t.}\quad \begin{cases}\boldsymbol{A}\boldsymbol{x}=\boldsymbol{b}\\ \boldsymbol{x}\geqslant 0\end{cases} \tag{3.2}$$

称(3.2)为(3.1)对应的线性规划. 设 $\bar{\boldsymbol{x}}$ 是(3.2)的非整数最优解，$\bar{\alpha}_r$ 为其一个非整数基变量，从最终单纯形表中写出第 r 个约束方程为

$$x_r+\sum_{j\in T}\beta_{rj}x_j=\bar{\alpha}_r \tag{3.3}$$

令 $\bar{\alpha}_r=[\bar{\alpha}_r]+f_r(0<f_r<1)$，$\beta_{rj}=[\beta_{rj}]+f_{rj}(0\leqslant f_{rj}<1,j\in T)$，其中$[x]$表示不超过 x 的最大整数，代入(3.3)有

$$x_r+\sum_{j\in T}[\beta_{rj}]x_j-[\bar{\alpha}_r]=f_r-\sum_{j\in T}f_{rj}x_j\leqslant f_r<1$$

当所有变量都取非负整数时，上式左端是整数，故有

$$f_r-\sum_{j\in T}f_{rj}x_j\leqslant 0 \tag{3.4}$$

式(3.4)是问题(3.1)所有变量都取非负整数时必须满足的条件，称为割平面方程. 将其添加到整数线性规划(3.1)中有

$$\max z=\boldsymbol{c}^{\mathrm{T}}\boldsymbol{x}$$
$$\text{s. t.}\quad \begin{cases}\boldsymbol{A}\boldsymbol{x}=\boldsymbol{b}\\ f_r-\sum\limits_{j\in T}f_{rj}x_j\leqslant 0\\ x_j\geqslant 0\text{ 且为整数},\quad j=1,2,\cdots,n\end{cases} \tag{3.5}$$

对问题(3.5)重复上述过程，直到得到整数最优解为止.

需要说明的是，由于割平面方程仅是得出整数解的必要条件，所以不能保证一次切割就能达到最优解，常常需要多次切割、迭代，最终得到整数线性规划问题(3.1)的整数解. 当线性规划问题(3.2)的某一个最优解有多个非整数分量时，原则

上,每一个非整数分量均可构造一个割平面方程,但常取纯小数部分 f_r 最大者,以切去可行域的较大部分.

例 3.4 利用割平面方法求解例 3.1 的整数线性规划问题.

解 增加松弛变量 x_3,x_4,将其化为标准形为

$$\max z=6x_1+4x_2$$

$$\text{s.t.}\begin{cases}2x_1+4x_2+x_3=13\\2x_1+x_2+x_4=7\\x_1,x_2,x_3,x_4\geqslant 0\text{ 且为整数}\end{cases}$$

先不考虑整数条件,则对应线性规划的单纯形表如表 3.2 所示.

表 3.2

	x_1	x_2	x_3	x_4	
	6	4	0	0	
x_3	2	4	1	0	13
x_4	2*	1	0	1	7

选取 x_1 为换入变量,x_4 为换出变量,使用单纯形方法迭代得表 3.3.

表 3.3

	x_1	x_2	x_3	x_4	
	0	1	0	-3	-21
x_3	0	3*	1	-1	6
x_1	1	$\frac{1}{2}$	0	$\frac{1}{2}$	$\frac{7}{2}$

选取 x_2 为换入变量,x_3 为换出变量,得到最终单纯形表表 3.4.

表 3.4

	x_1	x_2	x_3	x_4	
	0	0	$-\frac{1}{3}$	$-\frac{8}{3}$	-23
x_2	0	1	$\frac{1}{3}$	$-\frac{1}{3}$	2
x_1	1	0	$-\frac{1}{6}$	$\frac{2}{3}$	$\frac{5}{2}$

最后得最优解为 $\boldsymbol{x}^{(1)}=\left(\frac{5}{2},2,0,0\right)^{\mathrm{T}}$. 由于 $x_1^{(1)}=\frac{5}{2}$不是整数,于是由最终单纯形表 3.4 有 $x_1-\frac{1}{6}x_3+\frac{2}{3}x_4=\frac{5}{2}$. 构造割平面方程为

$$\frac{1}{2}-\left(\frac{5}{6}x_3+\frac{2}{3}x_4\right)\leqslant 0$$

增加松弛变量 x_5，化为等式约束 $-\frac{5}{6}x_3-\frac{2}{3}x_4+x_5=-\frac{1}{2}$，添加到最终单纯形表 3.4中得到表 3.5.

表 3.5

	x_1	x_2	x_3	x_4	x_5	
	0	0	$-\frac{1}{3}$	$-\frac{8}{3}$	0	-23
x_2	0	1	$\frac{1}{3}$	$-\frac{1}{3}$	0	2
x_1	1	0	$-\frac{1}{6}$	$\frac{2}{3}$	0	$\frac{5}{2}$
x_5	0	0	$-\frac{5}{6}^*$	$-\frac{2}{3}$	1	$-\frac{1}{2}$

选取 x_5 为换出变量，x_3 为换入变量，使用对偶单纯形方法迭代计算得表 3.6.

表 3.6

	x_1	x_2	x_3	x_4	x_5	
	0	0	0	$-\frac{12}{5}$	$-\frac{2}{5}$	$-\frac{114}{5}$
x_2	0	1	0	$-\frac{3}{5}$	$\frac{2}{5}$	$\frac{9}{5}$
x_1	1	0	0	$\frac{4}{5}$	$-\frac{1}{5}$	$\frac{13}{5}$
x_3	0	0	1	$\frac{4}{5}$	$-\frac{6}{5}$	$\frac{3}{5}$

最后得最优解为 $\boldsymbol{x}^{(2)}=\left(\frac{13}{5},\frac{9}{5},\frac{3}{5},0,0\right)^{\mathrm{T}}$，$x_2^{(2)}=\frac{9}{5}$ 取整后分数最大，考虑单纯形表 3.6 中 $x_2^{(2)}$ 所对应的行约束 $x_2-\frac{3}{5}x_4+\frac{2}{5}x_5=\frac{9}{5}$，有割平面方程

$$\frac{4}{5}-\left(\frac{2}{5}x_4+\frac{2}{5}x_5\right)\leqslant 0$$

增加松弛变量 x_6，化为等式约束 $-\frac{2}{5}x_4-\frac{2}{5}x_5+x_6=-\frac{4}{5}$，并加入单纯形表 3.6 中有表 3.7.

表 3.7

	x_1	x_2	x_3	x_4	x_5	x_6	
	0	0	0	$-\frac{12}{5}$	$-\frac{2}{5}$	0	$-\frac{114}{5}$
x_2	0	1	0	$-\frac{3}{5}$	$\frac{2}{5}$	0	$\frac{9}{5}$
x_1	1	0	0	$\frac{4}{5}$	$-\frac{1}{5}$	0	$\frac{13}{5}$
x_3	0	0	1	$\frac{4}{5}$	$-\frac{6}{5}$	0	$\frac{3}{5}$
x_6	0	0	0	$-\frac{2}{5}$	$-\frac{2}{5}^{*}$	1	$-\frac{4}{5}$

选取 x_6 为换出变量，x_5 为换入变量，使用对偶单纯形方法迭代计算有表 3.8.

表 3.8

	x_1	x_2	x_3	x_4	x_5	x_6	
	0	0	0	-2	0	-1	-22
x_2	0	1	0	-1	0	1	1
x_1	1	0	0	1	0	$-\frac{1}{2}$	3
x_3	0	0	1	2	0	-3	3
x_5	0	0	0	1	1	$-\frac{5}{2}$	2

最后得整数最优解为 $\boldsymbol{x}^{(3)}=(3,1,3,0,2,0)^{\mathrm{T}}$. 因此，原整数线性规划问题的最优解为 $x^*=(3,1)^{\mathrm{T}}$，最优值为 22，其可行域图解如图 3.1 所示.

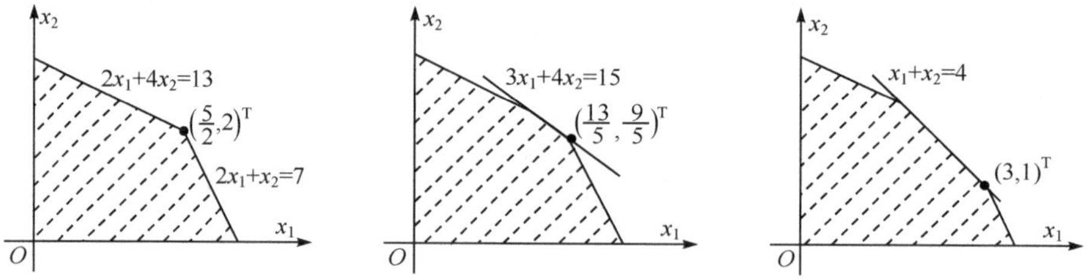

图 3.1

3.3 分支定界法

分支定界法(branch and bound method)是通过有系统地进行“分支”和“定

界”来寻求最优解的方法，是目前求解整数线性规划的一种较成功的方法，于 20 世纪 60 年代初由 Land 和 Doig 提出，并由 Dakin 修正，可用于求解纯整数规划和混合整数规划问题.

其基本做法如下：先不考虑变量是整数的条件，求出相应线性规划问题的最优解. 若是整数最优解，则得到原整数线性规划的最优解；否则，将其目标函数值定为“上界”，然后将线性规划问题的可行域分成两个子区域来考查，逐渐减小最优值，直到求出原整数线性规划的整数最优解为止.

设线性规划(3.1)的最优解 $\bar{x}$ 的第 r 个分量 $\bar{\alpha}_r$ 非整数，并且 $\bar{\alpha}_r=[\bar{\alpha}_r]+f_r$ $(0<f_r<1)$，则在区域 $[\bar{\alpha}_r]<x_r<[\bar{\alpha}_r]+1$ 内，原整数线性规划问题(3.1)没有整数解. 因此，变量 x_r 的可行整数解必须满足以下两个互斥条件之一：

$$x_r\leqslant[\bar{\alpha}_r] \quad \text{或} \quad x_r\geqslant[\bar{\alpha}_r]+1$$

将其添加到相应的线性规划问题(3.2)中得到如下两个互斥的子问题：

$$\max z=\boldsymbol{c}^{\mathrm{T}}\boldsymbol{x}$$

$$\text{s. t.}\begin{cases}\boldsymbol{A}\boldsymbol{x}=\boldsymbol{b}\\ x_r\leqslant[\bar{\alpha}_r]\\ \boldsymbol{x}\geqslant 0\end{cases} \tag{3.6}$$

$$\max z=\boldsymbol{c}^{\mathrm{T}}\boldsymbol{x}$$

$$\text{s. t.}\begin{cases}\boldsymbol{A}\boldsymbol{x}=\boldsymbol{b}\\ x_r\geqslant[\bar{\alpha}_r]+1\\ \boldsymbol{x}\geqslant 0\end{cases} \tag{3.7}$$

设这两个线性规划子问题的最优解分别为 $\boldsymbol{x}^{(1)}$，$\boldsymbol{x}^{(2)}$，相应的目标函数值分别为 z_1，z_2，则有

(1) 若 $z_1\geqslant z_2$ 且 $\boldsymbol{x}^{(1)}$ 为整数解，则 $\boldsymbol{x}^{(1)}$ 为(3.1)的最优解；当 $\boldsymbol{x}^{(1)}$ 不是整数解时，将(3.6)类似地分为两个线性规划子问题，求出子问题的最优解后，再考虑是否再划分(3.7)；

(2) 若 $z_1\leqslant z_2$ 且 $\boldsymbol{x}^{(2)}$ 为整数解，则 $\boldsymbol{x}^{(2)}$ 是(3.1)的最优解；当 $\boldsymbol{x}^{(2)}$ 不是整数解时，将(3.7)再划分为两个线性规划子问题，处理方式与(1)相同.

例 3.5 利用分支定界法求解例 3.1 的整数线性规划问题.

解 先不考虑 x_1，x_2 为整数的约束条件，求得相应线性规划问题的最优解为 $\boldsymbol{x}^{(0)}=\left(\dfrac{5}{2},2\right)^{\mathrm{T}}$，目标函数的最优值为 $z^{(0)}=23$. 由 $x_1^{(0)}=\dfrac{5}{2}=2+\dfrac{1}{2}$，构造两个线性规划子问题如下：

$$\max z=6x_1+4x_2$$

$$\text{s. t.} \begin{cases} 2x_1+4x_2 \leqslant 13 \\ 2x_1+x_2 \leqslant 7 \\ x_1 \leqslant 2 \\ x_j \geqslant 0 \text{ 且为整数}, \quad j=1,2 \end{cases} \tag{3.8}$$

$$\max z=6x_1+4x_2$$

$$\text{s. t.} \begin{cases} 2x_1+4x_2 \leqslant 13 \\ 2x_1+x_2 \leqslant 7 \\ x_1 \geqslant 3 \\ x_1, x_2 \geqslant 0 \text{ 且为整数}, \quad j=1,2 \end{cases} \tag{3.9}$$

先不考虑整数约束条件，求解(3.8)所对应的线性规划子问题，得到最优解为$\boldsymbol{x}^{(1)}=\left(2,\frac{9}{4}\right)^{\mathrm{T}}$，最优值为$z_1=21$. 求解(3.9)所对应的线性规划子问题，得到最优解为$\boldsymbol{x}^{(2)}=(3,1)^{\mathrm{T}}$，最优值为$z_2=22$. 由于$z_2>z_1$且$\boldsymbol{x}^{(2)}$为整数解，故原整数线性规划问题的最优解为$\boldsymbol{x}^*=(3,1)^{\mathrm{T}}$，最优值为$z^*=22$，如图3.2所示.

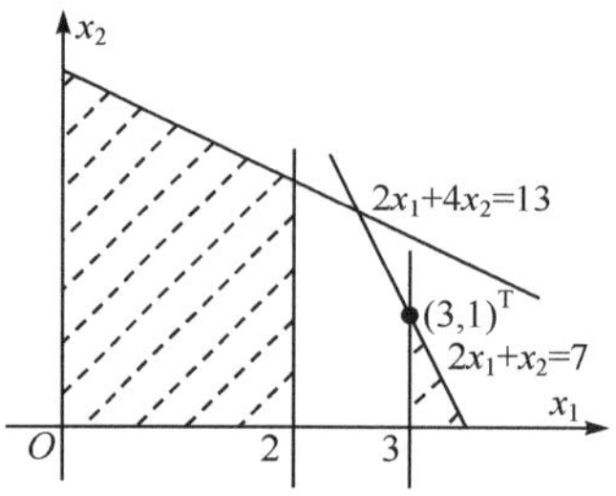

图 3.2

3.4　0-1 规划的割平面方法

由于 0-1 规划的变量取值为 0 或 1，因此，人们求解 0-1 规划时最容易想到的是从变量的取值着手，将变量取值为 0 或 1 的各种可能组合或部分组合代入目标函数，根据目标函数值求得最优解，这就是隐枚举法(implicit enumeration method)的基本思想. 但对变量较多的 0-1 规划问题，隐枚举法的计算工作量非常大，根本无法实施.

其实，0-1 规划是一种特殊的整数规划，可用割平面方法来求解. 设有如下 0-1 规划问题：

$$\max z=\sum_{j=1}^{n} c_j x_j$$

$$\text{s. t.} \begin{cases} \sum_{j=1}^{n} a_{ij} x_j \leqslant b_i, \quad i=1,2,\cdots,n \\ x_j=0 \text{ 或 } 1, \quad j=1,2,\cdots,n \end{cases}$$

将其转化为整数规划模型为

$$\max z=\sum_{j=1}^{n} c_j x_j$$

$$\text{s.t.}\begin{cases}\sum_{j=1}^{n} a_{ij}x_j \leqslant b_i, & i=1,2,\cdots,n \\ x_j \leqslant 1, & j=1,2,\cdots,n \\ x_j \geqslant 0 \text{ 且为整数}, & j=1,2,\cdots,n\end{cases}$$

对转化后的整数规划模型应用 Gomory 割平面方法,求出其最优整数解即可.

例 3.6 用割平面方法求解如下 0-1 规划问题:

$$\max z=x_1+27x_2$$

$$\text{s.t.}\begin{cases}-x_1+x_2\leqslant 1\\ 24x_1+4x_2\leqslant 25\\ x_j=0 \text{ 或 } 1, \quad j=1,2\end{cases}$$

解 化为整数规划问题为

$$\max z=x_1+27x_2$$

$$\text{s.t.}\begin{cases}-x_1+x_2\leqslant 1\\ 24x_1+4x_2\leqslant 25\\ x_1\leqslant 1\\ x_2\leqslant 1\\ x_1,x_2\geqslant 0 \text{ 且为整数}\end{cases}$$

先不考虑整数约束条件,对相应的线性规划问题增加松弛变量,化为标准形为

$$\max z=x_1+27x_2$$

$$\text{s.t.}\begin{cases}-x_1+x_2+x_3=1\\ 24x_1+4x_2+x_4=25\\ x_1+x_5=1\\ x_2+x_6=1\\ x_j\geqslant 0, \quad j=1,2,\cdots,6\end{cases}$$

从而得到初始单纯形表 3.9.

表 3.9

	x_1	x_2	x_3	x_4	x_5	x_6	
	1	27	0	0	0	0	
x_3	−1	1^*	1	0	0	0	1
x_4	24	4	0	1	0	0	25
x_5	1	0	0	0	1	0	1
x_6	0	1	0	0	0	1	1

选取 x_2 为换入变量,由 Bland 法则,选取 x_3 为换出变量,β_{32} 为主元素,进行单

纯形迭代得表 3.10.

表 3.10

	x_1	x_2	x_3	x_4	x_5	x_6	
	28	0	-27	0	0	0	-27
x_2	-1	1	1	0	0	0	1
x_4	28	0	-4	1	0	0	21
x_5	1	0	0	0	1	0	1
x_6	2^*	0	-1	0	0	1	0

选取 x_1 为换入变量,x_6 为换出变量,进行单纯形迭代有表 3.11.

表 3.11

	x_1	x_2	x_3	x_4	x_5	x_6	
	0	0	-13	0	0	-14	-27
x_2	0	1	$\frac{1}{2}$	0	0	$\frac{1}{2}$	1
x_4	0	0	10	1	0	-14	21
x_5	0	0	0	0	1	$-\frac{1}{2}$	1
x_1	1	0	$-\frac{1}{2}$	0	0	$\frac{1}{2}$	0

最后得到最优解为$(0,1,21,1)^{\mathrm{T}}$. 该最优解已是整数解,故原 0-1 规划的最优解为$(0,1)^{\mathrm{T}}$,最优值为 27.

用割平面法求解 0-1 线性规划问题最大的优点是不需要对变量取 0 和 1 的各种组合列出试算,而是按经典的单纯形方法来找最优方案,虽然变量较多时手算的工作量较大,但用计算机计算时可克服该弊端.

习 题 3

3.1 用割平面法求解下列整数线性规划:

(1) $\min z=2x_1-x_2$

$$\text{s. t.}\begin{cases}x_1-3x_2\leqslant 1\\x_1+x_2\leqslant 4\\x_1,x_2\geqslant 0\text{ 且为整数}\end{cases}$$

(2) $\max z=-12x_1+9x_2$

$$\text{s. t.}\begin{cases}2x_1+x_2\leqslant 10\\-x_1+5x_2\leqslant 6\\3x_1-2x_2\leqslant 3\\x_1,x_2\geqslant 0\text{ 且为整数}\end{cases}$$

3.2 用分支定界法求解下列整数线性规划：

(1) $\max z=x_1+5x_2$

$$\text{s. t.}\begin{cases}3x_1+4x_2\leqslant 11\\7x_1+6x_2\leqslant 42\\x_1,x_2\geqslant 0\text{ 且为整数}\end{cases}$$

(2) $\min z=3x_1-2x_2$

$$\text{s. t.}\begin{cases}-x_1+2x_2\leqslant 7\\4x_1+x_2\geqslant 9\\x_1,x_2\geqslant 0\text{ 且为整数}\end{cases}$$

3.3 求解下列 0-1 规划问题：

(1) $\max z=-2x_1+x_2+3x_3-5x_4$

$$\text{s. t.}\begin{cases}x_1-3x_2+x_3-x_4\leqslant 1\\x_2+2x_3\geqslant 2\\x_1+x_2-x_3+x_4\leqslant 3\\x_j=0\text{ 或 }1,\quad j=1,2,3,4\end{cases}$$

(2) $\min z=x_1-x_2+x_3$

$$\text{s. t.}\begin{cases}-x_1+x_2-x_3\leqslant 2\\4x_1+x_2+2x_3\geqslant 3\\x_1-7x_2+x_3\geqslant 0\\x_j=0\text{ 或 }1,\quad j=1,2,3\end{cases}$$

第 4 章　运输问题与指派问题

运输问题(transportation problem)是一种特殊的线性规划问题，又称为 Kantorovich 问题，因最初研究交通运输问题而得名. 从理论上来讲，可用单纯形方法来求解运输问题，但由于其数学模型结构的特殊性，存在更简便的求解方法——表上作业法. 虽然用表上作业法来求解运输问题比用单纯形方法节约计算时间和费用，但其实质还是单纯形方法.

从解的形式上来看，指派问题(assignment problem)是一种整数线性规划问题，但从算法思想上来看，将其归结为运输问题的一种特殊形式更合适.

4.1　运输问题及其数学模型

例 4.1　设某种产品有产地 A_1，A_2，A_3，销售地 B_1，B_2，B_3，B_4，其产量、销售量和单位运价如表 4.1 所示，试安排运输计划，使总运费达到最小.

表 4.1

产地	销地				产量
	B_1	B_2	B_3	B_4	
A_1	2	9	10	7	9
A_2	1	3	4	2	5
A_3	8	4	2	5	7
销量	3	8	4	6	

解　设 x_{ij} 表示从产地 A_i 到销售地 B_j 的运输量($i=1,2,3;j=1,2,3,4$)，从表 4.1中的数据可得到运输问题的线性规划模型为

$$\min z=(2x_{11}+9x_{12}+10x_{13}+7x_{14})+(x_{21}+3x_{22}+4x_{23}+2x_{24}) \\ +(8x_{31}+4x_{32}+2x_{33}+5x_{34})$$

$$\text{s. t.}\quad\begin{cases}x_{11}+x_{12}+x_{13}+x_{14}=9\\x_{21}+x_{22}+x_{23}+x_{24}=5\\x_{31}+x_{32}+x_{33}+x_{34}=7\\x_{11}+x_{21}+x_{31}=3\\x_{12}+x_{22}+x_{32}=8\\x_{13}+x_{23}+x_{33}=4\\x_{14}+x_{24}+x_{34}=6\\x_{ij}\geqslant 0,\quad i=1,2,3;j=1,2,3,4\end{cases}$$

运输问题可有以下两类：

(1) 平衡运输问题：

$$\min\sum_{i=1}^{m}\sum_{j=1}^{n}c_{ij}x_{ij}$$

$$\text{s. t.}\quad\begin{cases}\sum_{j=1}^{n}x_{ij}=a_i, & i=1,2,\cdots,m\\ \sum_{i=1}^{m}x_{ij}=b_j, & j=1,2,\cdots,n\\ \sum_{i=1}^{m}a_i=\sum_{j=1}^{n}b_j & \\ x_{ij}\geqslant 0, & i=1,2,\cdots,m;\quad j=1,2,\cdots,n\end{cases}\tag{4.1}$$

其中 $\sum_{i=1}^{m}a_i=\sum_{j=1}^{n}b_j$ 称为平衡条件，即产销平衡.

(2) 非平衡运输问题：产大于销 $\sum_{i=1}^{m}a_i>\sum_{j=1}^{n}b_j$；销大于产 $\sum_{i=1}^{m}a_i<\sum_{j=1}^{n}b_j$.

非平衡运输问题可以转化为平衡运输问题来处理，有转运的问题可转化为无转运问题来处理，所以本章主要考查式(4.1)的平衡运输问题.

对产销平衡的运输问题(4.1)，其约束方程组的增广矩阵的前 m 行之和等于后 n 行之和，即约束方程组中存在多余的方程. 可以证明，产销平衡运输问题(4.1)的约束中任意 $m+n-1$ 行都是线性无关的，因此，(4.1)的每一组基都应由 $m+n-1$ 个基变量组成. 与线性规划问题的区别如下：线性规划问题可能没有最优解，但由 $0\leqslant x_{ij}\leqslant\min\{a_i,b_j\}$ 可知，运输问题一定存在最优解.

4.2 表上作业法

表上作业法是单纯形方法在求解运输问题时的一种简化方法，其最优解也是在基可行解上得到的，也是先寻找初始基可行解，判别是否是最优解，若不是最优解再进行调整，直到求出最优解为止.

定义 4.1 若变量能排列成 $x_{i_1j_1},x_{i_1j_2},x_{i_2j_2},x_{i_2j_3},\cdots,x_{i_sj_s},x_{i_sj_1}$，则称该变量集合为一个闭回路，其中 $i_1,i_2,\cdots,i_s$ 互不相同，$j_1,j_2,\cdots,j_s$ 也互不相同.

称出现在闭回路中的变量为该闭回路的顶点，如表 4.2～表 4.4 所示.

表 4.2

产地	销地			
	B_1	B_2	B_3	B_4
A_1	x_{11}	x_{12}	x_{13}	x_{14}
A_2	x_{21}	x_{22}	x_{23}	x_{24}
A_3	x_{31}	x_{32}	x_{33}	x_{34}

从表 4.2 中可以看出，变量 x_{21}，x_{23}，x_{13}，x_{14}，x_{34}，x_{31}组成一个闭回路. 从表 4.3 中可以看出，变量 x_{12}，x_{13}，x_{23}，x_{22} 组成一个闭回路. 从表 4.4 中可以看出，变量 x_{11}，x_{12}，x_{32}，x_{34}，x_{24}，x_{21} 也是闭回路.

定理 4.1　$m+n-1$ 个变量 $x_{i_1j_1}$，$x_{i_2j_2}$，…，$x_{i_sj_s}$ $(s=m+n-1)$ 构成(4.1)的基可行解的充分必要条件是这 $m+n-1$ 个变量中不含闭回路.

证明　略.

表 4.3

产地	销量			
	B_1	B_2	B_3	B_4
A_1	x_{11}	x_{12}	x_{13}	x_{14}
A_2	x_{21}	x_{22}	x_{23}	x_{24}
A_3	x_{31}	x_{32}	x_{33}	x_{34}

表 4.4

产地	销量			
	B_1	B_2	B_3	B_4
A_1	x_{11}	x_{12}	x_{13}	x_{14}
A_2	x_{21}	x_{22}	x_{23}	x_{24}
A_3	x_{31}	x_{32}	x_{33}	x_{34}

4.2.1　确定初始基可行解

本节只介绍求初始基可行解的最小元素法和差值法.

1. 最小元素法

最小元素法的基本思想如下：就近供应，即从单位运价表中最小的运价开始确定供销关系，若有多个地方同时达到最小，则任取一个，然后次小，直到给出初始基可行解为止.

例 4.2　用最小元素法求例 4.1 中运输问题的初始基可行解.

解　将例 4.1 的数据列成表 4.5，单位运价写在格子左边，运输量写在格子的右边.

表 4.5

产地	销地				产量
	B_1	B_2	B_3	B_4	
A_1	2　x_{11}	9　x_{12}	10　x_{13}	7　x_{14}	9
A_2	1　x_{21}	3　x_{22}	4　x_{23}	2　x_{24}	5
A_3	8　x_{31}	4　x_{32}	2　x_{33}	5　x_{34}	7
销量	3	8	4	6	

表 4.5 中的最小运价为 $c_{21}=1$,优先考虑将 A_2 的产品供应给 B_1,并给 x_{21} 尽可能大的取值. 由 $x_{21}=\min\{5,3\}=3$,在表 4.5 中的 x_{21} 处填上 3 并添括号. 由于 B_1 所需的 3 个单位销售量得到了满足,不再需从其他产地供应,故在 x_{11},x_{31} 处打上"×",表示其取值为 0,A_2 还剩 2 个单位的产量,得到表 4.6.

表 4.6

产地	销地				产量
	B_1	B_2	B_3	B_4	
A_1	2　×	9　x_{12}	10　x_{13}	7　x_{14}	9
A_2	1　(3)	3　x_{22}	4　x_{23}	2　x_{24}	5
A_3	8　×	4　x_{32}	2　x_{33}	5　x_{34}	7
销量	3	8	4	6	

从表 4.6 中没有添括号的数字和没有打"×"的格子中再找最小运价. 此时,$c_{24}=c_{33}=2$ 最小,任取一个,如取 c_{24},由 $c_{24}=\min\{2,6\}=2$(A_2 只余下 2 个单位的产量),在表 4.6 中的 x_{24} 处填上 2 并添上括号,在 x_{22},x_{23} 处打"×",得到表 4.7.

表 4.7

产地	销地				产量
	B_1	B_2	B_3	B_4	
A_1	2　×	9　x_{12}	10　x_{13}	7　x_{14}	9
A_2	1　(3)	3　×	4　×	2　(2)	5
A_3	8　×	4　x_{32}	2　x_{33}	5　x_{34}	7
销量	3	8	4	6	

重复以上操作,由 $c_{33}=2$,$x_{33}=\min\{4,7\}=4$,得到表 4.8.

表 4.8

产地	销地				产量
	B_1	B_2	B_3	B_4	
A_1	2　×	9　x_{12}	10　×	7　x_{14}	9
A_2	1　(3)	3　×	4　×	2　(2)	5
A_3	8　×	4　x_{32}	2　(4)	5　x_{34}	7
销量	3	8	4	6	

由 $c_{32}=4$,$x_{32}=\min\{3,8\}=3$,得到表 4.9.

表 4.9

产地	销地				产量
	B_1	B_2	B_3	B_4	
A_1	2　×	9　x_{12}	10　×	7　x_{14}	9
A_2	1　(3)	3　×	4　×	2　(2)	5
A_3	8　×	4　(3)	2　(4)	5　×	7
销量	3	8	4	6	

表 4.9 中的最小运价为 $c_{14}=7$，$x_{14}=\min\{4,9\}=4$，在 x_{14} 处填上 4 并添上括号，再将 A_1 余下的 5 个单位产品运送给 B_2，得到最终表 4.10.

表 4.10

产地	销地				产量
	B_1	B_2	B_3	B_4	
A_1	2　×	9　(5)	10　×	7　(4)	9
A_2	1　(3)	3　×	4　×	2　(2)	5
A_3	8　×	4　(3)	2　(4)	5　×	7
销量	3	8	4	6	

由表 4.10 得到一个初始调运方案，括号内的数字是相应基变量的取值. 该方案的总运费为

$$z=1\times3+9\times5+4\times3+2\times4+7\times4+2\times2=100$$

用最小元素法给出的初始调运方案就是运输问题的初始基可行解，基于以下理由：

(1) 用最小元素法求出的初始基可行解是从单位运输表中逐次挑出的最小的元素，在表中填入一个括号内的数字就划去一行或一列，当表中只剩一个元素填入最后一个数字时，同时划去一行一列，其填入了 $m+n-1$ 个括号内的数字，即给出了 $m+n-1$ 个基变量的值.

(2) 不存在以括号数字为顶点构成的回路，即这 $m+n-1$ 个基变量对应的系数列向量是线性无关的.

若在确定基变量 x_{ij} 的取值时，出现 A_i 处的余量等于 B_j 处的需量，则在填入相应的数字后，应在表上划去一行或一列，但为了使表上有 $m+n-1$ 个添括号的数字，应在同时划去的那一行和那一列的任一空格处填入一个 0，表示相应的变量也为基变量，但取值为 0，即出现了退化.

2. *差值法*

差值法也称为伏格尔(Vogel)法，效果比最小元素法更好. 其基本思想如下：若某产地产品不能按最小费用就近供应，就考虑次小运费，这样就有个差额. 差额越大，说明不能按最小运费调运时，运费增加就越多，所以对差额最大处，就应当采用最小运费调运.

例 4.3　用差值法求例 4.1 中运输问题的初始基可行解，从表 4.5 中计算出各行各列的最小运费和次小运费的差值，填入右列和底行，得到表 4.11.

表 4.11

产地	销地				产量	行差值
	B_1	B_2	B_3	B_4		
A_1	2　x_{11}	9　x_{12}	10　x_{13}	7　x_{14}	9	5
A_2	1　x_{21}	3　x_{22}	4　x_{23}	2　x_{24}	5	1
A_3	8　x_{31}	4　x_{32}	2　x_{33}	5　x_{34}	7	2
销量	3	8	4	6		
列差值	1	1	2	3		

从行列差值中选出最大者，并选出它所在行或列中最小的元素. 在表 4.11 中，A_1 行最小的元素为 2，可确定 A_1 的产品优先供应给 B_1. 由 $x_{21}=\min\{3,9\}=3$，在 x_{11} 处填上 3 并添上括号，在 x_{21}，x_{23} 处打上"×"，并对表 4.11 中未填数和未打"×"的元素分别计算出各行、各列的最小运费和次小运费，得到表 4.12.

表 4.12

产地	销地				产量	行差值
	B_1	B_2	B_3	B_4		
A_1	2　(3)	9　x_{12}	10　x_{13}	7　x_{14}	9	2
A_2	1　×	3　x_{22}	4　x_{23}	2　x_{24}	5	1
A_3	8　×	4　x_{32}	2　x_{33}	5　x_{34}	7	2
销量	3	8	4	6		
列差值		1	2	3		

B_4 列最小的元素为 2，优先将 A_2 的产品供应给 B_4. 由 $x_{24}=\min\{6,5\}=5$，x_{24} 处填上 5 并添上括号，在 x_{22}，x_{23} 处打上"×"，并对未填数和未打"×"的元素计算出各行、各列的最小运费和次小运费的差值，得到表 4.13.

表 4.13

产地	销地				产量	行差值
	B_1	B_2	B_3	B_4		
A_1	2　(3)	9　x_{12}	10　x_{13}	7　x_{14}	9	2
A_2	1　×	3　×	4　×	2　(5)	5	
A_3	8　×	4　x_{32}	2　x_{33}	5　x_{34}	7	2
销量	3	8	4	6		
列差值		5	8	2		

B_3 列中最小的元素为 2，A_3 的产品优先供应 B_3. 由 $x_{33}=\min\{4,7\}=4$，在 x_{33} 处填上 4 并添上括号，在 x_{13} 处打上"×"，对表中未填数和未打"×"的元素计算出各行、各列的最小运费和次小运费的差值，得到表 4.14.

表 4.14

产地	销地				产量	行差值
	B_1	B_2	B_3	B_4		
A_1	2　(3)	9　x_{12}	10　×	7　x_{14}	9	2
A_2	1　×	3　×	4　×	2　(5)	5	
A_3	8　×	4　x_{32}	2　(4)	5　x_{34}	7	1
销量	3	8	4	6		
列差值		5		2		

B_2 列中最小的元素为 4，A_3 产品优先供应 B_2. 由 $x_{32}=\min\{8,3\}=3$，在 x_{32} 处填上 3 并添上括号，在 x_{34} 处打上"×"，并将 A_1 剩下的 6 个单位产品分配给 B_2 和 B_4，得到最后基可行解，得表 4.15.

表 4.15

产地	销地				产量	行差值
	B_1	B_2	B_3	B_4		
A_1	2　(3)	9　(5)	10　×	7　(1)	9	
A_2	1　×	3　×	4　×	2　(5)	5	
A_3	8　×	4　(3)	2　(4)	5　×	7	
销量	3	8	4	6		

因此，该初始调运方案的总运费为

$$z=2\times3+9\times5+4\times3+2\times4+7\times1+2\times5=88$$

比例 4.2 的最小元素法的效果要好.

用差值法时也可能出现退化的情形，可类似于最小元素法处理，以保证基变量的个数为 $m+n-1$ 个.

定理 4.2　用最小元素法和差值法得到的是一组基可行解，而添括号的数字正好是基变量的取值.

证明　略.

4.2.2　最优解的判别

在求解线性规划问题的单纯形方法中，对最大化目标函数，若所有的检验数非正，则该基可行解是最优解；若有正检验数，则需迭代到另一个基可行解. 反之，对最小化目标函数，若所有的检验数非负，则该基可行解是最优解；若有负检验数，则需迭代到另一个基可行解. 这些判别准则对运输问题也适用，但是对运输问题，有其独特的求检验数的方法，本节只介绍闭回路法和位势法.

1. *闭回路方法*

定理 4.3　设变量 $x_{i_1j_1}.x_{i_2j_2},\cdots,x_{i_sj_s}$ $(s=m+n-1)$ 是运输问题表格中的一组

基变量，y 是一个非基变量，则变量组 $y, x_{i_1j_1}, x_{i_2j_2}, \cdots, x_{i_sj_s}$ 中存在唯一的闭回路.

证明　略.

由定理 4.3，从运输问题表格中的任一非基变量对应的格子(空格)出发，用水平或竖直线向前画，每碰到一个带括号的数字(基变量)就垂直转向继续向前画，最终能回到起始空格. 闭回路法求检验数的做法如下：设 x_{ij} 为一个非基变量，由定理 4.3，在运输问题的表格中能找到以 x_{ij} 为第 1 个顶点、其他顶点为基变量的唯一闭回路. 沿一个方向将奇数位置顶点处的 c_{ij} 取正值，偶数位置顶点处的 c_{ij} 取负值，闭回路中所有顶点 c_{ij} 的代数和便是非基变量 x_{ij} 的检验数 σ_{ij}，将其填入相应的格子内.

例 4.4　对例 4.2 的最后运输问题表 4.10 用闭回路方法求非基变量的检验数.

解　如表 4.16 所示，对非基变量 x_{11}，由定理 4.3，以 x_{11} 为第 1 个顶点的闭回路为 $x_{11}, x_{14}, x_{24}, x_{21}$，其检验数为 $\sigma_{11}=c_{11}-c_{14}+c_{24}-c_{21}=2-7+2-1=-4$.

表 4.16

产地	销地				产量
	B_1	B_2	B_3	B_4	
A_1	2	9　(5)	10	7　(4)	9
A_2	1　(3)	3	4	2　(2)	5
A_3	8	4　(3)	2　(4)	5	7
销量	3	8	4	6	

其他非基变量的检验数可类似地求出，填入表格中 x_{ij} 位置处，有括号的数字为基变量的取值，没有括号的数字为非基变量对应的检验数，如表 4.17 所示.

表 4.17

产地	销地				产量
	B_1	B_2	B_3	B_4	
A_1	2　−4	9　(5)	10　3	7　(4)	9
A_2	1　(3)	3　−1	4　2	2　(2)	5
A_3	8　7	4　(3)	2　(4)	5　3	7
销量	3	8	4	6	

闭回路法求检验数的经济解释如下：在给定的基可行解表中，从某空格出发，沿着闭回路调整调运方案 1 个单位给总运费带来的影响. 在例 4.4 中，对非基变量 x_{11} 的调运方案改变 1 个单位，即由 A_1 调运 1 个单位给 B_1. 为了保持平衡，在闭回路中需要在 x_{14} 处减少 1 个单位，在 x_{24} 处增加 1 个单位，在 x_{21} 处减少 1 个单位，整个运费变化为 $2-7+2-1=-4=\sigma_{11}$，即总运费将减少 4，这说明调运方案的改变对降低总

运输费用是有利的.若某一非基变量的检验数为正,则表明方案的调整将增加运输费用;当表格中所有非基变量的检验数均非负时,就得出了运输问题的最优解.

2. 位势法

用闭回路法求检验数,需对每一空格寻找闭回路,再去求检验数.当一个运输问题的产销点较多时,闭回路法的计算工作量非常大,而位势法能克服该弊端.

设有一组基可行解,其基变量为

$$x_{i_1j_1},x_{i_2j_2},\cdots,x_{i_sj_s},\quad s=m+n-1 \tag{4.2}$$

又设 $u_1,u_2,\cdots,u_m,v_1,v_2,\cdots,v_n$ 是运输问题(4.1)的对偶变量,则(4.1)的对偶问题为

$$\max w=\sum_{i=1}^m a_iu_i+\sum_{i=1}^n b_jv_j$$

$$\text{s.t.}\quad\begin{cases}u_i-v_j\leqslant c_{ij}, & i=1,2,\cdots,m;\quad j=1,2,\cdots,n\\ u_i,v_j\ \text{为自由变量}\end{cases}$$

由线性规划的对偶理论可知,对非基变量的检验数有

$$\sigma_{ij}=c_{ij}-(u_i+v_j),\quad i,j\in T \tag{4.3}$$

由于基变量的检验数为 $\sigma_{ij}=0(i,j\in S)$,故有

$$u_i+v_j=c_{ij},\quad i,j\in S \tag{4.4}$$

由(4.4),对基可行解(4.2)就有如下方程组:

$$\begin{cases}u_{i_1}+v_{j_1}=c_{i_1j_1}\\ u_{i_2}+v_{j_2}=c_{i_2j_2}\\ \quad\cdots\cdots\\ u_{i_s}+v_{j_s}=c_{i_sj_s}\end{cases} \tag{4.5}$$

方程组(4.5)有 $m+n$ 个未知量,$m+n-1$ 个方程,在 $m+n$ 个未知量中任意确定一个值(常取 $u_1=0$),即可得出(4.5)的解,称之为位势,再由(4.3),可求出非基变量的检验数.

例 4.5 对例 4.2 的最终运输表 4.10,用位势法求非基变量的检验数.

解 表 4.10 给出了一组基可行解 $x_{12},x_{14},x_{21},x_{24},x_{32},x_{33}$,由(4.5)有如下方程组:

$$\begin{cases}u_1+v_1=9\\ u_1+v_4=7\\ u_2+v_1=1\\ u_2+v_4=2\\ u_3+v_2=4\\ u_3+v_3=2\end{cases} \tag{4.6}$$

取 $u_1=0$ 求出方程组(4.6)的解，实际计算时可根据(4.4)和(4.3)直接在表中计算，并将结果直接填入表格中. 对表 4.10，通过(4.4)，计算出的 u_i 的值填入表格的左边，v_j 的值填入表格的上边，通过(4.3)计算出的 σ_{ij} 填入非基变量 x_{ij} 处，如表 4.18所示.

表 4.18

产地	销地				产量
	6 B_1	9 B_2	7 B_3	7 B_4	
0　A_1	2　−4	9　(5)	10　3	7　(4)	9
−5　A_2	1　(3)	3　−1	4　2	2　(2)	5
−5　A_3	8　7	4　(3)	2　(4)	5　3	7
销量	3	8	4	6	

表 4.18 的检验数与表 4.17 的检验数是相同的.

4.2.3　方案的调整

由前面的分析可知，若基可行解中存在负的检验数，则该基可行解不是最优解，需转换到新的基可行解，使目标函数值严格下降. 与单纯形方法类似地，先确定换入变量，再确定换出变量.

一般选择最小检验数，即负检验数中绝对值最大者所对应的非基变量作为换入变量. 由定理 4.3，若非基变量 y 为换入变量，则可以找到以 y 为起点的唯一闭回路. 在由 y 出发的闭回路的偶数顶点上，基变量 x_{ij} 的最小值就是调整量，并且 x_{ij} 是换出变量. 若有多个偶数顶点同时取得最小值，则可任取一个为换出变量. 由于运输问题一定存在最优解，所以不会出现循环的情况，调整规则如下：

(1) 在闭回路顶点以外的变量 x_{ij} 取值不变；

(2) 闭回路奇顶点处的变量 x_{ij} 都加上调整量，偶顶点处的变量 x_{ij} 都减去调整量.

例 4.6　对例 4.1 的运输问题求出其最优运输方案.

解　在表 4.18 中，检验数 $\sigma_{11}=-4$，其值最小. 选取 x_{11} 作为换入变量，则其闭回路为 x_{11}，x_{14}，x_{24}，x_{21}(表 4.16)，$x_{21}=3$ 的值最小，选取 x_{21} 为换出变量，调整量为 3. 将 x_{11}，x_{24} 的值加上 3，x_{14}，x_{21} 的值减去 3，并用位势法求出其检验数，得到表 4.19.

表 4.19

产地	销地				产量
	2 B_1	9 B_2	7 B_3	7 B_4	
0 A_1	2 (3)	9 (5)	10 3	7 (1)	9
−5 A_2	1 4	3 −1	4 2	2 (5)	5
−5 A_3	8 11	4 (3)	2 (4)	5 3	7
销量	3	8	4	6	

表 4.19 中,x_{22} 的检验数为负,选取 x_{22} 为换入变量,$x_{12}=x_{24}=5$,调整量为 5,选取 x_{12} 为换出变量(也可选取 x_{24} 为换出变量),求出检验数后得表 4.20.

表 4.20

产地	销地				产量
	2 B_1	8 B_2	6 B_3	7 B_4	
0 A_1	2 (3)	9 1	10 4	7 (6)	9
−5 A_2	1 4	3 (5)	4 3	2 (0)	5
−4 A_3	8 10	4 (3)	2 (4)	5 2	7
销量	3	8	4	6	

表 4.20 中所有的检验数都非负,故得最优解

$$x_{11}=3,\quad x_{14}=6,\quad x_{22}=5,\quad x_{24}=0,\quad x_{32}=3,\quad x_{33}=4$$

目标函数的最优值

$$z=2\times3+7\times6+3\times5+4\times3+2\times4=83$$

与单纯形方法求解线性规划问题相类似,若运输问题的最优解表中存在为 0 的非基变量检验数,则问题有多重解. 以相应空格为起点找闭回路,在闭回路中进行方案调整就可得另一最优解,但最优值不变.

4.2.4 非平衡运输问题的解法

1. 产大于销

当产量大于销量时,增加虚销售地 B_{n+1},虚销售量为 $b_{n+1}=\sum_{i=1}^{m}a_i-\sum_{j=1}^{n}b_j$,其经济意义是将多余的物资在产地储存起来. 设产地 A_i 的存储量为 $x_{i,n+1}$,到虚销地 B_{n+1} 的单位运价为 $c_{i,n+1}=0$,故产大于销的运输问题可改写为产销平衡的运输问题

$$\min\sum_{i=1}^{m}\sum_{j=1}^{n}c_{ij}x_{ij}$$

$$\text{s. t.}\begin{cases}\sum_{j=1}^{n} x_{ij} + x_{i,n+1} = a_i, & i=1,2,\cdots,m\\ \sum_{i=1}^{m} x_{ij} = b_j, & j=1,2,\cdots,n\\ \sum_{i=1}^{m} a_i = \sum_{j=1}^{n} b_j, + b_{n+1} & \\ x_{ij} \geqslant 0, & i=1,2,\cdots,m \quad j=1,2,\cdots,n+1\end{cases}$$

2. 销大于产

当销大于产时,增加虚产地 A_{m+1},虚产量为 $a_{m+1}=\sum_{j=1}^{n}b_j-\sum_{i=1}^{m}a_i$. 令从虚产地到各销地的运价为 $c_{m+1,j}=0$,就将销大于产的运输问题转化为产销平衡的运输问题.

4.3 指派问题及其数学模型

指派问题是整数线性规划问题中的一个具有理论意义又很有实用价值的问题.

4.3.1 指派问题及其数学模型

例 4.7 设有 n 项工作需指派 n 个人去完成,第 i 项工作由第 j 个人完成所用的时间为 $a_{ij}(i,j=1,2,\cdots,n)$,要求每项工作只能由一个人完成,每个人只能完成其中的一项工作,问应如何分配,才能使所用的总时间最少?

解 设 $x_{ij}=\begin{cases}1, & \text{第 } i \text{ 项工作由第 } j \text{ 个人去完成,}\\ 0, & \text{其他,}\end{cases}$ 则指派问题的数学模型为

$$\min z = \sum_{i=1}^{n}\sum_{j=1}^{n} a_{ij}x_{ij}$$

$$\text{s. t.}\begin{cases}\sum_{j=1}^{n} x_{ij} = 1, & i=1,2,\cdots,n\\ \sum_{i=1}^{n} x_{ij} = 1, & j=1,2,\cdots,n\\ x_{ij} = 0 \text{ 或 } 1, & i=1,2,\cdots,n\end{cases}$$

从该数学模型可以看出,指派问题实际上是 0-1 规划问题,也是运输问题的特殊情形,可以用运输问题中的表上作业法来求解,但需解决基可行解出现的严重退化问题,所以指派问题有其特殊的解法. 1955 年,Kuhn 提出了指派问题的匈牙利算法,基于匈牙利数学家 D. König 关于矩阵 0 元素的如下定理:系数矩阵中独立 0

元素的最多个数等于能覆盖所有 0 元素的最少直线数．以后在方法上虽有不断改进，但仍沿用该名称．

4.3.2 匈牙利算法

下面用一个实例来说明匈牙利算法的计算步骤．

例 4.8 设有 4 辆货车，需将其分配给 4 个装卸组，每个组只准卸一辆，所花费时间如表 4.21 所示，试确定其分配方案，使卸车所花的总时间最少．

表 4.21

装卸组	待卸车			
	P_1	P_2	P_3	P_4
I	4	3	4	1
II	2	3	6	5
III	4	3	5	4
IV	3	2	6	5

首先用矩阵表示指派问题，称为系数矩阵

$$(c_{ij})=\begin{pmatrix}4&3&4&1\\2&3&6&5\\4&3&5&4\\3&2&6&5\end{pmatrix}$$

指派问题最优解的性质如下：从系数矩阵的行（列）的各元素中分别减去该行（列）中最小的元素得到新的系数矩阵；对新系数矩阵求得的最优解与用原系数矩阵求得的最优解相同．

第 1 步　对系数矩阵进行变换，使各行各列都出现 0 元素．

(1) 从系数矩阵的每一行元素中减去该行最小的元素；

(2) 再从所得系数矩阵的每列元素中减去该列最小的元素，若某行（列）中已有 0 元素，就不需要再做此运算．

$$(c_{ij})=\begin{pmatrix}4&3&4&1\\2&3&6&5\\4&3&5&4\\3&2&6&5\end{pmatrix}\rightarrow\begin{pmatrix}3&2&3&0\\0&1&4&3\\1&0&2&1\\1&0&4&3\end{pmatrix}\rightarrow\begin{pmatrix}3&2&1&0\\0&1&2&3\\1&0&0&1\\1&0&2&3\end{pmatrix}=(b_{ij})$$

共减去的数为 $1+2+3+2+2=10$．

第 2 步　试求最优解．在第 1 步变换后的矩阵中，找出 n 个位于不同行、不同列的 0 元素，并令这类 0 元素对应的 $x_{ij}=1$，其余的 $x_{ij}=0$．这样的解对变换后的系数矩阵 (b_{ij}) 来说，其目标函数值为 0，故是 (b_{ij}) 问题的最优解，也是原问题的最优解．当 n 较小时，用观察法能试探地找出 n 个独立 0 元素．当 n 较大时，常用以下方法进行：

(1) 从只有一个0元素的行开始，给该0元素添括号记作(0)，表示该行只有一种任务可指派，然后划去所在列的其他0元素，记作 ϕ，表示该列所代表的任务已被指派完. 对有两个及两个以上0元素的行，暂不作处理.

(2) 对只有一个0元素列的0元素添括号记作(0)，然后划去所在行的0元素，记作 ϕ.

(3) 重复进行(1)，(2)，直到所有的0元素都被括上或被划去为止.

(4) 若仍存在没有加括号的元素0，并且同行的0元素至少有两个(表示可以从两项任务中指派其一)，则此时可从0元素最少的行开始，比较该行各0元素所在列中0元素的数目，选择0元素少的那列0元素添加括号(其含义是选择性多的要"礼让"选择性少的)，然后划掉同行同列的其他0元素，反复进行，直到所有的0元素都已括上或被划掉为止.

(5) 若(0)元素的数目等于系数矩阵的阶数 n，则此时指派问题的最优解已得到；否则，转(3).

对例4.8的矩阵 (b_{ij})，第1,2,4行只有一个0元素，将其标号(0)，第4行的(0)表示第2辆车已分配给第4组工人装卸，所以第2列的其他0元素就不能再作指派，划去该列的其他0元素，作标号 ϕ，得到矩阵

$$\begin{pmatrix} 3 & 2 & 1 & (0) \\ (0) & 1 & 2 & 3 \\ 1 & \phi & 0 & 1 \\ 1 & (0) & 2 & 3 \end{pmatrix}$$

该系数矩阵的第1,2,4列没有未作标号的0元素，第3列只有一个0元素，标上括号(0)，表示第3辆车分派给第3组工人装卸，于是得

$$\begin{pmatrix} 3 & 2 & 1 & (0) \\ (0) & 1 & 2 & 3 \\ 1 & \phi & (0) & 1 \\ 1 & (0) & 2 & 3 \end{pmatrix}$$

此时，(0)元素的数目等于系数矩阵的阶数4，故该指派问题的最优解已经得到，最优解的矩阵为

$$(x_{ij})=\begin{pmatrix} 0 & 0 & 0 & 1 \\ 1 & 0 & 0 & 0 \\ 0 & 0 & 1 & 0 \\ 0 & 1 & 0 & 0 \end{pmatrix}$$

其目标函数值为 $z=c_{14}+c_{21}+c_{33}+c_{42}=1+2+5+2=10$，等于在求矩阵 (b_{ij}) 的过程中所减去的数值.

例 4.9　求系数矩阵(c_{ij})如下所示的指派问题的最优解：

$$\begin{pmatrix} 10 & 9 & 7 & 8 \\ 5 & 8 & 7 & 7 \\ 5 & 4 & 6 & 5 \\ 2 & 3 & 4 & 5 \end{pmatrix}$$

解　利用算法的第 1 步和第 2 步运算得系数矩阵

$$\begin{pmatrix} 3 & 2 & (0) & \phi \\ (0) & 3 & 2 & 1 \\ 1 & (0) & 2 & \phi \\ \phi & 1 & 2 & 2 \end{pmatrix} \tag{4.7}$$

该矩阵中带括号(0)的个数为 3，而矩阵的阶数 $n=4$，所以该系数矩阵还不是最优解矩阵，需进入第 3 步.

第 3 步　作最少的直线覆盖所有的 0 元素，以确定该系数矩阵中能找到最多的(0)元素，其做法如下：

(1) 对没有(0)的行打“√”号；

(2) 对打“√”号的行中所有含 0 元素的列打“√”号；

(3) 再对打“√”号的列中含 0 元素的行打“√”号；

(4) 重复(2)，(3)，直到没有新的打“√”号的行、列为止；

(5) 对没有“√”号的行画一横线，有打“√”号的列画一纵线，就得到覆盖所有 0 元素最少的直线数，即标号(0)最多的个数.

若直线数小于 n，则说明需要再变换当前的系数矩阵，才能找到 n 个带括号的(0)元素，转第 4 步；若直线数等于 n，而带括号的(0)元素小于 n，则返回第 2 步(4).

对矩阵(4.7)施展第 3 步的方法后得到矩阵

$$\begin{array}{c} \begin{pmatrix} 3 & 2 & (0) & \phi \\ (0) & 3 & 2 & 1 \\ 1 & (0) & 2 & \phi \\ \phi & 1 & 2 & 2 \end{pmatrix} \begin{array}{c} \\ \checkmark \\ \\ \checkmark \end{array} \\ \begin{array}{llll} \checkmark & & & \end{array} \end{array} \tag{4.8}$$

第 4 步　对系数矩阵进行变换以增加 0 元素，其方法如下：先在没有被直线覆盖的部分中找出最小的元素. 然后对带“√”行的各元素都减去该最小元素，对带“√”列的各元素都加上该最小元素，以保证原来的 0 元素不变，若新系数矩阵有 n 个带括号的(0)元素，则得最优解；否则，回到第 3 步重复进行.

对矩阵(4.8)利用第 4 步的方法运算后得到矩阵

$$\begin{pmatrix} 4 & 2 & 0 & 0 \\ 0 & 2 & 1 & 0 \\ 2 & 0 & 2 & 0 \\ 0 & 0 & 1 & 1 \end{pmatrix} \tag{4.9}$$

对矩阵(4.9)施展第 2 步的方法运算后得到矩阵

$$\begin{pmatrix} 4 & 2 & (0) & \phi \\ (0) & 2 & 1 & \phi \\ 2 & \phi & 2 & (0) \\ \phi & (0) & 1 & 1 \end{pmatrix} \tag{4.10}$$

矩阵(4.10)中有 n 个位于不同行、不同列的独立(0)元素. 由此得到最优解,相应的最优解矩阵为

$$(x_{ij}) = \begin{pmatrix} 0 & 0 & 1 & 0 \\ 1 & 0 & 0 & 0 \\ 0 & 0 & 0 & 1 \\ 0 & 1 & 0 & 0 \end{pmatrix}$$

目标函数值为 $z=7+5+5+3=20$.

当指派问题的系数矩阵经过变换后,出现每行、每列都有两个或两个以上的 0 元素时,可任选一行(或列)中的某个 0 元素标上(0),再划去同行(列)的其他 0 元素,这种情况下的问题有多重解.

4.3.3 非标准指派问题

对例 4.8 的指派问题,当货车数 m 与装卸组的数目不相同时,称之为非标准指派问题. 与非平衡运输问题相类似,可将非标准指派问题转化为标准指派问题来求解. 若 $m<n$,则可虚构 $n-m$ 个货车;若 $m>n$,则可虚构 $m-n$ 个装卸组,并令虚构货车的卸车时间为 0,虚构装卸组的装卸量为 0,这样装卸组与待卸车的数目相同,并且目标函数保持不变.

匈牙利法只能用来求最小化问题,对于目标函数求最大值的问题不能采用改变目标函数系数符号的方法,因为匈牙利法要求系数矩阵的元素非负,因此,对求最大值问题

$$\max z = \sum_{i=1}^{n}\sum_{j=1}^{n} c_{ij}x_{ij} \tag{4.11}$$

作新矩阵 $\boldsymbol{B}=(b_{ij})$,使得 $b_{ij}=M-c_{ij}$,其中 M 为一个充分大的正常数,常取 $M=\max\limits_{1\leqslant i,j\leqslant n} c_{ij}$ 以保证 $b_{ij}\geqslant 0$,此时求解

$$\min \bar{z} = \sum_{i=1}^{n}\sum_{j=1}^{n} b_{ij}x_{ij}$$

所得的最优解就是原问题(4.11)的最优解.

习　题　4

4.1　已知某运输问题的产销需求和单位运价如表 4.22 所示,求解运输最少的方案和总运价.

表 4.22

产地	销地				产量
	B_1	B_2	B_3	B_4	
A_1	5	9	3	15	
A_2	1	3	4	18	
A_3	8	2	6	17	
销量	18	12	16		

4.2　某百货公司去外地采购 A,B,C,D4 种规格的服装,数量如下:A 为 1500 套,B 为 2000 套,C 为 3000 套,D 为 3500 套. 有三个城市可供应上述规格服装,各城市供应数量如下:Ⅰ为 2500 套,Ⅱ为 2500 套,Ⅲ为 5000 套. 由于这些城市的服装质量、运价和销售情况不同,预计售出后的利润(元/套)也不同,如表 4.23 所示. 请帮助该公司确定一个预期赢利最大的采购方案.

表 4.23

城市	规格			
	A	B	C	D
Ⅰ	10	5	6	7
Ⅱ	8	2	7	6
Ⅲ	9	3	4	8

4.3　甲、乙、丙三个城市每年分别需要煤炭 320 万 t,250 万 t,350 万 t,由 A,B 两处煤矿负责供应. 已知煤炭年供应量 A 为 400 万 t,B 为 450 万 t. 由煤矿至各城市的单位运价(万元/万 t)如表 4.24 所示 . 由于需大于供,经研究平衡决定,甲城市供应量可减少 0～30 万 t,乙城市需要量应全部满足,丙城市供应量不少于 270 万 t,试用伏格尔法求出初始调运方案.

表 4.24

	甲	乙	丙
A	15	18	22
B	21	25	16

4.4 求解下列最小值的指派问题：

(1) $\boldsymbol{c}=\begin{bmatrix} 5 & 3 & 3 & 3 \\ 1 & 6 & 8 & 3 \\ 11 & 2 & 2 & 6 \\ 5 & 8 & 11 & 10 \end{bmatrix}$；　(2) $\boldsymbol{c}=\begin{bmatrix} 26 & 38 & 41 & 52 & 27 \\ 25 & 33 & 44 & 59 & 21 \\ 20 & 30 & 47 & 56 & 25 \\ 22 & 31 & 45 & 53 & 20 \end{bmatrix}$.

4.5 求解下列最大值的指派问题：

(1) $\boldsymbol{c}=\begin{bmatrix} 10 & 9 & 6 & 17 \\ 15 & 14 & 10 & 20 \\ 18 & 13 & 13 & 19 \\ 16 & 8 & 12 & 26 \end{bmatrix}$；　(2) $\boldsymbol{c}=\begin{bmatrix} 9 & 6 & 5 & 10 \\ 4 & - & 8 & 5 \\ 7 & 10 & 9 & 12 \\ 6 & 15 & 7 & 16 \\ 9 & 8 & 6 & 8 \end{bmatrix}$.

三、非线性规划

前面介绍的线性规划，其特点是目标函数与约束条件中的决策变量都是一次函数，若最优化问题的目标函数和约束条件中存在决策变量是非线性函数，则这类优化问题称为非线性规划（nonlinear programming）. 非线性规划的应用越来越广泛，发展也很快，不断出现的各种算法在管理科学、最优设计、系统控制等领域得到了深入的应用.

一般来说，非线性规划问题的求解比线性规划问题的求解困难、复杂得多. 线性规划问题有统一的数学模型，也有通用的解法——单纯形方法. 非线性规划的各种算法都有自己特定的适用范围，都有一定的局限性. 到目前为止，还没有求解非线性规划问题的通用算法，所以非线性规划的理论及其算法应用正是众多学者致力研究的课题.

第 5 章　无约束非线性规划

对无约束非线性规划(unconstrainned nonlinear programming)进行研究,一方面,有其实际的需要;另一方面,也是约束非线性规划方法的基础.

例 5.1(数据拟合问题)　设变量 x 和 y 存在函数关系,但只是通过实验或测量取得一组数据$(x_i, y_i)(i=1,2,\cdots,n)$,现想用一个 m 次多项式 $f(x)$ 近似表达它们之间的函数关系.

解　设 $f(x)=a_0+a_1x+a_2x^2+\cdots+a_mx^m$ 为其函数关系式,系数 $a_0, a_1, a_2, \cdots, a_m$ 的选取要使得偏差平方和最小,即无约束非线性规划问题

$$\min\sum_{i=1}^{n}[y_i-f(x_i)]^2=\sum_{i=1}^{n}\Big(y_i-\sum_{j=0}^{m}a_jx_i^j\Big)^2$$

又称之为最小二乘问题.

例 5.2(Sylvester 问题)　求覆盖平面上 n 个点$(x_i, y_i)(i=1,2,\cdots,n)$的最小圆盘.

解　设 $f(x,y)$表示平面上的点(x,y)到这 n 个点$(x_i,y_i)(i=1,2,\cdots,n)$距离的最大者,即

$$f(x,y)=\max_{1\leqslant i\leqslant n}\sqrt{(x-x_i)^2+(y-y_i)^2}$$

则以(x,y)为圆心,$f(x,y)$为半径的圆盘能覆盖这 n 个点,问题就转化为无约束非线性规划问题

$$\min f(x,y)$$

5.1　基本概念与性质

本章考虑最优化问题

$$\min_{\boldsymbol{x}\in\mathbf{R}^n} f(\boldsymbol{x}) \tag{5.1}$$

其中 $f(\boldsymbol{x})$为定义在 $\mathbf{R}^n$ 中的非线性实函数,称之为无约束非线性规划.

当 $n=1$ 时,(5.1)就是一元函数的极小值问题;当 $n>1$ 时,(5.1)就是多元函数的极小值问题.

定义 5.1　设 $\boldsymbol{x}^*\in\mathbf{R}^n$,若 $f(\boldsymbol{x}^*)\leqslant f(\boldsymbol{x})(\forall\boldsymbol{x}\in\mathbf{R}^n)$,则称 $\boldsymbol{x}^*$ 为无约束非线性规划问题(5.1)的全局最优解(globally optimal solution);若 $f(\boldsymbol{x}^*)<f(\boldsymbol{x})(\forall\boldsymbol{x}\in$

$\mathbf{R}^n$ 且 $\boldsymbol{x}^* \neq \boldsymbol{x}$),则称 $\boldsymbol{x}^*$ 为无约束非线性规划问题(5.1)的严格全局最优解(strictly globally optimal solution).

定义 5.2 设 $N(\boldsymbol{x}^*, \varepsilon)=\{\boldsymbol{x} \mid \|\boldsymbol{x}-\boldsymbol{x}^*\|<\varepsilon\}$ 为 $\boldsymbol{x}^* \in \mathbf{R}^n$ 的某个邻域,若 $f(\boldsymbol{x}^*) \leqslant f(\boldsymbol{x})(\forall \boldsymbol{x} \in N(\boldsymbol{x}^*, \varepsilon))$,则称 $\boldsymbol{x}^*$ 为无约束非线性规划问题(5.1)的局部最优解(locally optimal solution);若 $f(\boldsymbol{x}^*)<f(\boldsymbol{x})(\forall \boldsymbol{x} \in N(\boldsymbol{x}^*, \varepsilon))$,则称 $\boldsymbol{x}^*$ 为无约束非线性规划问题(5.1)的严格局部最优解(strictly locally optimal solution).

定义 5.3 设 $D \subset \mathbf{R}^n$ 是非空凸集,$\alpha \in (0,1)$,若

$$f(\alpha \boldsymbol{x}^{(1)}+(1-\alpha)\boldsymbol{x}^{(2)}) \leqslant \alpha f(\boldsymbol{x}^{(1)})+(1-\alpha) f(\boldsymbol{x}^{(2)}), \quad \forall \boldsymbol{x}^{(1)}, \boldsymbol{x}^{(2)} \in D$$

则称 $f(\boldsymbol{x})$ 为 D 上的凸函数(convex function);若

$$f(\alpha \boldsymbol{x}^{(1)}+(1-\alpha)\boldsymbol{x}^{(2)})<\alpha f(\boldsymbol{x}^{(1)})+(1-\alpha) f(\boldsymbol{x}^{(2)}), \quad \forall \boldsymbol{x}^{(1)}, \boldsymbol{x}^{(2)} \in D \text{ 且 } \boldsymbol{x}^{(1)} \neq \boldsymbol{x}^{(2)}$$

则称 $f(\boldsymbol{x})$ 为 D 上的严格凸函数(strictly convex function);若 $-f(\boldsymbol{x})$ 是 D 上的凸(严格凸)函数,则称 $f(\boldsymbol{x})$ 为 D 上的凹(严格凹)函数(concave function, strictly concave function),如图 5.1 所示.

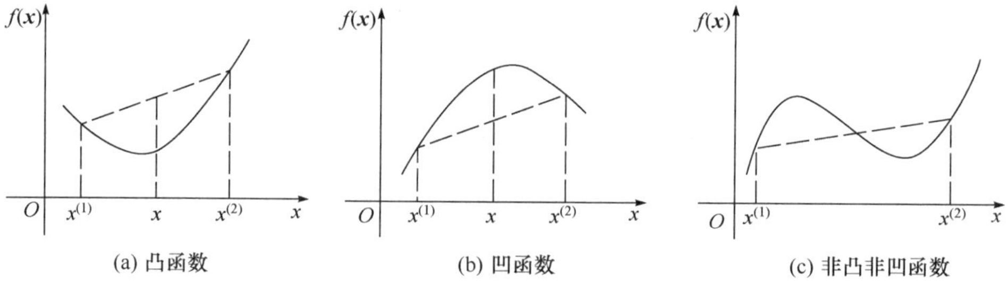

图 5.1

定理 5.1 (1) 设 $f(\boldsymbol{x})$ 是定义在凸集 D 上的凸函数,实数 $\alpha \geqslant 0$,则 $\alpha f(\boldsymbol{x})$ 也是定义在 D 上的凸函数;

(2) 设 $f_1(\boldsymbol{x}), f_2(\boldsymbol{x})$ 是定义在凸集 D 上的凸函数,则 $f_1(\boldsymbol{x})+f_2(\boldsymbol{x})$ 也是定义在 D 上的凸函数;

(3) 设 $f_1(\boldsymbol{x}), f_2(\boldsymbol{x}), \cdots, f_m(\boldsymbol{x})$ 是定义在 D 上的凸函数,实数 $\alpha_1, \alpha_2, \cdots, \alpha_m \geqslant 0$,则 $\sum\limits_{i=1}^{m} \alpha_i f_i(\boldsymbol{x})$ 也是定义在 D 上的凸函数.

证明 略.

定义 5.4 设函数 $f(\boldsymbol{x})$ 存在一阶偏导数,称向量

$$\nabla f(\boldsymbol{x})=\left(\frac{\partial f(\boldsymbol{x})}{\partial x_1}, \frac{\partial f(\boldsymbol{x})}{\partial x_2}, \cdots, \frac{\partial f(\boldsymbol{x})}{\partial x_n}\right)^{\mathrm{T}}, \quad \boldsymbol{x} \in \mathbf{R}^n$$

为 $f(\boldsymbol{x})$ 在点 $\boldsymbol{x}$ 处的梯度(gradient). 若 $f(\boldsymbol{x})$ 存在二阶偏导数,则称矩阵

$$\nabla^2 f(\boldsymbol{x})=\begin{pmatrix}\dfrac{\partial^2 f(\boldsymbol{x})}{\partial x_1^2} & \dfrac{\partial^2 f(\boldsymbol{x})}{\partial x_1\partial x_2} & \cdots & \dfrac{\partial^2 f(\boldsymbol{x})}{\partial x_1\partial x_n}\\ \dfrac{\partial^2 f(\boldsymbol{x})}{\partial x_2\partial x_1} & \dfrac{\partial^2 f(\boldsymbol{x})}{\partial x_2^2} & \cdots & \dfrac{\partial^2 f(\boldsymbol{x})}{\partial x_2\partial x_n}\\ \vdots & \vdots & & \vdots\\ \dfrac{\partial^2 f(\boldsymbol{x})}{\partial x_n\partial x_1} & \dfrac{\partial^2 f(\boldsymbol{x})}{\partial x_n\partial x_2} & \cdots & \dfrac{\partial^2 f(\boldsymbol{x})}{\partial x_n^2}\end{pmatrix}$$

为 $f(\boldsymbol{x})$在点 $\boldsymbol{x}$ 处的 Hesse 矩阵(Hessian matrix). 当 $f(\boldsymbol{x})$在点 $\boldsymbol{x}$ 处具有连续的二阶偏导数时,Hesse 矩阵是一个 n 阶对称矩阵.

特别地,当 $f(\boldsymbol{x})$为二次函数 $f(\boldsymbol{x})=\frac{1}{2}\boldsymbol{x}^{\mathrm{T}}\boldsymbol{A}\boldsymbol{x}+\boldsymbol{b}^{\mathrm{T}}\boldsymbol{x}+\boldsymbol{c}$ 时有$\nabla f(\boldsymbol{x})=\boldsymbol{A}\boldsymbol{x}+\boldsymbol{b}$, $\nabla^2 f(\boldsymbol{x})=\boldsymbol{A}$.

定理 5.2 设 $D\subset\mathbf{R}^n$ 为非空开凸集,$f(\boldsymbol{x})$是定义在 D 上的可微函数,则 $f(\boldsymbol{x})$是凸函数的充分必要条件是

$$f(\boldsymbol{y})\geqslant f(\boldsymbol{x})+\nabla f(\boldsymbol{x})^{\mathrm{T}}(\boldsymbol{y}-\boldsymbol{x}),\quad \forall\,\boldsymbol{x},\boldsymbol{y}\in D$$

证明 充分性. $\forall\,\boldsymbol{x}^{(1)},\boldsymbol{x}^{(2)}\in D$, $\forall\,\alpha\in(0,1)$,令 $\boldsymbol{x}=\alpha\boldsymbol{x}^{(1)}+(1-\alpha)\boldsymbol{x}^{(2)}$,则有

$$f(\boldsymbol{x}^{(1)})\geqslant f(\boldsymbol{x})+\nabla f(\boldsymbol{x})^{\mathrm{T}}(\boldsymbol{x}^{(1)}-\boldsymbol{x}),\quad f(\boldsymbol{x}^{(2)})\geqslant f(\boldsymbol{x})+\nabla f(\boldsymbol{x})^{\mathrm{T}}(\boldsymbol{x}^{(2)}-\boldsymbol{x})$$

于是得到

$$\begin{aligned}\alpha f(\boldsymbol{x}^{(1)})+(1-\alpha)f(\boldsymbol{x}^{(2)})&\geqslant f(\boldsymbol{x})+\nabla f(\boldsymbol{x})^{\mathrm{T}}[\alpha\boldsymbol{x}^{(1)}+(1-\alpha)\boldsymbol{x}^{(2)}-\boldsymbol{x}]\\&=f(\boldsymbol{x})=f(\alpha\boldsymbol{x}^{(1)}+(1-\alpha)\boldsymbol{x}^{(2)})\end{aligned}$$

这表明 $f(\boldsymbol{x})$是凸函数.

必要性. 设 $f(\boldsymbol{x})$是凸函数,则对 $\forall\,\alpha\in(0,1)$有 $f(\alpha\boldsymbol{y}+(1-\alpha)\boldsymbol{x})\leqslant\alpha f(\boldsymbol{y})+(1-\alpha)f(\boldsymbol{x})$,因此,对 $0<\alpha\leqslant 1$ 有

$$\frac{f(\boldsymbol{x}+\alpha(\boldsymbol{y}-\boldsymbol{x}))-f(\boldsymbol{x})}{\alpha}\leqslant f(\boldsymbol{y})-f(\boldsymbol{x})$$

令 $\alpha\to 0^+$ 得

$$\nabla f(\boldsymbol{x})^{\mathrm{T}}(\boldsymbol{y}-\boldsymbol{x})\leqslant f(\boldsymbol{y})-f(\boldsymbol{x})$$

定理 5.3 设 $D\subset\mathbf{R}^n$ 是非空开凸集,$f(\boldsymbol{x})$是定义在 D 上的二次可微函数,则 $f(\boldsymbol{x})$是凸函数的充分必要条件是 $f(\boldsymbol{x})$在 D 的每一点处的 Hesse 矩阵都半正定.

证明 充分性. 设 Hesse 矩阵$\nabla^2 f(\boldsymbol{x})$在每一点 $\boldsymbol{x}\in D$ 都半正定. 对$\forall\,\boldsymbol{x},\boldsymbol{y}\in D$,由中值定理有

$$f(\boldsymbol{y})=f(\boldsymbol{x})+\nabla f(\boldsymbol{x})^{\mathrm{T}}(\boldsymbol{y}-\boldsymbol{x})+\frac{1}{2}(\boldsymbol{y}-\boldsymbol{x})^{\mathrm{T}}\,\nabla^2 f(\boldsymbol{\xi})(\boldsymbol{y}-\boldsymbol{x})$$

其中 $\boldsymbol{\xi}=\boldsymbol{x}+\theta(\boldsymbol{y}-\boldsymbol{x})\in D$, $\theta\in(0,1)$. 由 Hesse 矩阵半正定得 $f(\boldsymbol{y})\geqslant f(\boldsymbol{x})+\nabla f(\boldsymbol{x})^{\mathrm{T}}(\boldsymbol{y}-\boldsymbol{x})$. 由定理 5.2 得 $f(\boldsymbol{x})$是凸函数.

必要性. 设 $f(\boldsymbol{x})$是凸函数,$\forall\,\boldsymbol{x}\in D$,需证明$\forall\,\boldsymbol{p}\in\mathbf{R}^n$ 均有 $\boldsymbol{p}^{\mathrm{T}}\,\nabla^2 f(\boldsymbol{x})\boldsymbol{p}\geqslant 0$. 由

D 是开凸集，当 $|t|$ 充分小时，$\boldsymbol{x}+t\boldsymbol{p}\in D$. 由定理 5.2 有 $f(\boldsymbol{x}+t\boldsymbol{p})\geqslant f(\boldsymbol{x})+t\nabla f(\boldsymbol{x})^{\mathrm{T}}\boldsymbol{p}$. 又由于 $f(\boldsymbol{x})$ 在 x 处二次可微，则

$$f(\boldsymbol{x}+t\boldsymbol{p})=f(\boldsymbol{x})+t\nabla f(\boldsymbol{x})^{\mathrm{T}}\boldsymbol{p}+\frac{t^2}{2}\boldsymbol{p}^{\mathrm{T}}\nabla^2 f(\boldsymbol{x})\boldsymbol{p}+o(\|t\boldsymbol{p}\|^2)$$

故有 $\frac{t^2}{2}\boldsymbol{p}^{\mathrm{T}}\nabla^2 f(\boldsymbol{x})\boldsymbol{p}+o(\|t\boldsymbol{p}\|^2)\geqslant 0$，两边除以 t^2，并令 $t\to 0$ 得 $\boldsymbol{p}^{\mathrm{T}}\nabla^2 f(\boldsymbol{x})\boldsymbol{p}\geqslant 0$.

定理 5.4 (1) 设 $D\subset\mathbf{R}^n$ 为非空开凸集，$f(\boldsymbol{x})$ 是定义在 D 上的可微函数，则 $f(\boldsymbol{x})$ 是严格凸函数的充分必要条件是 $f(\boldsymbol{y})>f(\boldsymbol{x})+\nabla f(\boldsymbol{x})^{\mathrm{T}}(\boldsymbol{y}-\boldsymbol{x})$ ($\forall\boldsymbol{x},\boldsymbol{y}\in D$ 且 $\boldsymbol{x}\neq\boldsymbol{y}$).

(2) 设 $\boldsymbol{D}\subset\mathbf{R}^n$ 是非空开凸集，$f(\boldsymbol{x})$ 是定义在 D 上的二次可微函数，若 $f(\boldsymbol{x})$ 在 D 内每一点 $\boldsymbol{x}$ 处的 Hesse 矩阵都正定，则 $f(\boldsymbol{x})$ 是 D 上的严格凸函数.

证明 略.

需注意的是，定理 5.4(2)的逆不成立.

对无约束非线性规划问题(5.1)常采用迭代方法求最优解，其基本思想如下：给定一个初始点 $\boldsymbol{x}^{(0)}$，按照某一迭代规则产生点列 $\{\boldsymbol{x}^{(k)}\}$，当 $\{\boldsymbol{x}^{(k)}\}$ 是有穷点列时，其最后一个点是(5.1)的最优解；当 $\{\boldsymbol{x}^{(k)}\}$ 是无穷点列时，则存在 $\{\boldsymbol{x}^{(k)}\}$ 的极限点是(5.1)的最优解.

设 $\boldsymbol{x}^{(k)}$ 为第 k 次迭代点，$\boldsymbol{p}_k$ 为第 k 次搜索方向(direction of search)，t_k 为第 k 次搜索步长(step size in search)，则第 k 次迭代为

$$\boldsymbol{x}^{(k+1)}=\boldsymbol{x}^{(k)}+t_k\boldsymbol{p}_k \tag{5.2}$$

定义 5.5 若搜索方向 $\boldsymbol{p}_k$ 满足 $f(\boldsymbol{x}^{(k)}+t_k\boldsymbol{p}_k)<f(\boldsymbol{x}^{(k)})$，则称 $\boldsymbol{p}_k$ 为 $f(\boldsymbol{x})$ 在点 $\boldsymbol{x}^{(k)}$ 处的下降方向(descent direction).

定理 5.5 设 $f(\boldsymbol{x})$ 可微，向量 $\boldsymbol{p}_k$ 为点 $\boldsymbol{x}^{(k)}$ 处的下降方向的充分必要条件为 $\nabla f(\boldsymbol{x}^{(k)})^{\mathrm{T}}\boldsymbol{p}_k<0$.

证明 将 $f(\boldsymbol{x})$ 在 $\boldsymbol{x}^{(k)}$ 处进行一阶 Taylor 展开有

$$f(\boldsymbol{x})=f(\boldsymbol{x}^{(k)})+\nabla f(\boldsymbol{x}^{(k)})^{\mathrm{T}}(\boldsymbol{x}-\boldsymbol{x}^{(k)})+o(\|\boldsymbol{x}-\boldsymbol{x}^{(k)}\|)$$

令 $\boldsymbol{x}=\boldsymbol{x}^{(k)}+t\boldsymbol{p}_k\ (t>0)$，则有

$$f(\boldsymbol{x}^{(k)}+t\boldsymbol{p}_k)=f(\boldsymbol{x}^{(k)})+t\nabla f(\boldsymbol{x}^{k)})^{\mathrm{T}}\boldsymbol{p}_k+o(\|t\boldsymbol{p}_k\|)$$

当 $t>0$ 充分小时有

$$f(\boldsymbol{x}^{(k)}+t\boldsymbol{p}_k)<f(\boldsymbol{x}^{(k)})\Leftrightarrow\nabla f(\boldsymbol{x}^{(k)})^{\mathrm{T}}\boldsymbol{p}_k<0$$

对无约束非线性规划问题(5.1)，其求解方法就是不断地构造下降方向 $\boldsymbol{p}_k$ 进行迭代计算，称之为下降算法(descent algorithm). 迭代收敛终止的判别条件常用 $\|\boldsymbol{x}^{(k+1)}-\boldsymbol{x}^{(k)}\|<\varepsilon$ 或 $|f(\boldsymbol{x}^{(k+1)})-f(\boldsymbol{x}^{(k)})|<\varepsilon$，其中 ε 为误差精度. 下降方向 $\boldsymbol{p}_k$ 和搜索步长 t_k 的不同选取可产生不同的下降算法.

定理 5.6(一阶必要条件) 设 $f(\boldsymbol{x})$ 在 $\boldsymbol{x}^*$ 的某个邻域内具有连续的偏导数，

$\boldsymbol{x}^*$ 是 $f(\boldsymbol{x})$ 的局部最优解的必要条件是 $\nabla f(\boldsymbol{x}^*)=0$.

证明 用反证法. 若 $\nabla f(\boldsymbol{x}^*)\neq 0$, 取搜索方向为 $\boldsymbol{p}=-\nabla f(\boldsymbol{x}^*)$, 则 $\nabla f(\boldsymbol{x}^*)^{\mathrm{T}}\boldsymbol{p}=-\|\nabla f(\boldsymbol{x}^*)\|^2<0$. 由定理 5.5, $\boldsymbol{p}$ 是 $f(\boldsymbol{x})$ 在 $\boldsymbol{x}^*$ 处的下降方向, 当 $t>0$ 充分小时就有 $f(\boldsymbol{x}^*+t\boldsymbol{p})<f(\boldsymbol{x}^*)$, 这与 $\boldsymbol{x}^*$ 是 $f(\boldsymbol{x})$ 的局部最优解矛盾.

若 $\nabla f(\boldsymbol{x}^*)=0$, 则称 $\boldsymbol{x}^*$ 为 $f(\boldsymbol{x})$ 的驻点(stagnation point).

定理 5.7(二阶必要条件) 设 $f(\boldsymbol{x})$ 在 $\boldsymbol{x}^*$ 的某个邻域内具有连续的二阶偏导数, 则 $\boldsymbol{x}^*$ 是 $f(\boldsymbol{x})$ 的局部最优解的必要条件是 $\nabla f(\boldsymbol{x}^*)=0$ 且 $\nabla^2 f(\boldsymbol{x}^*)$ 半正定.

证明 由定理 5.6 有 $\nabla f(\boldsymbol{x}^*)=0$, 将 $f(\boldsymbol{x})$ 在 $\boldsymbol{x}^*$ 处进行二阶 Taylor 展开有

$$\begin{aligned}f(\boldsymbol{x})=&f(\boldsymbol{x}^*)+\nabla f(\boldsymbol{x}^*)^{\mathrm{T}}(\boldsymbol{x}-\boldsymbol{x}^*)\\&+\frac{1}{2}(\boldsymbol{x}-\boldsymbol{x}^*)^{\mathrm{T}}\nabla^2 f(\boldsymbol{x}^*)(\boldsymbol{x}-\boldsymbol{x}^*)+o(\|\boldsymbol{x}-\boldsymbol{x}^*\|^2)\end{aligned}$$

令 $\boldsymbol{x}=\boldsymbol{x}^*+t\boldsymbol{p}\ (\boldsymbol{p}\neq 0)$, 则有

$$f(\boldsymbol{x}^*+t\boldsymbol{p})=f(\boldsymbol{x}^*)+\frac{1}{2}t^2\boldsymbol{p}^{\mathrm{T}}\nabla^2 f(\boldsymbol{x}^*)\boldsymbol{p}+o(\|t\boldsymbol{p}\|^2)$$

当 $|t|$ 充分小时有 $\boldsymbol{p}^{\mathrm{T}}\nabla^2 f(\boldsymbol{x}^*)\boldsymbol{p}\geqslant 0$, 即 $\nabla^2 f(\boldsymbol{x}^*)$ 半正定.

定理 5.8(二阶充分条件) 设 $f(\boldsymbol{x})$ 在 $\boldsymbol{x}^*$ 的某个邻域内具有连续的二阶偏导数, 若 $\nabla f(\boldsymbol{x}^*)=0$ 且 $\nabla^2 f(\boldsymbol{x}^*)$ 正定, 则 $\boldsymbol{x}^*$ 是 $f(\boldsymbol{x})$ 的严格局部是最优解.

证明 由二阶 Taylor 公式有

$$\begin{aligned}f(\boldsymbol{x})&=f(\boldsymbol{x}^*)+\nabla f(\boldsymbol{x}^*)^{\mathrm{T}}(\boldsymbol{x}-\boldsymbol{x}^*)+\frac{1}{2}(\boldsymbol{x}-\boldsymbol{x}^*)^{\mathrm{T}}\nabla^2 f(\boldsymbol{x}^*)(\boldsymbol{x}-\boldsymbol{x}^*)\\&\quad+o\left(\|\boldsymbol{x}-\boldsymbol{x}^*\|^2\right)\\&=f(\boldsymbol{x}^*)+\frac{1}{2}(\boldsymbol{x}-\boldsymbol{x}^*)^{\mathrm{T}}\nabla^2 f(\boldsymbol{x}^*)(\boldsymbol{x}-\boldsymbol{x}^*)\\&\quad+o\left(\|\boldsymbol{x}-\boldsymbol{x}^*\|^2\right)\end{aligned}$$

当 $\boldsymbol{x}$ 充分接近 $\boldsymbol{x}^*$ 时, 由 $\nabla^2 f(\boldsymbol{x}^*)$ 正定有 $f(\boldsymbol{x})>f(\boldsymbol{x}^*)$, 即 $\boldsymbol{x}^*$ 是 $f(\boldsymbol{x})$ 的严格局部最优解.

定理 5.9 设 $f(\boldsymbol{x})$ 是 $\mathbf{R}^n$ 上的凸函数且具有连续的偏导数, 则 $\boldsymbol{x}^*$ 是 $f(\boldsymbol{x})$ 的全局最优解的充分必要条件是 $\nabla f(\boldsymbol{x}^*)=0$.

证明 必要性. 由定理 5.6 可得证.

充分性. 由定理 5.2 有 $f(\boldsymbol{x})\geqslant f(\boldsymbol{x}^*)+\nabla f(\boldsymbol{x}^*)^{\mathrm{T}}(\boldsymbol{x}-\boldsymbol{x}^*)=f(\boldsymbol{x}^*)$ $(\forall\boldsymbol{x}\in\mathbf{R}^n)$, 故 $\boldsymbol{x}^*$ 是全局最优解.

例 5.3 求解

$$\min f(\boldsymbol{x})=x_1^4+x_2^4-x_1^2-x_2^2-2x_1x_2$$

解 $\dfrac{\partial f(x)}{\partial x_1}=4x_1^3-2x_1-2x_2$, $\quad\dfrac{\partial f(x)}{\partial x_2}=4x_2^3-2x_2-2x_1$

由$\nabla f(\boldsymbol{x}^*)=0$得驻点为

$$\boldsymbol{x}^{(1)}=(-1,-1)^{\mathrm{T}},\quad \boldsymbol{x}^{(2)}=(0,0)^{\mathrm{T}},\quad \boldsymbol{x}^{(3)}=(1,1)^{\mathrm{T}}$$

由$\nabla^2 f(\boldsymbol{x})=\begin{pmatrix}12x_1^2-2 & -2\\ -2 & 12x_2^2-2\end{pmatrix}$得驻点处的 Hesse 矩阵为

$$\nabla^2 f(\boldsymbol{x}^{(1)})=\begin{pmatrix}10 & -2\\ -2 & 10\end{pmatrix},\quad \nabla^2 f(\boldsymbol{x}^{(2)})=\begin{pmatrix}-2 & -2\\ -2 & -2\end{pmatrix},\quad \nabla^2 f(\boldsymbol{x}^{(3)})=\begin{pmatrix}10 & -2\\ -2 & 10\end{pmatrix}$$

由定理 5.8，$\boldsymbol{x}^{(1)}$，$\boldsymbol{x}^{(3)}$是局部最优解.

5.2 一维搜索方法

对无约束非线性规划问题(5.1)，若已知迭代点 $\boldsymbol{x}^{(k)}$ 和下降方向 $\boldsymbol{p}_k$，则需要确定适当的搜索步长 t_k，使得 $f(\boldsymbol{x}^{(k+1)})=f(\boldsymbol{x}^{(k)}+t_k\boldsymbol{p}_k)<f(\boldsymbol{x}^{(k)})$，即对一元函数$\varphi(t)=f(\boldsymbol{x}^{(k)}+t\boldsymbol{p}_k)$，在$[0,+\infty)$上，选取 $t=t_k$，使得

$$\varphi(t_k)=f(\boldsymbol{x}^{(k)}+t_k\boldsymbol{p}_k)<f(\boldsymbol{x}^{(k)})=\varphi(0)$$

从 $\boldsymbol{x}^{(k)}$ 出发，求 $f(\boldsymbol{x})$ 的下一个近似最优解 $\boldsymbol{x}^{(k+1)}$ 的问题，就转化为沿直线 $\boldsymbol{x}^{(k)}+t\boldsymbol{p}_k$ 求一元函数 $\varphi(t)$ 的极小值点问题了，称之为一维搜索(linear search). 无约束非线性规划问题(5.1)就等价于

$$\min \varphi(t),\quad t\in[0,+\infty) \tag{5.3}$$

定义 5.6 若存在闭区间$[a,b]\subset[0,+\infty)$，使得 $t^*\in[a,b]$且 $\varphi(t^*)=\min\limits_{t\geqslant 0}\varphi(t)$，则称$[a,b]$为(5.3)的搜索区间(interval of search).

搜索区间的含义就是包含该问题最优解的一个闭区间，通常在进行一维搜索时，需先确定出问题的搜索区间，然后再在此区间中进行搜索求解.

5.2.1 加步探索法

加步探索法用来求一维优化问题(5.3)的搜索区间，其基本思想如下：先选定一个初始点 $t_0\in[0,+\infty)$和初始步长 h_0，沿着 t 轴的正方向探索前进一个步长，得到新点 t_0+h_0. 若 $\varphi(t_0+h_0)<\varphi(t_0)$，就从新点 t_0+h_0 出发加大步长，再向前探索；若 $\varphi(t_0+h_0)>\varphi(t_0)$，则下一步以 t_0 为出发点，但以原步长开始向 t 轴的反方向同样探索. 当达到目标函数上升点时，停止探索. 这样可得问题(5.3)的一个近似搜索区间.

算法 5.1(加步探索法) (1) 选取初值 $t_0\in[0,+\infty)$，$h_0>0$，加步系数 $\alpha>1$，计算 $\varphi_0\leftarrow\varphi(t_0)$，$k\leftarrow 0$；

(2) 令 $t_{k+1}\leftarrow t_k+h_k$，计算 $\varphi_{k+1}\leftarrow\varphi(t_{k+1})$，若 $\varphi_{k+1}<\varphi_k$，转(3)；否则，转(4)；

(3) 令 $h_{k+1}\leftarrow\alpha h_k$，$t\leftarrow t_k$，$t_k\leftarrow t_{k+1}$，$\varphi_k\leftarrow\varphi_{k+1}$，$k\leftarrow k+1$，转(2)；

(4) 反向探索，若 $k=0$，则转换探索方向，$h_k\leftarrow -h_k$，$t\leftarrow t_{k+1}$，转(2)；否则，停止

迭代，令 $a \leftarrow \min\{t, t_{k+1}\}$，$b \leftarrow \max\{t, t_{k+1}\}$，输出$[a, b]$.

在加步探索法中，常取加步系数 $\alpha=2$，并且需先大致估计问题(5.3)的最优解位置，而使 t_0 充分接近(5.3)的最优解.

5.2.2 二分法

当 $\varphi(t)$连续可导时，在极小点 t^* 处有 $\varphi'(t^*)=0$，因此，求一元函数 $\varphi'(t)$的极小点问题就转化为方程 $\varphi'(t)=0$ 的求根问题. 设根 $t^* \in [a,b]$且 $\varphi'(a)\varphi'(b)<0$，则有如下算法：

算法 5.2(二分法)

(1) 输入 a,b 及误差精度 $\varepsilon>0$；

(2) $t \leftarrow \dfrac{a+b}{2}$；

(3) 若$|b-a|<\varepsilon$ 或$|\varphi'(t)|<\varepsilon$，则输出 $t^*=t$；否则，转(4)；

(4) 求 $\varphi'(t)$，若 $\varphi'(t)\varphi'(a)>0$，则 $a \leftarrow t$；否则，$b \leftarrow t$；

(5) 输出超过最大迭代次数的信息，停止.

二分法的计算量较少，但收敛速度慢.

5.2.3 Newton 切线法

假设 $\varphi(t)$二阶连续可导，对 $\varphi'(t)$在 t_k 处展开为一阶 Taylor 公式

$$\varphi'(t)=\varphi'(t_k)+\varphi''(t_k)(t-t_k)+o(|t-t_k|)$$

由此构造出迭代公式

$$t_{k+1}=t_k-\frac{\varphi'(t_k)}{\varphi''(t_k)}$$

算法 5.3(Newton 切线法) 输入初值 t_0，误差精度 $\varepsilon>0$，最大迭代次数 N.

(1) 对 $k=1,2,\cdots,N$ 做到(6)；

(2) 计算 $\varphi'(t_0)$，$\varphi''(t_0)$；

(3) 若 $\varphi''(t_0)=0$，则停止计算；

(4) 计算 $t \leftarrow t_0-\dfrac{\varphi'(t_0)}{\varphi''(t_0)}$；

(5) 若$|t-t_0|<\varepsilon$ 或$|\varphi'(t)|<\varepsilon$，则输出 t，停机；否则，转(6)；

(6) $t_0 \leftarrow t$；

(7) 若迭代 N 次后仍没达到精度要求，则停止.

如果 Newton 法的初值选得恰当，则其收敛速度很快，通常通过几次迭代就得到满足一般精度要求的计算结果. 其缺点如下：一是需要求二阶导数，对多维无约束非线性规划问题的一维搜索使用该方法时，需要涉及 Hesse 矩阵，计算很困难；二是当曲线 $\varphi(t)$在$[a,b]$上有较复杂的弯曲时，该方法常常失效.

二分法和 Newton 法均需计算 $\varphi(t)$的导数 $\varphi'(t)$或二阶导数 $\varphi''(t)$，实用中需要直接比较函数值的大小来寻找极小点的直接方法. 本节只介绍试探方法、黄金分割法(0.618 法)和 Fibonacci 方法(分数法)，其中 0.618 法和 Fibonacci 分数法只适合于单峰函数.

5.2.4 试探方法

试探方法也称为"成功-失败"法. 取初始点 t_0，初始步长 h，若 $\varphi(t_0+h)<\varphi(t_0)$，则称为搜索成功，下次就加大步长搜索；否则，称为搜索失败，下次就缩小步长重新搜索，直到终止条件成立为止.

算法 5.4(试探方法)

(1) 取初始点 t_0，初始步长 h，误差精度 $\varepsilon>0$；

(2) 计算 $t_1\leftarrow t_0+h$，$\varphi(t_1)$；

(3) 若 $\varphi(t_1)<\varphi(t_0)$，$t_0\leftarrow t_1$，$h\leftarrow 2h$，转(2)；否则，转(4)；

(4) 若$|h|<\varepsilon$，则输出 $t^*=t_0$，停止计算；否则，$h\leftarrow -\dfrac{h}{2}$，转(2).

试探方法直观、简明，计算量不大，但每步的下降量不是最理想的，有可能增多迭代次数.

5.2.5 黄金分割法(0.618 法)

定义 5.7 设 $\varphi(t):[a,b]\to\mathbf{R}$，若存在点 $t^*\in(a,b)$，使得 $\varphi(t)$在$[a,t^*]$上单调减小，在$[t^*,b]$上单调增加，则称$[a,b]$为 $\varphi(t)$的单峰区间，$\varphi(t)$为$[a,b]$上的单峰函数，如图 5.2 所示.

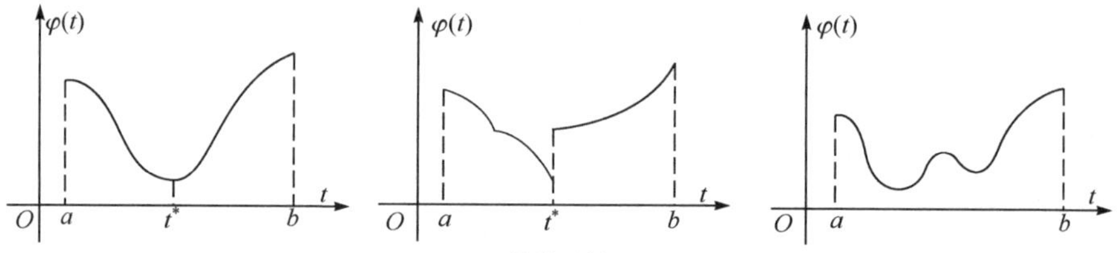

图 5.2

假设 $\varphi(t)$是单峰函数，但不知道极小点的位置，任取两点 $t_1,t_2\in[a,b]$且 $t_1<t_2$，则存在以下三种情形：

(1) $\varphi(t_1)=\varphi(t_2)$，此时 $t^*\in[t_1,t_2]$，如图 5.3(a)所示；

(2) $\varphi(t_1)<\varphi(t_2)$，此时 $t^*<t_2$，即 $t^*\in[a,t_2]$，如图 5.3(b)所示；

(3) $\varphi(t_1)>\varphi(t_2)$，此时 $t^*>t_1$，即 $t^*\in[t_1,b]$，如图 5.3(c)所示；

为计算方便起见，可将情形(1)归入到情形(2)或(3)中. 为了寻找 t^*，在初始

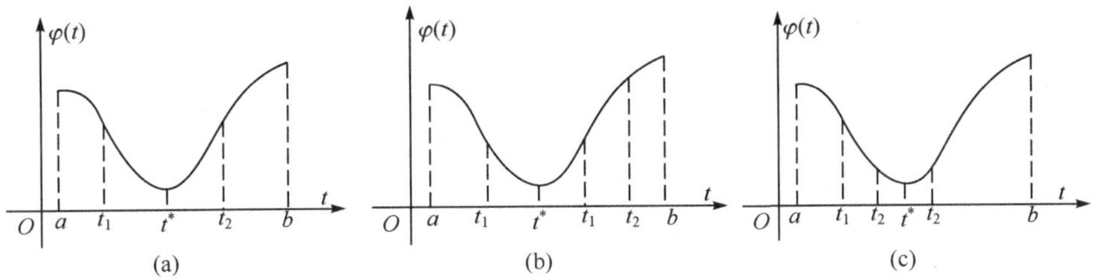

图 5.3

区间$[a_1,b_1]=[a,b]$中,任取两点 t_{11},t_{12} 且 $t_{11}<t_{12}$,比较函数值 $\varphi_{11}=\varphi(t_{11}),\varphi_{12}=\varphi(t_{12})$,确定极小点 t^* 在$[a_1,t_{12}]$或$[t_{11},b_1]$内,t^* 的新存在区间记为$[a_2,b_2]$. 又取 $t_{21},t_{22}\in[a_2,b_2]$且 $t_{21}<t_{22}$,类似地构造小区间$[a_3,b_3]$. 这样,t^* 的存在区间不断地缩小,最后便可确定出近似的极小点. 为了节省计算函数值的工作量,永远保证新区间的一个端点与原区间的一个端点重合.

设每次迭代的区间长度按比例 $\omega(0<\omega<1)$缩小,第 k 次迭代后的区间为$[a_k,b_k]$,则第 $k+1$ 次区间为

$$[a_k,a_k+\omega(b_k-a_k)] \quad 或 \quad [b_k-\omega(b_k-a_k),b_k]$$

取 $t_{k1}=b_k-\omega(b_k-a_k)=a_k+(1-\omega)(b_k-a_k)$,$t_{k2}=a_k+\omega(b_k-a_k)$,不妨设 $\varphi(t_{k1})\leqslant\varphi(t_{k2})$,迭代后极小点的区间为$[a_{k+1},b_{k+1}]=[a_k,t_{k2}]$. 为了进一步缩短含极小点的区间,取 $t_{k+1,1},t_{k+1,2}\in[a_{k+1},b_{k+1}]$且 $t_{k+1,2}=t_{k1}$,则

$$t_{k+1,2}=a_{k+1}+\omega(b_{k+1}-a_{k+1})=a_k+\omega^2(b_k-a_k)=a_k+(1-\omega)(b_k-a_k)$$

故有 $\omega^2=1-\omega$,取 $\omega=\dfrac{\sqrt{5}-1}{2}\approx 0.618033988\approx 0.618$. 同理,对 $\varphi(t_{k1})\geqslant\varphi(t_{k2})$可得相同的结论,故有

$$t_{k1}=a_k+0.382(b_k-a_k),\quad t_{k2}=a_k+0.618(b_k-a_k)$$

定义 5.8 若实数 $\omega>0$ 满足$\dfrac{\omega}{1}=\dfrac{1-\omega}{\omega}$,则称 ω 为黄金分割数. 黄金分割数在单位长度区间中对应的点称为黄金分割点.

算法 5.5(黄金分割法) 给定初值 a,b,黄金分割数 $\omega=0.618033988$,误差精度 $\varepsilon>0$.

(1) 计算 $t_1\leftarrow a+(1-\omega)(b-a)$,$t_2\leftarrow a+\omega(b-a)$,$\varphi_1\leftarrow\varphi(t_1)$,$\varphi_2\leftarrow\varphi(t_2)$;

(2) 若 $b-a<\varepsilon$,则得最优解 $t^*=\dfrac{a+b}{2}$;否则,转(3);

(3) 若 $\varphi_1<\varphi_2$,则 $b\leftarrow t_2$,$t_2\leftarrow t_1$,$\varphi_2\leftarrow\varphi_1$,转(4);若 $\varphi_1>\varphi_2$,则 $a\leftarrow t_1$,$t_1\leftarrow t_2$,$\varphi_1\leftarrow\varphi_2$,转(5);若 $\varphi_1=\varphi_2$,则 $a\leftarrow t_1$,$b\leftarrow t_2$,转(1);

(4) 计算 $t_1\leftarrow a+(1-\omega)(b-a)$,$\varphi_1\leftarrow\varphi(t_1)$,转(2);

(5) 计算 $t_2\leftarrow a+\omega(b-a)$,$\varphi_2\leftarrow\varphi(t_2)$,转(2).

5.2.6 Fibonacci 方法(分数法)

黄金分割法每次迭代区间的长度都是按常数比率缩短的,而 Fibonacci 方法迭代区间长度的缩短是由 Fibonacci 数确定的,并且可以预先确定迭代次数.

定义 5.9 设数列 $\{F_k\}$ 满足如下递推式:

$$\begin{cases} F_0=F_1=1, \\ F_n=F_{n-1}+F_{n-2}, \quad n=2,3,\cdots \end{cases}$$

称数列 $\{F_n\}$ 为 Fibonacci 数列,F_n 为第 n 个 Fibonacci 数,相邻两个 Fibonacci 数之比 $\frac{F_{n-1}}{F_n}$ 称为 Fibonacci 分数,如表 5.1 所示.

表 5.1

n	0	1	2	3	4	5	6	7	8	…
F_n	1	1	2	3	5	8	13	21	34	…
$\frac{F_{n-1}}{F_n}$		1	$\frac{1}{2}$	$\frac{2}{3}$	$\frac{3}{5}$	$\frac{5}{8}$	$\frac{8}{13}$	$\frac{13}{21}$	$\frac{21}{34}$	…

用数学归纳法可证明 $F_n=\frac{1}{\sqrt{5}}\left[\left(\frac{1+\sqrt{5}}{2}\right)^{n+1}-\left(\frac{1-\sqrt{5}}{2}\right)^{n+1}\right]$,并且 $\lim\limits_{n\to\infty}\frac{F_{n-1}}{F_n}=\frac{\sqrt{5}-1}{2}$. 设第 k 次迭代区间为 $[a_k,b_k]$,取

$$\begin{cases} t_{k1}=a_k+\dfrac{F_{n-k-1}}{F_{n-k+1}}(b_k-a_k), \\ t_{k2}=a_k+\dfrac{F_{n-k}}{F_{n-k+1}}(b_k-a_k), \end{cases} \qquad k=1,2,\cdots,n-1$$

容易验证 $t_{k1},t_{k2}\in[a_k,b_k]$ 且 $t_{k1}<t_{k2}$. 当 $\varphi(t_{k1})>\varphi(t_{k2})$ 时,令 $a_{k+1}\leftarrow t_{k1},b_{k+1}\leftarrow b_k$,此时有

$$b_{k+1}-a_{k+1}=\frac{F_{n-k}}{F_{n-k+1}}(b_k-a_k), \quad t_{k+1,1}=a_{k+1}+\frac{F_{n-k-2}}{F_{n-k}}(b_{k+1}-a_{k+1})=t_{k2}$$

当 $\varphi(t_{k1})\leqslant\varphi(t_{k2})$,令 $a_{k+1}\leftarrow a_k,b_{k+1}\leftarrow t_{k2}$,此时有

$$b_{k+1}-a_{k+1}=\frac{F_{n-k}}{F_{n-k+1}}(b_k-a_k), \quad t_{k+1,2}=a_{k+1}+\frac{F_{n-k-1}}{F_{n-k}}(b_{k+1}-a_{k+1})=t_{k1}$$

特别地,当 $k=n-1$ 时,$b_n-a_n=\frac{F_1}{F_2}(b_{n-1}-a_{n-1})=\cdots=\frac{1}{F_n}(b_1-a_1)$. 因此,只要给定初始区间的长度 $b_1-a_1=b-a$ 和精度要求 ε,就可以计算出迭代次数 $F_n\geqslant\frac{b-a}{\varepsilon}$,此时 $t_{n-1,1}=t_{n-1,2}=\frac{a_{n-1}+b_{n-1}}{2}$. 为了能在第 $n-1$ 次迭代中使区间缩短,可在第 $n-2$ 次迭代后在 $t_{n-1,1}=t_{n-1,2}$ 的右边或左边取一点,令 $\varepsilon>0$ 且 $t_{n1}=t_{n-1,1}$,

$t_{n2}=t_{n-1,1}+\delta$.

算法 5.6(Fibonacci 方法)

(1) 给定初始搜索区间$[a,b]$,$\varepsilon>0$,$\delta>0$,$N\leftarrow1$,$F_0\leftarrow1$,$F_1\leftarrow1$;

(2) $n\leftarrow n+1$,$F_n\leftarrow F_{n-1}+F_{n-2}$;

(3) 若 $F_n\geqslant\dfrac{b-a}{\varepsilon}$,则转(4);否则,转(2);

(4) $k\leftarrow0$,$t_1\leftarrow a+\dfrac{F_{n-2}}{F_n}(b-a)$,$t_2\leftarrow a+\dfrac{F_{n-1}}{F_n}(b-a)$,计算 $\varphi_1\leftarrow\varphi(t_1)$,$\varphi_2\leftarrow\varphi(t_2)$;

(5) 若 $\varphi_1>\varphi_2$,则 $a\leftarrow t_1$,$t_1\leftarrow t_2$,$t_2\leftarrow a+\dfrac{F_{n-k-1}}{F_{n-k}}(b-a)$;若 $k=n-2$,则转(8);否则,计算 $\varphi_2\leftarrow\varphi(t_2)$,转(7);

(6) 若 $\varphi_1\leqslant\varphi_2$,则 $b\leftarrow t_2$,$t_2\leftarrow t_1$,$t_1\leftarrow a+\dfrac{F_{n-k-2}}{F_{n-k}}(b-a)$;若 $k=n-2$,则转(8);否则,计算 $\varphi_1\leftarrow\varphi(t_1)$,转(7);

(7) $k\leftarrow k+1$,转(5);

(8) $t_2\leftarrow t_1+\delta$,若 $\varphi(t_1)>\varphi(t_2)$,则 $a\leftarrow t_1$;否则,$b\leftarrow t_2$;

(9) 输出 $t^*=\dfrac{a+b}{2}$.

例 5.4 分别用二分法、Newton 法、试探方法,黄金分割法,Fibonacci 方法求解

$$\min\ \varphi(t)=3t^4-16t^3+30t^2-24t+8,\quad t\in[0,3]$$

解 取精度 $\varepsilon=0.01$,初值 $t_0=2.25$. $\varphi'(t)=12(t^3-4t^2+5t-2)$,$\varphi''(t)=12(3t^2-8t+5)$,计算结果如表 5.2~表 5.5 所示.

表 5.2

k	二分法	Newton 法
0	2.25	2.25
1	1.875	2.0707114
2	2.0625	2.0082500
3	1.96875	2.0001328
⋮	⋮	
9	1.9997504	

表 5.3 试探方法的计算结果

k	t_k	$\varphi(t_k)$	h
0	2.25	0.51171875	0.2
1	2.45	2.06001875	−0.1

续表

k	t_k	$\varphi(t_k)$	h
2	2.15	0.16351875	−0.2
3	1.95	0.01401875	−0.4
4	1.55	0.60901875	0.2
5	2.15	0.16351875	−0.1
6	1.85	0.10948000	0.05
7	2.00	0	

表 5.4　黄金分割法的计算结果

k	$[a_k, b_k]$	t_{k1}	t_{k2}	$\varphi(t_{k1})$	$\varphi(t_{k2})$
1	[0.0000000,3.0000000]	1.1458980	1.8541020	0.98893683	0.10423172
2	[1.1458980,3.0000000]	1.8541020	2.2917961	0.10423172	0.73137852
3	[1.1458980,2.2917961]	1.5835921	1.8541020	0.55294509	0.10423172
⋮	⋮	⋮	⋮	⋮	
10	[1.9818190,2.0212861]	1.99689409	2.0062110	0.000057632	0.00023338

表 5.5　Fibonacci 法的计算结果

k	$[a_k, b_k]$	t_{k1}	t_{k2}	$\varphi(t_{k1})$	$\varphi(t_{k2})$
1	[0.0000000,3.0000000]	1.1460674	1.8539325	0.98889984	0.10444829
2	[1.1460674,3.0000000]	1.8539325	2.2921347	0.10444829	0.73335869
3	[1.1460674,2.2921347]	1.5842696	1.8539325	0.55179169	0.10444829
⋮	⋮	⋮	⋮	⋮	⋮
10	[1.9787375,2.0224718]	1.99118300	2.0063253	0.00046097	0.00024209

对于黄金分割法，

$$t^* = \frac{a+b}{2} = 2.0015525$$

对于 Fibonacci 法，

$$t^* = \frac{a+b}{2} = 2.0006046$$

5.3　最速下降法

由梯度的几何意义，$f(\boldsymbol{x})$在近似点 $\boldsymbol{x}^{(k)}$ 处的负梯度方向 $\boldsymbol{p}_k = -\nabla f(\boldsymbol{x}^{(k)})$是函数值下降最快的方向，故求解无约束非线性规划问题(5.1)的迭代公式(5.2)可取为

$$x^{(k+1)}=x^{(k)}-t_k\nabla f(x^{(k)})$$

其中 t_k 为迭代方法的步长. t_k 的选取可产生不同的梯度方法,常用的有定步长梯度法和最速下降法.

5.3.1 定步长梯度法

该方法的基本思想是每次迭代计算中的步长均取同一个常数值.

算法 5.7(定步长梯度法) 给定初值 $x^{(0)}$,定步长 t 及充分大的正数 $M>0$,令 $k\leftarrow 0$.

(1) $f(x^{(k)})\leftarrow M$;

(2) 计算 $\nabla f(x^{(k)})$,取搜索方向 $p_k=-\dfrac{\nabla f(x^{(k)})}{\|\nabla f(x^{(k)})\|}$, $x^{(k+1)}\leftarrow x^{(k)}+tp_k$;

(3) 若 $f(x^{(k+1)})\geqslant f(x^{(k)})$,则 $x^*\leftarrow x^{(k)}$,停止计算;否则,转(4);

(4) $x^{(k)}\leftarrow x^{(k+1)}$, $f(x^{(k)})\leftarrow f(x^{(k+1)})$, $k\leftarrow k+1$,转(2).

例 5.5 取定步长 $t=2$,初值 $x^{(0)}=(2,2)^{\mathrm{T}}$,求解

$$\min f(x)=x_1^2+25x_2^2$$

解 $\nabla f(x)=(2x_1,50x_2)^{\mathrm{T}}$,计算结果如表 5.6 所示,该问题的准确解为 $(0,0)^{\mathrm{T}}$.

表 5.6

k	$x_1^{(k)}$	$x_2^{(k)}$
0	2	2
1	1.920063924	0.001598082
2	−0.079503257	−0.040008249
3	0.078970629	0.9653703372
4	−0.075736804	−0.046349362

从表 5.6 的计算结果来看,对于定步长梯度法,当迭代到一定的次数以后,迭代点与极小值点之间的距离小于步长 t 时,下一个迭代点将会超过极小值点. 因此,定步长梯度法的精度是确定的,不适合于过高的精度要求.

5.3.2 最速下降法

1847 年,Cuchy 提出了最速下降法(method of steepest descent),即

$$f(x^{(k+1)})=f(x^{(k)}-t_k\nabla f(x^{(k)}))=\min_{t\geqslant 0}f(x^{(k)}-t\nabla f(x^{(k)}))$$

也即步长 t_k 的选取是由 $f(x)$ 从 $x^{(k)}$ 出发沿 $-\nabla f(x^{(k)})$ 方向搜索的整体极小点来确定的. 该方法在使用中有较大的计算困难. 1944 年,Curry 将其改正如下:取 t_k 为 $f(x)$ 从 $x^{(k)}$ 出发沿 $-\nabla f(x^{(k)})$ 方向的第一个极小值点作为 $x^{(k+1)}$,这样就减少了很多的数值计算上的困难.

算法 5.8(最速下降法)　给定初始点 $\boldsymbol{x}^{(0)}$，误差精度 $\varepsilon>0$.

(1) $k\leftarrow 0$；

(2) 求$\nabla f(\boldsymbol{x}^{(k)})$，若 $\|\nabla f(\boldsymbol{x}^{(k)})\|<\varepsilon$，则停止计算，输出 $\boldsymbol{x}^*=\boldsymbol{x}^{(k)}$；

(3) 一维搜索求最优步长 t_k 满足 $f(\boldsymbol{x}^{(k+1)})=f(\boldsymbol{x}^{(k)}-t_k\nabla f(\boldsymbol{x}^{(k)}))=\min\limits_{t\geqslant 0}f(\boldsymbol{x}^{(k)}-t\nabla f(\boldsymbol{x}^{(k)}))$，取

$$\boldsymbol{x}^{(k+1)}\leftarrow \boldsymbol{x}^{(k)}-t_k\nabla(f(\boldsymbol{x}^{(k)})$$

(4) 若 $\|\boldsymbol{x}^{(k+1)}-\boldsymbol{x}^{(k)}\|<\varepsilon$，则得最优解 $\boldsymbol{x}^*=\boldsymbol{x}^{(k+1)}$，停止计算；否则，令 $k\leftarrow k+1$，转(2).

例 5.6　用最速下降法求解例 5.5 的无约束非线性规划问题.

解　取精度 $\varepsilon=10^{-4}$，计算结果如表 5.7 所示.

表 5.7

k	$x_1^{(k)}$	$x_2^{(k)}$	t_k	$f(x^{(k)})$
0	2	2	0.02003072	104
1	1.919877	-0.3071785×10^{-2}	0.48153870	3.686144
2	0.7088691×10^{-1}	0.7088738×10^{-1}	0.02003072	0.130650
3	0.6804708×10^{-1}	-0.1088753×10^{-1}	0.48153850	0.46307×10^{-2}
4	0.2512507×10^{-2}	0.2512508×10^{-2}	0.02003072	0.16413×10^{-3}
5	0.2411853×10^{-2}	-0.3859051×10^{-5}	0.48153760	0.58174×10^{-5}
6	0.8905691×10^{-4}	0.8905488×10^{-4}	0.02003072	0.20620×10^{-6}
7	0.8548916×10^{-4}	-0.1367844×10^{-6}	0.48076870	0.73084×10^{-8}
8	0.3288125×10^{-5}	0.3151298×10^{-5}	0.02	0.24827×10^{-9}
9	0.3156600×10^{-5}	0	0.5	0.99641×10^{-11}
10	0	0	0	0

从表 5.7 的计算结果来看，使用最速下降法计算时，在开始几步计算中步长比较大，近似解及其目标函数值的改变也较大. 但当接近收敛时，步长很小，近似解及其目标函数值的变化也很小. 这是由于迭代公式 $\boldsymbol{x}^{(k+1)}=\boldsymbol{x}^{(k)}-t_k\nabla f(\boldsymbol{x}^{(k)})$中的步长 t_k 是函数$\varphi(t)=f(\boldsymbol{x}^{(k)}-t\nabla f(\boldsymbol{x}^{(k)}))$的极小点，故有 $\varphi'(t_k)=0$. 由复合函数的求导公式有

$$\varphi'(t_k)=-[\nabla f(\boldsymbol{x}^{(k)}-t_k\nabla f(\boldsymbol{x}^{(k)})]^{\mathrm{T}}\nabla f(\boldsymbol{x}^{(k)})=0$$

即$\nabla f(\boldsymbol{x}^{(k+1)})^{\mathrm{T}}\nabla f(\boldsymbol{x}^{(k)})=0$. 也就是说，相邻两个迭代点处目标函数 $f(\boldsymbol{x})$的梯度向量是正交的. 这就使得迭代过程是沿锯齿状行进的，而且越接近收敛，步长就越小，迭代点的移动就越慢. 由于梯度是函数的局部性质，所以从局部上来看，在 $\boldsymbol{x}^{(k)}$处，函数值下降很快，但从整体上来看是走了很多弯路，如图 5.4 所示.

在实际应用中,为了避免出现锯齿行进的情况,可采用如下方法:

(1) 选择较好的初始点进行迭代;

(2) 迭代到一定步数后采用非精确的一维搜索,如用一维搜索方法求出最优步长 t^* 后,取 $t_k=0.9t^*$.

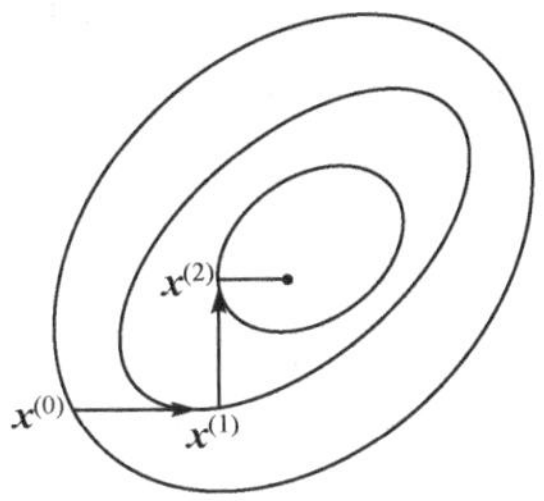

图 5.4

定理 5.10 设 $f(\boldsymbol{x}):\mathbf{R}^n\to\mathbf{R}$ 连续可微,初值 $\boldsymbol{x}^{(0)}\in R^n$ 且水平集 $H=\{\boldsymbol{x}\in\mathbf{R}^n\mid f(\boldsymbol{x})\leqslant f(\boldsymbol{x}^{(0)})\}$ 有界,若 $\{\boldsymbol{x}^{(k)}\}$ 是由最速下降法求解无约束非线性规划问题(5.1)产生的序列,则有

(1) 当 $\{\boldsymbol{x}^{(k)}\}$ 是有穷点列时,其最后一个点 $\boldsymbol{x}^*$ 是 $f(\boldsymbol{x})$ 的驻点;

(2) 当 $\{\boldsymbol{x}^{(k)}\}$ 是无穷点列时,它的任一个极限点 $\boldsymbol{x}^*$ 均是 $f(\boldsymbol{x})$ 的驻点.

证明 略.

5.4 Newton 法

Newton 法的基本思想是用二次函数来逼近 $f(\boldsymbol{x})$,并将二次函数的极小值点作为 $f(\boldsymbol{x})$ 的近似最优解. 假设 $f(\boldsymbol{x})$ 二阶连续可微,在第 k 次近似解 $\boldsymbol{x}^{(k)}$ 处进行二阶 Taylor 展开有

$$f(\boldsymbol{x})=f(\boldsymbol{x}^{(k)})+(\boldsymbol{x}-\boldsymbol{x}^{(k)})^{\mathrm{T}}\nabla f(\boldsymbol{x}^{(k)})$$
$$+\frac{1}{2}(\boldsymbol{x}-\boldsymbol{x}^{(k)})^{\mathrm{T}}\nabla^2 f(\boldsymbol{x}^{(k)})(\boldsymbol{x}-\boldsymbol{x}^{(k)})+o\left(\|\boldsymbol{x}-\boldsymbol{x}^{(k)}\|^2\right)$$

略去高阶无穷小得

$$\nabla f(\boldsymbol{x})\approx\nabla f(\boldsymbol{x}^{(k)})+\nabla^2 f(\boldsymbol{x}^{(k)})(\boldsymbol{x}-\boldsymbol{x}^{(k)}).$$

当 $\nabla^2 f(\boldsymbol{x}^{(k)})$ 非奇异时,有迭代公式

$$\boldsymbol{x}^{(k+1)}=\boldsymbol{x}^{(k)}-[\nabla^2 f(\boldsymbol{x}^{(k)})]^{-1}\nabla f(\boldsymbol{x}^{(k)})$$

5.4.1 Newton 法

算法 5.9(Newton 法) 给定初始点 $\boldsymbol{x}^{(0)}$,误差精度 $\varepsilon>0$.

(1) $k\leftarrow 0$;

(2) 求 $\nabla f(\boldsymbol{x}^{(k)})$,若 $\|\nabla f(\boldsymbol{x}^{(k)})\|<\varepsilon$,则停止计算并输出 $\boldsymbol{x}^*=\boldsymbol{x}^{(k)}$;

(3) 计算 $[\nabla^2 f(\boldsymbol{x}^{(k)})]^{-1}$,迭代计算 $\boldsymbol{x}^{(k+1)}\leftarrow\boldsymbol{x}^{(k)}-[\nabla^2 f(\boldsymbol{x}^{(k)})]^{-1}\nabla f(\boldsymbol{x}^{(k)})$

(4) 若 $\|\boldsymbol{x}^{(k+1)}-\boldsymbol{x}^{(k)}\|<\varepsilon$,则停止计算并输出 $\boldsymbol{x}^*=\boldsymbol{x}^{(k+1)}$;否则,令 $k\leftarrow k+1$,转(2).

最速下降法是用线性函数来逼近 $f(\boldsymbol{x})$,而 Newton 法是用二次函数来逼近 $f(\boldsymbol{x})$,所以 Newton 法的收敛速度比最速下降法快. 理论上还证明了最速下降法具有线性收敛性,而 Newton 法却具有二阶收敛性. 特别地,当 $f(\boldsymbol{x})$ 是二次函数时,

Newton 法具有整体收敛性，即对任一初值 $\boldsymbol{x}^{(0)}$，用 Newton 法迭代一次就可得到二次函数的最优解. 当 $f(\boldsymbol{x})$ 是非二次函数时，Newton 法虽然是二阶收敛的，但只具有局部的收敛性，即当初值 $\boldsymbol{x}^{(0)}$ 充分接近于最优解 $\boldsymbol{x}^*$ 时，Newton 法才收敛.

在实际应用中，算法的步骤(3)可通过解方程组 $\nabla^2 f(\boldsymbol{x}^{(k)})\Delta\boldsymbol{x}^{(k)}=-\nabla f(\boldsymbol{x}^{(k)})$ 来构造迭代公式 $\boldsymbol{x}^{(k+1)}=\boldsymbol{x}^{(k)}+\Delta\boldsymbol{x}^{(k)}$，此时，步骤(4)的终止条件为 $\|\Delta\boldsymbol{x}^{(k)}\|<\varepsilon$.

例 5.7　用 Newton 法求解

$$\min f(x)=x_1^2+25x_2^2$$

解　$\nabla^2 f(\boldsymbol{x})=(2\boldsymbol{x}_1,50\boldsymbol{x}_2)^{\mathrm{T}}$，$\nabla^2 f(\boldsymbol{x})=\begin{pmatrix}2 & 0\\ 0 & 50\end{pmatrix}$，于是取 $\boldsymbol{x}^{(0)}=(2,2)^{\mathrm{T}}$ 有

$$\boldsymbol{x}^{(1)}=\begin{pmatrix}2\\2\end{pmatrix}-\begin{pmatrix}2 & 0\\ 0 & 50\end{pmatrix}^{-1}\begin{pmatrix}4\\100\end{pmatrix}=\begin{pmatrix}0\\0\end{pmatrix}$$

例 5.8　用 Newton 法求解

$$\min f(\boldsymbol{x})=(x_1-2)^4+(x_1-2)^2x_2^2+(x_2+1)^2$$

解　$\nabla f(\boldsymbol{x})=(4(x_1-2)^3+2(x_1-2)x_2^2,2(x_1-2)^2x_2+2(x_1+1))^{\mathrm{T}}$

$$\nabla^2 f(\boldsymbol{x})=\begin{pmatrix}12(x_1-2)^2+2x_2^2 & 4(x_1-2)x_2\\ 4(x_1-2)x_2 & 2(x_1-2)^2+2\end{pmatrix}$$

该问题的准确解为 $\boldsymbol{x}^*=(2,-1)^{\mathrm{T}}$，取初值 $\boldsymbol{x}^{(0)}=(1,1)^{\mathrm{T}}$，计算结果如表 5.8 所示.

表 5.8

k	$x_1^{(k)}$	$x_2^{(k)}$
0	1	1
1	1	−0.5
2	1.3913043	−0.69565217
3	1.7459441	−0.94879809
4	1.9862783	−1.04820810
5	1.9987342	−1.00017000
6	1.9999996	−1.00000190

5.4.2　阻尼 Newton 法

阻尼 Newton 法是将 Newton 法中的项 $-[\nabla^2 f(\boldsymbol{x}^{(k)})]^{-1}\nabla f(\boldsymbol{x}^{(k)})$ 看成一个搜索方向，并用一维搜索方法求最优步长.

算法 5.10(阻尼 Newton 法)　给定初始点 $\boldsymbol{x}^{(0)}$，误差精度 $\varepsilon>0$.

(1) $k\leftarrow 0$；

(2) 求 $\nabla f(\boldsymbol{x}^{(k)})$，若 $\|\nabla f(\boldsymbol{x}^{(k)})\|<\varepsilon$，则停止计算并输出 $\boldsymbol{x}^*=\boldsymbol{x}^{(k)}$；

(3) 求 $[\nabla^2 f(\boldsymbol{x}^{(k)})]^{-1}$，计算 $\boldsymbol{p}_k=-[\nabla^2 f(\boldsymbol{x}^{(k)})]^{-1}\nabla f(\boldsymbol{x}^{(k)})$；

(4) 一维搜索求 t_k 满足 $f(\boldsymbol{x}^{(k)}+t_k\boldsymbol{p}_k)=\min\limits_{t\geqslant 0} f(\boldsymbol{x}^{(k)}+t\boldsymbol{p}_k)$，计算 $\boldsymbol{x}^{(k+1)}\leftarrow \boldsymbol{x}^{(k)}+t_k\boldsymbol{p}_k$；

(5) 若 $\|\boldsymbol{x}^{(k+1)}-\boldsymbol{x}^{(k)}\|<\varepsilon$，则停止计算并输出 $\boldsymbol{x}^*=\boldsymbol{x}^{(k+1)}$；否则，令 $k\leftarrow k+1$，转(2).

定理 5.11 设 $f(\boldsymbol{x}):\mathbf{R}^n\rightarrow\mathbf{R}$ 二阶连续可微，其 Hesse 矩阵 $\nabla^2 f(\boldsymbol{x})$ 正定，初值 $\boldsymbol{x}^{(0)}\in\mathbf{R}^n$ 且水平集 $H=\{\boldsymbol{x}\in\mathbf{R}^n \mid f(\boldsymbol{x})\leqslant f(\boldsymbol{x}^{(0)})\}$ 有界，若 $\{\boldsymbol{x}^{(k)}\}$ 是用阻尼 Newton 法迭代计算产生的序列，则有

(1) 当 $\{\boldsymbol{x}^{(k)}\}$ 是有穷点列时，它的最后一个点 $\boldsymbol{x}^*$ 是 $f(\boldsymbol{x})$ 的驻点；

(2) 当 $\{\boldsymbol{x}^{(k)}\}$ 是无穷点列时，它的任一个极限点 $\boldsymbol{x}^*$ 均是 $f(\boldsymbol{x})$ 的驻点.

证明 略.

阻尼 Newton 法能克服 Newton 法局部收敛性的缺点，从而可以放宽对初始点 $\boldsymbol{x}^{(0)}$ 的要求，但阻尼 Newton 法也有如下缺点：①Hesse 矩阵可能出现奇异的状况；②即使 Hesse 矩阵非奇异，但无法保证 Hesse 矩阵的正定性. 为了克服以上两个缺点，将阻尼 Newton 法的迭代公式改写为

$$\boldsymbol{x}^{(k+1)}=\boldsymbol{x}^{(k)}-t_k[\nabla^2 f(\boldsymbol{x}^{(k)})+\mu_k\boldsymbol{I}]^{-1}\nabla f(\boldsymbol{x}^{(k)})$$

其中 μ_k 为充分大的正数，以保证 $\nabla^2 f(\boldsymbol{x}^{(k)})+\mu_k\boldsymbol{I}$ 的对称正定性.

5.5 拟 Newton 法

无论是 Newton 法还是阻尼 Newton 法，都需花费较大的工作量来计算 Hesse 矩阵，Davidon 于 1959 年提出的拟 Newton 法是利用每次迭代计算中的梯度信息来逐步逼近 Hesse 矩阵. 经理论证明和实践检验，拟 Newton 法是求解无约束优化问题的有效算法.

5.5.1 拟 Newton 法的基本思想

将最速下降法和阻尼 Newton 法的迭代公式统一为

$$\boldsymbol{x}^{(k+1)}=\boldsymbol{x}^{(k)}-t_kH_k\nabla f(\boldsymbol{x}^{(k)}) \tag{5.4}$$

其中 t_k 为步长，$\boldsymbol{H}_k$ 为 n 阶对称矩阵. 若 $\boldsymbol{H}_k=\boldsymbol{I}$，则(5.4)为最速下降法；若 $\boldsymbol{H}_k=\nabla^2 f(\boldsymbol{x}^{(k)})^{-1}$，则(5.4)是阻尼 Newton 法. 前者具有较好的整体收敛性，但收敛速度较慢；后者虽然收敛速度快，但整体收敛性较差，并且还要计算二阶导数，计算工作量大. 现在期望 $\boldsymbol{H}_k$ 的选取既能逐步逼近 $\nabla^2 f(\boldsymbol{x}^{(k)})^{-1}$，又不需计算二阶导数. 为此，需对 $\boldsymbol{H}_k$ 附加如下条件：

(1) $\boldsymbol{H}_k$ 是对称正定矩阵，

$$\nabla f(\boldsymbol{x}^{(k)})^{\mathrm{T}}(-\boldsymbol{H}_k\nabla f(\boldsymbol{x}^{(k)}))=-\nabla f(\boldsymbol{x}^{(k)})^{\mathrm{T}}\boldsymbol{H}_k\nabla f(\boldsymbol{x}^{(k)})<0$$

即 $\boldsymbol{H}_k$ 对称正定能保证 $\boldsymbol{p}_k=-\boldsymbol{H}_k\nabla f(\boldsymbol{x}^{(k)})$ 为下降方向；

(2) $\boldsymbol{H}_{k+1}$能由 $\boldsymbol{H}_k$ 简单修正而得到,即

$$\boldsymbol{H}_{k+1}=\boldsymbol{H}_k+\Delta\boldsymbol{H}_k \tag{5.5}$$

称 $\Delta\boldsymbol{H}_k$ 为修正矩阵,(5.5)称为修正公式.显然,$\Delta\boldsymbol{H}_k$ 也是对称矩阵.

(3) $\boldsymbol{H}_k$ 满足拟 Newton 条件.

考查 $f(\boldsymbol{x})$在 $\boldsymbol{x}^{(k+1)}$处的二阶 Taylor 公式

$$\begin{aligned}f(\boldsymbol{x})=&f(\boldsymbol{x}^{(k+1)})+\nabla f(\boldsymbol{x}^{(k+1)})^{\mathrm{T}}(\boldsymbol{x}-\boldsymbol{x}^{(k+1)})\\&+\frac{1}{2}(\boldsymbol{x}-\boldsymbol{x}^{(k+1)})^{\mathrm{T}}\nabla^2 f(\boldsymbol{x}^{(k+1)})(\boldsymbol{x}-\boldsymbol{x}^{(k+1)})+o\left(\|\boldsymbol{x}-\boldsymbol{x}^{(k+1)}\|^2\right)\end{aligned}$$

得

$$\nabla f(\boldsymbol{x})\approx\nabla f(\boldsymbol{x}^{(k+1)})+\nabla^2 f(\boldsymbol{x}^{(k+1)})(\boldsymbol{x}-\boldsymbol{x}^{(k+1)})$$

取 $\boldsymbol{x}=\boldsymbol{x}^{(k)}$ 有

$$\nabla f(\boldsymbol{x}^{(k)})\approx\nabla f(\boldsymbol{x}^{(k+1)})+\nabla^2 f(\boldsymbol{x}^{(k+1)})(\boldsymbol{x}^{(k)}-\boldsymbol{x}^{(k+1)})$$

记 $\Delta\boldsymbol{x}_k=\boldsymbol{x}^{(k+1)}-\boldsymbol{x}^{(k)}$,$\Delta\boldsymbol{g}_k=\Delta f(\boldsymbol{x}^{(k+1)})-\nabla f(\boldsymbol{x}^{(k)})$,则有

$$[\nabla^2 f(\boldsymbol{x}^{(k+1)})]^{-1}\Delta g_k\approx\Delta x_k$$

当用 $\boldsymbol{H}_{k+1}$ 近似逼近$[\nabla^2 f(\boldsymbol{x}^{(k+1)})]^{-1}$时,就应有等式

$$\boldsymbol{H}_{k+1}\Delta\boldsymbol{g}_k=\Delta\boldsymbol{x}_k$$

称上式为拟 Newton 条件.当 $\boldsymbol{H}_{k+1}=\boldsymbol{H}_k+\Delta\boldsymbol{H}_k$ 时有

$$\Delta\boldsymbol{H}_k\Delta\boldsymbol{g}_k=\Delta\boldsymbol{x}_k-\boldsymbol{H}_k\Delta\boldsymbol{g}_k \tag{5.6}$$

拟 Newton 法的基本思想如下:先取 $\boldsymbol{H}_0$ 为某一对称正定矩阵,然后在每一次迭代中利用式(5.6)产生修正矩阵,再由式(5.5)产生迭代矩阵,并确定出相应的搜索方向.

由于修正矩阵 $\Delta\boldsymbol{H}_k$ 的选取不唯一,因此,使用不同的方法产生的修正矩阵 $\Delta\boldsymbol{H}_k$ 便可产生不同的矩阵序列$\{\boldsymbol{H}_k\}$,由该种方法产生的搜索方向在每一次迭代中都作改变度量矩阵意义下的最速下降方向,统称为变尺度法.本书只介绍两种常用的变尺度法,即 DFP 方法和 BFGS 方法.

5.5.2 DFP 方法

该方法是由 Dividon 于 1959 年提出的,1963 年又由 Fletcher 和 Powell 改进简化而成,是目前无约束非线性规划最有效的算法之一.

为了使修正矩阵 $\Delta\boldsymbol{H}_k$ 满足式(5.6),令

$$\Delta\boldsymbol{H}_k=\Delta\boldsymbol{x}_k\boldsymbol{u}_k^{\mathrm{T}}-\boldsymbol{H}_k\Delta\boldsymbol{g}_k\boldsymbol{v}_k^{\mathrm{T}} \tag{5.7}$$

其中 $\boldsymbol{u}_k,\boldsymbol{v}_k\in\mathbf{R}^n$ 为待定向量.在(5.7)两端同时右乘 $\Delta\boldsymbol{g}_k$ 有

$$\Delta\boldsymbol{H}_k\Delta\boldsymbol{g}_k=\Delta\boldsymbol{x}_k\boldsymbol{u}_k^{\mathrm{T}}\Delta\boldsymbol{g}_k-\boldsymbol{H}_k\Delta\boldsymbol{g}_k\boldsymbol{v}_k^{\mathrm{T}}\Delta\boldsymbol{g}_k=(\boldsymbol{u}_k^{\mathrm{T}}\Delta\boldsymbol{g}_k)\Delta\boldsymbol{x}_k-(\boldsymbol{v}_k^{\mathrm{T}}\Delta\boldsymbol{g}_k)\boldsymbol{H}_k\Delta\boldsymbol{g}_k$$

为了使式(5.6)成立,必须有 $\boldsymbol{u}_k^{\mathrm{T}}\Delta\boldsymbol{g}_k=1$, $\boldsymbol{v}_k^{\mathrm{T}}\Delta\boldsymbol{g}_k=1$.为了保证 $\Delta\boldsymbol{H}_k$ 及(5.7)右端为对称矩阵,取 $\boldsymbol{u}_k=\lambda_k\Delta\boldsymbol{x}_k$,$\boldsymbol{v}_k=\mu_k\boldsymbol{H}_k\Delta\boldsymbol{g}_k$,此时有 $\lambda_k\Delta\boldsymbol{x}_k^{\mathrm{T}}\Delta\boldsymbol{g}_k=1$,$\mu_k(\boldsymbol{H}_k\Delta\boldsymbol{g}_k)^{\mathrm{T}}\Delta\boldsymbol{g}_k=1$,

故可取

$$\boldsymbol{u}_k=\frac{\Delta \boldsymbol{x}_k}{\Delta \boldsymbol{x}_k^{\mathrm{T}}\Delta \boldsymbol{g}_k},\quad \boldsymbol{v}_k=\frac{\boldsymbol{H}_k\Delta \boldsymbol{g}_k}{\Delta \boldsymbol{g}_k^{\mathrm{T}}\boldsymbol{H}_k\Delta \boldsymbol{g}_k}$$

此时,修正矩阵为

$$\Delta \boldsymbol{H}_k=\frac{\Delta \boldsymbol{x}_k\Delta \boldsymbol{x}_k^{\mathrm{T}}}{\Delta \boldsymbol{x}_k^{\mathrm{T}}\Delta \boldsymbol{g}_k}-\frac{\boldsymbol{H}_k\Delta \boldsymbol{g}_k\Delta \boldsymbol{g}_k^{\mathrm{T}}\boldsymbol{H}_k}{\Delta \boldsymbol{g}_k^{\mathrm{T}}\boldsymbol{H}_k\Delta \boldsymbol{g}_k}$$

并且有

$$\boldsymbol{H}_{k+1}\Delta \boldsymbol{g}_k=(\boldsymbol{H}_k+\Delta \boldsymbol{H}_k)\Delta \boldsymbol{g}_k=\Delta \boldsymbol{x}_k$$

算法 5.11(DFP 方法)

(1) 选定初始点 $\boldsymbol{x}^{(0)}$,初始矩阵 $\boldsymbol{H}_0=\boldsymbol{I}$,精度要求 $\varepsilon>0$;

(2) 计算 $\nabla f(\boldsymbol{x}^{(0)})$,若 $\|\nabla f(\boldsymbol{x}^{(0)})\|<\varepsilon$,则停止计算并输出 $\boldsymbol{x}^*=\boldsymbol{x}^{(0)}$;否则,转(3);

(3) 取 $\boldsymbol{p}_0=-\boldsymbol{H}_0\nabla f(\boldsymbol{x}^{(0)})$,$k\leftarrow 0$,转(4);

(4) 一维搜索求 t_k 满足 $f(\boldsymbol{x}^{(k)}+t_k\boldsymbol{p}_k)=\min\limits_{t\geqslant 0}f(\boldsymbol{x}^{(k)}+t\boldsymbol{p}_k)$,令 $\boldsymbol{x}^{(k+1)}\leftarrow\boldsymbol{x}^{(k)}+t_k\boldsymbol{p}_k$,转(5);

(5) 计算 $\nabla f(\boldsymbol{x}^{(k+1)})$,若 $\|\nabla f(\boldsymbol{x}^{(k+1)})\|<\varepsilon$,停止计算并输出 $\boldsymbol{x}^*\leftarrow\boldsymbol{x}^{(k+1)}$;否则,转(6);

(6) 若 $k+1=n$,令 $\boldsymbol{x}^{(0)}\leftarrow\boldsymbol{x}^{(n)}$,转(3);否则,转(7);

(7) 计算 $\boldsymbol{H}_{k+1}=\boldsymbol{H}_k+\dfrac{\Delta \boldsymbol{x}_k\Delta \boldsymbol{x}_k^{\mathrm{T}}}{\Delta \boldsymbol{x}_k^{\mathrm{T}}\Delta \boldsymbol{g}_k}-\dfrac{\boldsymbol{H}_k\Delta \boldsymbol{g}_k\Delta \boldsymbol{g}_k^{\mathrm{T}}\boldsymbol{H}_k}{\Delta \boldsymbol{g}_k^{\mathrm{T}}\boldsymbol{H}_k\Delta \boldsymbol{g}_k}$, $\boldsymbol{p}_{k+1}=-\boldsymbol{H}_{k+1}\nabla f(\boldsymbol{x}^{(k+1)})$,$k\leftarrow k+1$,转(4).

定理 5.12 若 $\nabla f(\boldsymbol{x}^{(k)})\neq 0(k=1,2,\cdots,n)$,则由 DFP 方法构造的矩阵 $\boldsymbol{H}_k$ 是对称正定矩阵.

证明 略.

定理 5.13 设 $f(\boldsymbol{x}):\mathbf{R}^n\to\mathbf{R}$ 二阶连续可微,初值 $\boldsymbol{x}^{(0)}\in\mathbf{R}^n$ 且水平集 $H=\{\boldsymbol{x}\in\mathbf{R}^n\mid f(\boldsymbol{x})\leqslant f(\boldsymbol{x}^{(0)})\}$有界,若$\{\boldsymbol{x}^{(k)}\}$是由 DFP 方法产生的序列,则

(1) 当$\{\boldsymbol{x}^{(k)}\}$是有穷点列时,它的最后一个点 $\boldsymbol{x}^*$ 是 $f(\boldsymbol{x})$的驻点;

(2) 当$\{\boldsymbol{x}^{(k)}\}$是无穷点列时,它的任一个极限点 $\boldsymbol{x}^*$ 均是 $f(\boldsymbol{x})$的驻点.

证明 略.

例 5.9 用 DFP 方法求解

$$\min f(\boldsymbol{x})=x_1^2+2x_2^2-4x_1-2x_1x_2$$

解 $\nabla f(\boldsymbol{x})=(2x_1-2x_2-4,4x_2-2x_1)^{\mathrm{T}}$,取 $\boldsymbol{x}^{(0)}=(1,1)^{\mathrm{T}}$,$\boldsymbol{H}_0=\begin{pmatrix}1&0\\0&1\end{pmatrix}$.

第一轮迭代:$\nabla f(\boldsymbol{x}^{(0)})=(-4,2)^{\mathrm{T}}$,$\boldsymbol{p}_0=-\boldsymbol{H}_0\nabla f(\boldsymbol{x}^{(0)})=(4,-2)^{\mathrm{T}}$,$f(\boldsymbol{x}^{(0)}+t\boldsymbol{p}_0)=40t^2-20t-3$. 由 $\dfrac{\mathrm{d}f}{\mathrm{d}t}=0$ 解得 $t_0=\dfrac{1}{4}$, $\boldsymbol{x}^{(1)}=\boldsymbol{x}^{(0)}+t_0\boldsymbol{p}_0=\left(2,\dfrac{1}{2}\right)^{\mathrm{T}}$,

$\nabla f(\boldsymbol{x}^{(1)})=(-1,-2)^{\mathrm{T}}$，$\|\nabla f(\boldsymbol{x}^{(1)})\|\neq 0$ 且迭代次数$\neq 2$，继续迭代.

第二轮迭代：$\Delta\boldsymbol{x}_0=\left(1,-\frac{1}{2}\right)^{\mathrm{T}}$，$\Delta\boldsymbol{g}_0=(3,-4)^{\mathrm{T}}$，由算法的步骤(7)计算出

$$\boldsymbol{H}_1=\begin{bmatrix}\frac{21}{25} & \frac{19}{50}\\ \frac{19}{50} & \frac{41}{100}\end{bmatrix},\quad \boldsymbol{p}_1=\left(\frac{8}{5},\frac{6}{5}\right)^{\mathrm{T}},\quad f(\boldsymbol{x}^{(1)}+t\boldsymbol{p}_1)=\frac{40}{25}t^2-4t-\frac{11}{2}$$

由 $\frac{\mathrm{d}f}{\mathrm{d}t}=0$ 得 $t_1=\frac{5}{4}$，此时，$\boldsymbol{x}^{(2)}=\boldsymbol{x}^{(1)}+t_1\boldsymbol{p}_1=(4,2)^{\mathrm{T}}$. 由于 $\|\nabla f(\boldsymbol{x}^{(2)})\|=0$，故得驻点 $\boldsymbol{x}^*=\boldsymbol{x}^{(2)}=(4,2)^{\mathrm{T}}$. 由定理 5.9 知，$\boldsymbol{x}^*$ 是最优解，最优值为 $f(\boldsymbol{x}^{(2)})=-8$.

5.5.3 BFGS 方法

BFGS 方法是由 Broyden 和 Fletcher 于 1970 年、Goldfarb 于 1969 年、Shanno 于 1970 年共同研究的成果，它与 DFP 方法的区别在 $\boldsymbol{u}_k$，$\boldsymbol{v}_k$ 的选取上，

$$\boldsymbol{u}_k=\frac{\Delta\boldsymbol{x}_k}{\Delta\boldsymbol{x}_k^{\mathrm{T}}\Delta\boldsymbol{g}_k}\left(1+\frac{\Delta\boldsymbol{g}_k^{\mathrm{T}}\boldsymbol{H}_k\Delta\boldsymbol{g}_k}{\Delta\boldsymbol{x}_k^{\mathrm{T}}\Delta\boldsymbol{g}_k}\right)-\frac{\boldsymbol{H}_k\Delta\boldsymbol{g}_k}{\Delta\boldsymbol{x}_k^{\mathrm{T}}\Delta\boldsymbol{g}_k},\quad \boldsymbol{v}_k=\frac{\Delta\boldsymbol{x}_k}{\Delta\boldsymbol{x}_k^{\mathrm{T}}\Delta\boldsymbol{g}_k}$$

此时有

$$\Delta\boldsymbol{H}_k=\frac{\Delta\boldsymbol{x}_k\Delta\boldsymbol{x}_k^{\mathrm{T}}}{\Delta\boldsymbol{x}_k^{\mathrm{T}}\Delta\boldsymbol{g}_k}\left(1+\frac{\Delta\boldsymbol{g}_k^{\mathrm{T}}\boldsymbol{H}_k\Delta\boldsymbol{g}_k}{\Delta\boldsymbol{x}_k^{\mathrm{T}}\Delta\boldsymbol{g}_k}\right)-\frac{\Delta\boldsymbol{x}_k\Delta\boldsymbol{g}_k^{\mathrm{T}}\boldsymbol{H}_k}{\Delta\boldsymbol{x}_k^{\mathrm{T}}\Delta\boldsymbol{g}_k}-\frac{\boldsymbol{H}_k\Delta g_k\Delta\boldsymbol{x}_k^{\mathrm{T}}}{\Delta\boldsymbol{x}_k^{\mathrm{T}}\Delta\boldsymbol{g}_k}$$

并且有

$$\boldsymbol{H}_{k+1}\Delta\boldsymbol{g}_k=(\boldsymbol{H}_k+\Delta\boldsymbol{H}_k)\Delta\boldsymbol{g}_k=\Delta\boldsymbol{x}_k$$

算法 5.12(BFGS 方法)

(1) 选定初始点 $\boldsymbol{x}^{(0)}$，初始矩阵 $\boldsymbol{H}_0$，误差精度 $\varepsilon>0$；

(2) 计算$\nabla f(\boldsymbol{x}^{(0)})$，若 $\|\nabla f(\boldsymbol{x}^{(0)})\|<\varepsilon$，则停止计算并输出 $\boldsymbol{x}^*=\boldsymbol{x}^{(0)}$；否则，转(3)；

(3) 取 $\boldsymbol{p}_0=-\boldsymbol{H}_0\nabla f(\boldsymbol{x}^{(0)})$，$k\leftarrow 0$，转(4)；

(4) 一维搜索求 t_k 满足 $f(\boldsymbol{x}^{(k)}+t_k\boldsymbol{p}_k)=\min\limits_{t\geqslant 0}f(\boldsymbol{x}^{(k)}+t\boldsymbol{p}_k)$，令 $\boldsymbol{x}^{(k+1)}\leftarrow\boldsymbol{x}^{(k)}+t_k\boldsymbol{p}_k$，转(5)；

(5) 计算$\nabla f(\boldsymbol{x}^{(k+1)})$，若 $\|\nabla f(\boldsymbol{x}^{(k+1)})\|<\varepsilon$，则停止计算并输出 $\boldsymbol{x}^*\leftarrow\boldsymbol{x}^{(k+1)}$；否则，转(6)；

(6) 若 $k+1=n$，令 $\boldsymbol{x}^{(0)}\leftarrow\boldsymbol{x}^{(n)}$，转(3)；否则，转(7)

(7) 计算

$$\boldsymbol{H}_{k+1}=\boldsymbol{H}_k+\frac{\Delta\boldsymbol{x}_k\Delta\boldsymbol{x}_k^{\mathrm{T}}}{\Delta\boldsymbol{x}_k^{\mathrm{T}}\Delta\boldsymbol{g}_k}\left(1+\frac{\Delta\boldsymbol{g}_k^{\mathrm{T}}\boldsymbol{H}_k\Delta\boldsymbol{g}_k}{\Delta\boldsymbol{x}_k^{\mathrm{T}}\Delta\boldsymbol{g}_k}\right)-\frac{1}{\Delta\boldsymbol{x}_k^{\mathrm{T}}\Delta\boldsymbol{g}_k}(\Delta\boldsymbol{x}_k\Delta\boldsymbol{g}_k^{\mathrm{T}}\boldsymbol{H}_k+\boldsymbol{H}_k\Delta\boldsymbol{g}_k\Delta\boldsymbol{x}_k^{\mathrm{T}})$$

$$\boldsymbol{p}_{k+1}=-\boldsymbol{H}_{k+1}\nabla f(\boldsymbol{x}^{(k+1)})$$

$k\leftarrow k+1$，转(4).

BFGS 方法比 DFP 方法更具有实用性，其原因是 BFGS 方法对一维搜索的精度要求不高，并且 BFGS 方法产生的矩阵 $\boldsymbol{H}_k$ 不易变为奇异矩阵；而对于 DFP 方法，由于一维搜索的不精确或计算误差的累积，可能导致某一步的 $\boldsymbol{H}_k$ 为奇异矩阵.

5.6 共轭梯度法

5.6.1 共轭方向及其性质

定义5.10 设 $\boldsymbol{H}$ 为 n 阶对称正定矩阵，若 n 维非零向量 $\boldsymbol{p}_i,\boldsymbol{p}_j$ 满足 $\boldsymbol{p}_i^{\mathrm{T}}\boldsymbol{H}\boldsymbol{p}_j=0$ $(i\neq j)$，则称向量 $\boldsymbol{p}_i,\boldsymbol{p}_j$ 为 H 共轭的(conjugate).

当 $\boldsymbol{H}=\boldsymbol{I}$ 时有 $\boldsymbol{p}_i^{\mathrm{T}}\boldsymbol{H}\boldsymbol{p}_j=\boldsymbol{p}_i^{\mathrm{T}}\boldsymbol{p}_j$，所以共轭实质上是向量正交的推广，而且将对称正定矩阵 $\boldsymbol{H}$ 进行分解 $\boldsymbol{H}=\boldsymbol{Q}^{\mathrm{T}}\boldsymbol{Q}$ 有 $\boldsymbol{p}_i^{\mathrm{T}}\boldsymbol{H}\boldsymbol{p}_j=(\boldsymbol{Q}\boldsymbol{p}_i)^{\mathrm{T}}(\boldsymbol{Q}\boldsymbol{p}_j)=\boldsymbol{y}_i^{\mathrm{T}}\boldsymbol{y}_j$，其中 $\boldsymbol{y}=\boldsymbol{Q}\boldsymbol{p}$，即向量 $\boldsymbol{y}_i$ 与 $\boldsymbol{y}_j$ 是正交向量.

定义 5.11 若向量组 $\{\boldsymbol{p}_1,\boldsymbol{p}_2,\cdots,\boldsymbol{p}_m\}$ 满足

$$\boldsymbol{p}_i^{\mathrm{T}}\boldsymbol{H}\boldsymbol{p}_j=\begin{cases}0, & i\neq j\\ \boldsymbol{p}_i^{\mathrm{T}}\boldsymbol{H}\boldsymbol{p}_i>0, & i=j\end{cases}$$

则称向量组 $\{\boldsymbol{p}_1,\boldsymbol{p}_2,\cdots,\boldsymbol{p}_m\}$ 为 H 共轭向量组，也称向量 $\boldsymbol{p}_1,\boldsymbol{p}_2,\cdots,\boldsymbol{p}_m$ 彼此 H 共轭.

H 共轭向量组是线性无关的向量组，而且由于 $\mathbf{R}^n$ 中有且仅有 n 个彼此 H 共轭的向量，所以 $\mathbf{R}^n$ 中的共轭向量 $\boldsymbol{p}_1,\boldsymbol{p}_2,\cdots,\boldsymbol{p}_n$ 构成 $\mathbf{R}^n$ 中的一组基.

在应用中，需要从一组线性无关的向量组构造出彼此 H 共轭的向量组，称之为共轭化方法. 设向量组 $\boldsymbol{g}_1,\boldsymbol{g}_2,\cdots,\boldsymbol{g}_m$ 线性无关，令

$$\begin{cases}\boldsymbol{p}_1=\boldsymbol{g}_1,\\ \boldsymbol{p}_2=\boldsymbol{g}_2-\dfrac{\boldsymbol{p}_1^{\mathrm{T}}\boldsymbol{H}\boldsymbol{g}_2}{\boldsymbol{p}_1^{\mathrm{T}}\boldsymbol{H}\boldsymbol{p}_1}\boldsymbol{p}_1,\\ \quad\cdots\cdots\\ \boldsymbol{p}_k=\boldsymbol{g}_k-\displaystyle\sum_{i=1}^{k-1}\dfrac{\boldsymbol{p}_i^{\mathrm{T}}\boldsymbol{H}\boldsymbol{g}_k}{\boldsymbol{p}_i^{\mathrm{T}}\boldsymbol{H}\boldsymbol{p}_i}\boldsymbol{p}_i, \quad k=2,3,\cdots,m\end{cases}$$

则向量组 $\boldsymbol{p}_1,\boldsymbol{p}_2,\cdots,\boldsymbol{p}_m$ 是 H 共轭向量组. 在应用中，还可将其单位化为 $\boldsymbol{p}_i^0=\dfrac{\boldsymbol{p}_i}{\|\boldsymbol{p}_i\|}(i=1,2,\cdots,m)$

现在考查二次函数的极小化问题

$$\min_{\boldsymbol{x}\in\mathbf{R}^n} f(\boldsymbol{x})=\frac{1}{2}\boldsymbol{x}^{\mathrm{T}}\boldsymbol{H}\boldsymbol{x}+\boldsymbol{b}^{\mathrm{T}}\boldsymbol{x}+\boldsymbol{c} \tag{5.8}$$

其中 $\boldsymbol{H}$ 为 n 阶对称正定矩阵，$\boldsymbol{b}\in\mathbf{R}^n$. 设 $\boldsymbol{p}_0,\boldsymbol{p}_1,\cdots,\boldsymbol{p}_{n-1}$ 是 H 共轭的，它们构成 $\mathbf{R}^n$ 中的一组基. 又设 $\boldsymbol{x}^*$ 是(5.8)的最优解，$\boldsymbol{x}^{(0)}$ 为任一初始点，则向量 $\boldsymbol{x}^*-\boldsymbol{x}^{(0)}$ 可由

$\boldsymbol{p}_0,\boldsymbol{p}_1,\cdots,\boldsymbol{p}_{n-1}$线性表示. 设 $\boldsymbol{x}^*-\boldsymbol{x}^{(0)}=\alpha_0\boldsymbol{p}_0+\alpha_1\boldsymbol{p}_1+\cdots+\alpha_{n-1}\boldsymbol{p}_{n-1}$，则有

$$\boldsymbol{x}^*=\boldsymbol{x}^{(0)}+\alpha_0\boldsymbol{p}_0+\alpha_1\boldsymbol{p}_1+\cdots+\alpha_{n-1}\boldsymbol{p}_{n-1} \tag{5.9}$$

这样求(5.8)的最优解 $\boldsymbol{x}^*$ 就转化为求(5.9)的 n 个组合系数 $\alpha_0,\alpha_1,\cdots,\alpha_{n-1}$ 的问题了.

设 $\boldsymbol{x}^{(k)}$ 为一个迭代点，令 $\boldsymbol{x}^{(k+1)}=\boldsymbol{x}^{(k)}+t_k\boldsymbol{p}_k$，则 $\varphi(t)=f(\boldsymbol{x}^{(k)}+t\boldsymbol{p}_k)$. 由 $\varphi'(t_k)=0$有$\nabla f(\boldsymbol{x}^{(k)}+t_k\boldsymbol{p}_k)^{\mathrm{T}}\boldsymbol{p}_k=0$，即

$$[\boldsymbol{H}(\boldsymbol{x}^{(k)}+t_k\boldsymbol{p}_k)+\boldsymbol{b}]^{\mathrm{T}}\boldsymbol{p}_k=(\boldsymbol{H}\boldsymbol{x}^{(k)}+\boldsymbol{b})^{\mathrm{T}}\boldsymbol{p}_k+t_k\boldsymbol{p}_k^{\mathrm{T}}\boldsymbol{H}\boldsymbol{p}_k=0$$

从而得

$$t_k=-\frac{(\boldsymbol{H}\boldsymbol{x}^{(k)}+\boldsymbol{b})^{\mathrm{T}}\boldsymbol{p}_k}{\boldsymbol{p}_k^{\mathrm{T}}\boldsymbol{H}\boldsymbol{p}_k}=-\frac{\nabla f(\boldsymbol{x}^{(k)})^{\mathrm{T}}\boldsymbol{p}_k}{\boldsymbol{p}_k^{\mathrm{T}}\boldsymbol{H}\boldsymbol{p}_k}$$

由于 $\boldsymbol{x}^*$ 是(5.8)的最优解，故$\nabla f(\boldsymbol{x}^*)=0$，即 $\boldsymbol{H}\boldsymbol{x}^*+\boldsymbol{b}=0$. 在(5.9)的两端同时左乘 $\boldsymbol{p}_0^{\mathrm{T}}\boldsymbol{H}$ 有

$$\boldsymbol{p}_0^{\mathrm{T}}\boldsymbol{H}\boldsymbol{x}^*=\boldsymbol{p}_0^{\mathrm{T}}\boldsymbol{H}\boldsymbol{x}^{(0)}+\alpha_0\boldsymbol{p}_0^{\mathrm{T}}\boldsymbol{H}\boldsymbol{p}_0$$

$$\begin{aligned}\alpha_0\boldsymbol{p}_0^{\mathrm{T}}\boldsymbol{H}\boldsymbol{p}_0&=\boldsymbol{p}_0^{\mathrm{T}}\boldsymbol{H}\boldsymbol{x}^*-\boldsymbol{p}_0^{\mathrm{T}}\boldsymbol{H}\boldsymbol{x}^{(0)}=\boldsymbol{p}_0^{\mathrm{T}}(\boldsymbol{H}\boldsymbol{x}^*+b)-\boldsymbol{p}_0^{\mathrm{T}}(\boldsymbol{H}\boldsymbol{x}^{(0)}+\boldsymbol{b})\\&=\boldsymbol{p}_0^{\mathrm{T}}\nabla f(\boldsymbol{x}^*)-\boldsymbol{p}_0^{\mathrm{T}}\nabla f(\boldsymbol{x}^{(0)})=-\boldsymbol{p}_0^{\mathrm{T}}\nabla f(\boldsymbol{x}^{(0)})\end{aligned}$$

$$\alpha_0=-\frac{\boldsymbol{p}_0^{\mathrm{T}}\nabla f(\boldsymbol{x}^{(0)})}{\boldsymbol{p}_0^{\mathrm{T}}\boldsymbol{H}\boldsymbol{p}_0}$$

同理，记 $\boldsymbol{x}^{(k)}=\boldsymbol{x}^{(0)}+\alpha_0\boldsymbol{p}_0+\alpha_1\boldsymbol{p}_1+\cdots+\alpha_{k-1}\boldsymbol{p}_{k-1}$，则 $\boldsymbol{x}^*=\boldsymbol{x}^{(k)}+\alpha_k\boldsymbol{p}_k+\cdots+\alpha_{n-1}\boldsymbol{p}_{n-1}$，两端左乘 $\boldsymbol{p}_k^{\mathrm{T}}\boldsymbol{H}$ 可得

$$\alpha_k=-\frac{\boldsymbol{p}_k^{\mathrm{T}}\nabla f(\boldsymbol{x}^{(k)})}{\boldsymbol{p}_k^{\mathrm{T}}\boldsymbol{H}\boldsymbol{p}_k}=t_k,\quad k=0,1,2,\cdots,n-1$$

即式(5.9)的组合系数 α_k 是从迭代点 $\boldsymbol{x}^{(k)}$ 出发，沿方向 $\boldsymbol{p}_k$ 求二次函数优化问题(5.8)极小点的步长.

因此，有了 n 个彼此共轭的方向 $\boldsymbol{p}_0,\boldsymbol{p}_1,\cdots,\boldsymbol{p}_{n-1}$后，无论初始点 $\boldsymbol{x}^{(0)}$ 是如何选取的，从该初始点 $\boldsymbol{x}^{(0)}$ 出发，分别沿 $\boldsymbol{p}_0,\boldsymbol{p}_1,\cdots,\boldsymbol{p}_{n-1}$作一维搜索，最多做 n 次一维搜索便可得到二次函数优化问题(5.8)的最优解，该性质称为二次截止性. 共轭方向(conjugate direction)的选取具有很大的随意性，由此产生了不同的共轭方向法(conjugate direction method).

5.6.2 自然共轭方向法

该方法是从 n 个单位向量 $\boldsymbol{e}_i(i=1,2,\cdots,n)$出发，利用共轭化过程产生共轭方向 $\boldsymbol{p}_1,\boldsymbol{p}_2,\cdots,\boldsymbol{p}_n$，从而建立起求解二次函数优化问题(5.8)最优解的共轭方向法.

算法 5.13(自然共轭方向法)　给定初始点 $\boldsymbol{x}^{(1)}$，$k\leftarrow1$.

(1) $\boldsymbol{p}_1\leftarrow\boldsymbol{e}_1$，$k\leftarrow k+1$，若 $k>n$，则转(3)；若 $k\leqslant n$，则转(2)；

(2) 求共轭方向 $\boldsymbol{p}_k=\boldsymbol{e}_k+\sum\limits_{i=1}^{k-1}\beta_i\boldsymbol{p}_i$，其中 $\beta_i=-\dfrac{\boldsymbol{e}_k^{\mathrm{T}}\boldsymbol{H}\boldsymbol{p}_i}{\boldsymbol{p}_i^{\mathrm{T}}\boldsymbol{H}\boldsymbol{p}_i}$；

(3) $k \leftarrow 1$,计算 $t_k = -\dfrac{\nabla f(\boldsymbol{x}^{(k)})^{\mathrm{T}} \boldsymbol{p}_k}{\boldsymbol{p}_k^{\mathrm{T}} \boldsymbol{H} \boldsymbol{p}_k}$,$\boldsymbol{x}^{(k+1)} \leftarrow \boldsymbol{x}^{(k)} + t_k \boldsymbol{p}_k$;$k \leftarrow k+1$,若 $k>n$,则转(4);

(4) 若 $\|\nabla f(\boldsymbol{x}^{(k)})\| < \varepsilon$,则停止计算并输出 $\boldsymbol{x}^* = \boldsymbol{x}^{(k)}$;否则,$\boldsymbol{x}^{(1)} \leftarrow \boldsymbol{x}^{(k)}$,转(3).

由于舍入误差的影响,常使 $\|\nabla f(\boldsymbol{x}^{(n+1)})\| \neq 0$,此时取 $\boldsymbol{x}^{(n+1)}$ 为新的初始点 $\boldsymbol{x}^{(1)}$,重新迭代计算. 自然共轭方向法的共轭方向与迭代点无关,故重新迭代计算时可以沿用原来的共轭方向.

5.6.3 一般共轭方向法

当 $f(\boldsymbol{x})$ 不是二次函数时,可将 $f(\boldsymbol{x})$ 用 $\boldsymbol{x}^{(k)}$ 处的二阶 Taylor 公式近似代替而得到近似的二次函数

$$f(\boldsymbol{x}) \approx f(\boldsymbol{x}^{(k)}) + (\boldsymbol{x}-\boldsymbol{x}^{(k)})^{\mathrm{T}} \nabla f(\boldsymbol{x}^{(k)}) + \frac{1}{2}(\boldsymbol{x}-\boldsymbol{x}^{(k)})^{\mathrm{T}} \nabla^2 f(\boldsymbol{x}^{(k)})(\boldsymbol{x}-\boldsymbol{x}^{(k)})$$

用近似二次函数的极小点作为 $\boldsymbol{x}^{(k+1)}$. 因此,一般的共轭方向法从 $\boldsymbol{x}^{(k)}$ 到 $\boldsymbol{x}^{(k+1)}$,每次迭代都需要更换一个二次函数.

算法 5.14(一般函数的共轭方向法) 给定初始点 $\boldsymbol{x}^{(0)}$,误差精度 $\varepsilon>0$.

(1) $k \leftarrow 0$;

(2) 计算 $\boldsymbol{b} = \nabla f(\boldsymbol{x}^{(k)})$,$\boldsymbol{H} = \nabla^2 f(\boldsymbol{x}^{(k)})$,$\boldsymbol{c} = f(\boldsymbol{x}^{(k)})$;若 $\|b\| < \varepsilon$,则停止计算并输出 $\boldsymbol{x}^* = \boldsymbol{x}^{(k)}$;否则,构造二次函数 $\varphi(\boldsymbol{x}) = \dfrac{1}{2}\boldsymbol{x}^{\mathrm{T}} \boldsymbol{H} \boldsymbol{x} + \boldsymbol{b}^{\mathrm{T}} \boldsymbol{x} + \boldsymbol{c}$;

(3) 以 $\boldsymbol{x}^{(k)}$ 为初始点,利用自然共轭方向法求 $\varphi(\boldsymbol{x})$ 的极小点 $\boldsymbol{x}^{(k+1)}$;

(4) 若 $\|\boldsymbol{x}^{(k+1)} - \boldsymbol{x}^{(k)}\| < \varepsilon$,则停止计算并输出 $\boldsymbol{x}^* = \boldsymbol{x}^{(k+1)}$;否则,$k \leftarrow k+1$,转(2).

5.6.4 共轭梯度法

共轭梯度法(conjugate gradient method)是从迭代处的梯度出发,利用共轭化过程产生共轭方向,从而建立起相应的共轭方向法. 它首先是由 Hesteness 和 Stiefel 于 1952 年为了求解线性方程组而提出来的,后来经 Fletecher 等研究并用于优化问题,取得了丰富的成果. 本书重点介绍 FR 方法,它是由 Fletcher 和 Reeves 于 1964 年提出的. 具体做法如下:给定初始点 $\boldsymbol{x}^{(1)}$,若 $\|\nabla f(\boldsymbol{x}^{(1)})\| < \varepsilon$,则停止计算;否则,令 $\boldsymbol{p}_1 = -\nabla f(\boldsymbol{x}^{(1)})$,沿 $\boldsymbol{p}_1$ 搜索得到点 $\boldsymbol{x}^{(2)}$;若 $\|\nabla f(\boldsymbol{x}^{(2)})\| > \varepsilon$,则利用 $\nabla f(\boldsymbol{x}^{(2)})$ 和 $\boldsymbol{p}_1$ 来构造第二个搜索方向 $\boldsymbol{p}_2$,并再沿 $\boldsymbol{p}_2$ 搜索;如此进行下去.

假设点 $\boldsymbol{x}^{(k)}$ 的搜索方向为 $\boldsymbol{p}_k$,从 $\boldsymbol{x}^{(k)}$ 出发,沿 $\boldsymbol{p}_k$ 搜索得到 $\boldsymbol{x}^{(k+1)} = \boldsymbol{x}^{(k)} + t_k \boldsymbol{p}_k$,其中步长 t_k 满足

$$f(\boldsymbol{x}^{(k)} + t_k \boldsymbol{p}_k) = \min_{t \geqslant 0} f(\boldsymbol{x}^{(k)} + t \boldsymbol{p}_k)$$

并且 $\nabla f(\boldsymbol{x}^{(k+1)})^{\mathrm{T}} \boldsymbol{p}_k = 0$. 若 $\|\nabla f(\boldsymbol{x}^{(k+1)})\| > \varepsilon$,令 $\boldsymbol{p}_{k+1} = -\nabla f(\boldsymbol{x}^{(k+1)}) + \beta_k \boldsymbol{p}_k$,为了

使 $\boldsymbol{p}_{k+1}$ 与 $\boldsymbol{p}_k$ 是 H 共轭的，取

$$\beta_k=\frac{\boldsymbol{p}_k^{\mathrm{T}}\boldsymbol{H}\ \nabla f(\boldsymbol{x}^{(k+1)})}{\boldsymbol{p}_k^{\mathrm{T}}\boldsymbol{H}\boldsymbol{p}_k}=\frac{\nabla f(\boldsymbol{x}^{(k+1)})^{\mathrm{T}}\boldsymbol{H}\boldsymbol{p}_k}{\boldsymbol{p}_k^{\mathrm{T}}\boldsymbol{H}\boldsymbol{p}_k} \tag{5.10}$$

定理 5.14 对二次函数优化问题(5.8)，由(5.10)产生的共轭方向满足

(1) $\nabla f(\boldsymbol{x}^{(k+1)})^{\mathrm{T}}\boldsymbol{p}_j=0(j=1,2,\cdots,k)$；

(2) $\nabla f(\boldsymbol{x}^{(k+1)})^{\mathrm{T}}\nabla f(\boldsymbol{x}^{(k)})=0(k=1,2,\cdots,n-1)$.

证明 (1)

$$\begin{aligned}\nabla f(\boldsymbol{x}^{(k+1)})&=\boldsymbol{H}\boldsymbol{x}^{(k+1)}+\boldsymbol{b}=\boldsymbol{H}(\boldsymbol{x}^{(k)}+t_k\boldsymbol{p}_k)+\boldsymbol{b}\\&=(\boldsymbol{H}\boldsymbol{x}^{(k)}+\boldsymbol{b})+t_k\boldsymbol{H}\boldsymbol{p}_k=\nabla f(\boldsymbol{x}^{(k)})+t_k\boldsymbol{H}\boldsymbol{p}_k=\cdots\\&=\nabla f(\boldsymbol{x}^{(j)})+\sum_{i=j}^{k}t_i\boldsymbol{H}\boldsymbol{p}_i,\quad j=1,2,\cdots,k\end{aligned}$$

上式右乘 $\boldsymbol{p}_j$，由彼此 H 共轭有

$$\begin{aligned}\nabla f(\boldsymbol{x}^{(k+1)})^{\mathrm{T}}\boldsymbol{p}_j&=\nabla f(\boldsymbol{x}^{(j)})^{\mathrm{T}}\boldsymbol{p}_j+\sum_{i=j}^{k}t_i\boldsymbol{p}_i^{\mathrm{T}}\boldsymbol{H}\boldsymbol{p}_j=\nabla f(\boldsymbol{x}^{(j)})^{\mathrm{T}}\boldsymbol{p}_j+t_j\boldsymbol{p}_j^{\mathrm{T}}\boldsymbol{H}\boldsymbol{p}_j\\&=[\nabla f(\boldsymbol{x}^{(j)})+t_j\boldsymbol{H}\boldsymbol{p}_j]^{\mathrm{T}}\boldsymbol{p}_j=\nabla f(\boldsymbol{x}^{(j+1)})^{\mathrm{T}}\boldsymbol{p}_j=0\end{aligned}$$

(2)

$$\begin{aligned}\nabla f(\boldsymbol{x}^{(k+1)})^{\mathrm{T}}\ \nabla f(\boldsymbol{x}^{(k)})&=\nabla f(\boldsymbol{x}^{(k+1)})^{\mathrm{T}}(-\boldsymbol{p}_k+t_{k-1}\boldsymbol{p}_{k-1})\\&=-\nabla f(\boldsymbol{x}^{(k+1)})^{\mathrm{T}}\boldsymbol{p}_k+t_{k-1}\nabla f(\boldsymbol{x}^{(k+1)})^{\mathrm{T}}\boldsymbol{p}_{k-1}=0\end{aligned}$$

由定理 5.14 可将式(5.10)简化为

$$\begin{aligned}\beta_k&=\frac{\nabla f(\boldsymbol{x}^{(k+1)})^{\mathrm{T}}\boldsymbol{H}\boldsymbol{p}_k}{\boldsymbol{p}_k^{\mathrm{T}}\boldsymbol{H}\boldsymbol{p}_k}=\frac{\nabla f(\boldsymbol{x}^{(k+1)})^{\mathrm{T}}[\nabla f(\boldsymbol{x}^{(k+1)})-\nabla f(\boldsymbol{x}^{(k)})]}{\boldsymbol{p}_k^{\mathrm{T}}[\nabla f(\boldsymbol{x}^{(k+1)})-\nabla f(\boldsymbol{x}^{(k)})]}\\&=\frac{\|\nabla f(\boldsymbol{x}^{(k+1)})\|^2}{-\boldsymbol{p}_k^{\mathrm{T}}\ \nabla f(\boldsymbol{x}^{(k)})}=\frac{\|\nabla f(\boldsymbol{x}^{(k+1)})\|^2}{-[-\nabla f(\boldsymbol{x}^{(k)})+\beta_{k-1}\boldsymbol{p}_{k-1}]^{\mathrm{T}}\ \nabla f(\boldsymbol{x}^{(k)})}\\&=\frac{\|\nabla f(\boldsymbol{x}^{(k+1)})\|^2}{\|\nabla f(\boldsymbol{x}^{(k)})\|^2},\quad k=1,2,\cdots,n-1\end{aligned} \tag{5.11}$$

构造共轭方向的组合系数公式(5.10)中含有矩阵 $\boldsymbol{H}$，不能应用于一般的非二次函数优化问题，而式(5.11)可推广应用于一般的非二次函数.

算法 5.15(FR 方法) 给定初始点 $\boldsymbol{x}^{(0)}$，误差精度 $\varepsilon>0$.

(1) 计算 $\nabla f(\boldsymbol{x}^{(0)})$，若 $\|\nabla f(\boldsymbol{x}^{(0)})\|<\varepsilon$，则停止计算并输出 $\boldsymbol{x}^*=\boldsymbol{x}^{(0)}$；否则，转(2)；

(2) 取 $\boldsymbol{p}_0=-\nabla f(\boldsymbol{x}^{(0)})$，$k\leftarrow 0$，转(3)；

(3) 用一维搜索法求 t_k 满足 $f(\boldsymbol{x}^{(k)}+t_k\boldsymbol{p}_k)=\min\limits_{t\geqslant 0}f(\boldsymbol{x}^{(k)}+t\boldsymbol{p}_k)$，令 $\boldsymbol{x}^{(k+1)}\leftarrow\boldsymbol{x}^{(k)}+t_k\boldsymbol{p}_k$，转(4)；

(4) 计算 $\nabla f(\boldsymbol{x}^{(k+1)})$，若 $\|\nabla f(\boldsymbol{x}^{(k+1)})\|<\varepsilon$，则停止计算并输出 $\boldsymbol{x}^*=\boldsymbol{x}^{(k+1)}$；否则，转(5)；

(5) 若 $k+1=n$，令 $\boldsymbol{x}^{(0)}\leftarrow\boldsymbol{x}^{(n)}$，转(2)；否则，转(6)；

(6) 计算 $\boldsymbol{p}_{k+1}=-\nabla f(\boldsymbol{x}^{(k+1)})+\beta_k\boldsymbol{p}_k$，其中 $\beta_k=\dfrac{\|\nabla f(\boldsymbol{x}^{(k+1)})\|^2}{\|\nabla f(\boldsymbol{x}^{(k)})\|^2}$，令 $k\leftarrow k+1$，

转(3).

构造共轭方向的组合系数公式还有多种形式，以下是几个著名的公式：

$$\beta_k^{D}=\frac{\boldsymbol{p}_k^{T}\ \nabla^2 f(\boldsymbol{x}^{(k+1)})\nabla f(\boldsymbol{x}^{(k+1)})}{\boldsymbol{p}_k^{T}\ \nabla^2 f(\boldsymbol{x}^{(k+1)})\boldsymbol{p}_k}$$

$$\beta_k^{HS}=\frac{\nabla f(\boldsymbol{x}^{(k+1)})^{T}[\nabla f(\boldsymbol{x}^{(k+1)})-\nabla f(\boldsymbol{x}^{(k)})]}{\boldsymbol{p}_k^{T}[\nabla f(\boldsymbol{x}^{(k+1)})-\nabla f(\boldsymbol{x}^{(k)})]}$$

$$\beta_k^{PRP}=\frac{\nabla f(\boldsymbol{x}^{(k+1)})^{T}[\nabla f(\boldsymbol{x}^{(k+1)})-\nabla f(\boldsymbol{x}^{(k)})]}{\|\nabla f(\boldsymbol{x}^{(k)})\|^2}$$

以上几个组合系数公式应用于二次函数优化问题(5.8)时仍然具有二次截止性，当用于非二次函数优化问题时，定理 5.14 的结论不再成立. 但对精确一维搜索而言，算法仍然是下降算法. 采用不同组合系数 β_k，算法的计算效果大不相同，而 PRP 算法的数值计算效果较好.

定理 5.15 设 $f(\boldsymbol{x}):\mathbf{R}^n\to\mathbf{R}$ 连续可微，初值 $\boldsymbol{x}^{(0)}\in\mathbf{R}^n$ 且水平集 $H=\{\boldsymbol{x}\in\mathbf{R}^n \mid f(\boldsymbol{x})\leqslant f(\boldsymbol{x}^{(0)})\}$有界，若$\{\boldsymbol{x}^{(k)}\}$是由 FR 方法产生的序列，则

(1) 当$\{\boldsymbol{x}^{(k)}\}$是有穷点列时，它的最后一个点 $\boldsymbol{x}^*$ 是 $f(\boldsymbol{x})$的驻点；

(2) 当$\{\boldsymbol{x}^{(k)}\}$是无穷点列时，它的任一个极限点 $\boldsymbol{x}^*$ 均是 $f(\boldsymbol{x})$的驻点.

证明 略.

例 5.10 利用 FR 方法求解

$$\min f(\boldsymbol{x})=x_1^2+2x_2^2-4x_1-2x_1x_2$$

解 $\nabla f(\boldsymbol{x})=(2x_1-2x_2-4,4x_2-2x_1)^{T}$，$\boldsymbol{H}=\begin{pmatrix}2 & -2\\ -2 & 4\end{pmatrix}$，取初值 $\boldsymbol{x}^{(1)}=(1,1)^{T}$，$\nabla f(\boldsymbol{x}^{(1)})=(-4,2)^{T}$.

第一轮迭代：$\boldsymbol{p}_1=-\nabla f(\boldsymbol{x}^{(1)})=(4,-2)^{T}$ 且 $\|\nabla f(\boldsymbol{x}^{(1)})\|\neq 0$，从 $\boldsymbol{x}^{(1)}$ 出发，沿 $\boldsymbol{p}_1$ 作一维搜索得

$$t_1=\frac{1}{4},\quad \boldsymbol{x}^{(2)}=\boldsymbol{x}^{(1)}+t_1\boldsymbol{p}_1=\left(2,\frac{1}{2}\right)^{T}$$

第二轮迭代：$\nabla f(\boldsymbol{x}^{(2)})=(-1,-2)^{T}$，$\beta_1=\dfrac{1}{4}$，$\boldsymbol{p}_2=-\nabla f(\boldsymbol{x}^{(2)})+\beta_1\boldsymbol{p}_1=\left(2,\dfrac{3}{2}\right)^{T}$，从 $\boldsymbol{x}^{(2)}$ 出发，沿 $\boldsymbol{p}_2$ 作一维搜索得 $t_2=1$，$\boldsymbol{x}^{(3)}=\boldsymbol{x}^{(2)}+t_2\boldsymbol{p}_2=(4,2)^{T}$. 从而得驻点 $\boldsymbol{x}^*=\boldsymbol{x}^{(3)}=(4,2)^{T}$. 由定理 5.15 知，$\boldsymbol{x}^*$ 是最优解，最优值为 $f(\boldsymbol{x}^{(3)})=-8$.

当目标函数是二次函数时，FR 方法经过 n 轮迭代即可得问题的解，如例 5.10 所示. 但由于舍入误差的影响，在 n 轮迭代后得不到满足精度要求的驻点时，可将 $\boldsymbol{x}^{(n+1)}$ 作为新的初值重新计算.

5.7 Powell 方法

前面几节介绍的方法需要用到目标函数的一阶或二阶导数，而在应用中，目标函数的导数很难求得，甚至目标函数也不是解析表达式. 在这种情形下，前面介绍的方法就无法利用了. 方向加速法就是一种不需目标函数的导数而直接使用目标函数值的直接解法，是 Powell 于 1964 年提出的，因此，又称之为 Powell 方法. 其本质是共轭方向法，具有二次截止时，但用于非二次函数时，一般也具有较快的收敛速度，是直接解法中最有效的算法.

5.7.1 Powell 原始算法

依然考查二次函数无约束非线性规划问题(5.8). 当 $n=2$ 时，其等值线就是一族同心的椭圆，它们的共同中心就是 $f(\boldsymbol{x})$ 的极小点 $\boldsymbol{x}^*$. 选两个不同的初值 $\boldsymbol{x}^{(1)}$，$\boldsymbol{x}^{(2)}$，沿同一方向 $\boldsymbol{p}_0$ 作一维搜索得到最优解 $\boldsymbol{x}^{*1}$，$\boldsymbol{x}^{*2}$，则极小点 $\boldsymbol{x}^*$ 必在 $\boldsymbol{x}^{*1}$，$\boldsymbol{x}^{*2}$ 的连线上，如图 5.5 所示.

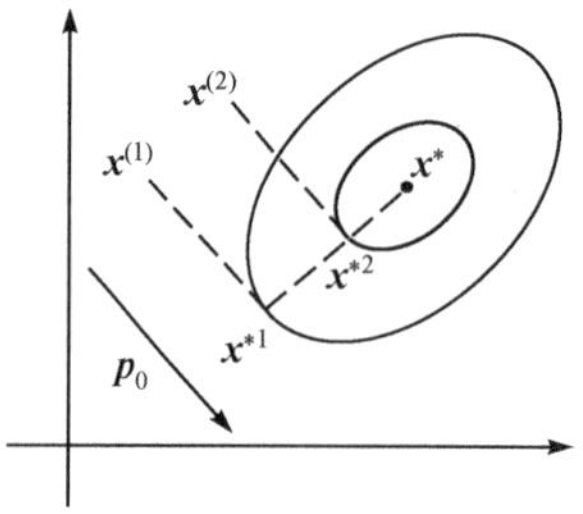

图 5.5

取方向 $\boldsymbol{p}_1$，使得 $\boldsymbol{p}_1 /\!/ (\boldsymbol{x}^{*2}-\boldsymbol{x}^{*1})$，则从 $\boldsymbol{x}^{(1)}$ 或 $\boldsymbol{x}^{(2)}$ 出发，分别沿 $\boldsymbol{p}_0$，$\boldsymbol{p}_1$ 进行一维搜索就可得到极小点. 对 n 维情形，有如下定理：

定理 5.16 对 n 维正定二次函数 $f(\boldsymbol{x})$，设 $\boldsymbol{p}_0$，$\boldsymbol{p}_1$，…，$\boldsymbol{p}_{k-1}$ $(k<n)$ 是 H 共轭的，分别沿任意的不同两点 $\boldsymbol{x}^{(0)}$，$\boldsymbol{y}^{(0)}$ 出发，依次沿 $\boldsymbol{p}_0$，$\boldsymbol{p}_1$，…，$\boldsymbol{p}_{k-1}$ 作一维搜索，最后的极小点为 $\boldsymbol{x}^{(k)}$，$\boldsymbol{y}^{(k)}$，若 $\boldsymbol{x}^{(k)}\neq\boldsymbol{y}^{(k)}$，则 $\boldsymbol{y}^{(k)}-\boldsymbol{x}^{(k)}$ 与 $\boldsymbol{p}_0$，$\boldsymbol{p}_1$，…，$\boldsymbol{p}_{k-1}$ 是 $\boldsymbol{H}$ 共轭的，即

$$(\boldsymbol{y}^{(k)}-\boldsymbol{x}^{(k)})^{\mathrm{T}}\boldsymbol{H}\boldsymbol{p}_i=0, \quad i=0,1,2,\cdots,k-1$$

证明 略.

定理 5.16 的结论说明，对二次函数优化问题(5.8)，通过不同起点沿同一方向求极小点的方法可产生共轭方向. Powell 方法的基本思想如下：先依次沿给定的 n 个线性无关的方向 $\boldsymbol{p}_0$，$\boldsymbol{p}_1$，…，$\boldsymbol{p}_{n-1}$ 作一维搜索，再沿由这一阶段的起点到第 n 次搜索所得到点的连线方向 $\boldsymbol{p}_n$ 作一次一维搜索，并将所得到的点作为下一阶段的起点，下一阶段的搜索方向为 $\boldsymbol{p}_1$，$\boldsymbol{p}_2$，…，$\boldsymbol{p}_n$.

算法 5.16(Powell 原始算法) 给定初值 $\boldsymbol{x}^{(0)}$，n 个线性无关的单位坐标向量 $\boldsymbol{e}_1$，$\boldsymbol{e}_2$，…，$\boldsymbol{e}_n$，误差精度 $\varepsilon>0$.

(1) 令 $\boldsymbol{p}_k\leftarrow e_{k+1}$ $(k=0,1,2,\cdots,n-1)$；

(2) 依次沿 $\boldsymbol{p}_k$ $(k=0,1,2,\cdots,n-1)$ 作一维搜索得到步长 t_k，使得 $f(\boldsymbol{x}^{(k)}+t_k\boldsymbol{p}_k)=\min f(\boldsymbol{x}^{(k)}+t\boldsymbol{p}_k)$，令

$$\boldsymbol{p}_n=\frac{\boldsymbol{x}_n-\boldsymbol{x}_0}{\|\boldsymbol{x}_n-\boldsymbol{x}_0\|},\quad \boldsymbol{p}_k\leftarrow\boldsymbol{p}_{k+1},k=0,1,2,\cdots,n-1$$

(3) 作一维搜索 $f(\boldsymbol{x}^{(n)}+t_n\boldsymbol{p}_{n-1})=\min f(\boldsymbol{x}^{(n)}+t\boldsymbol{p}_{n-1})$，令 $\boldsymbol{x}^{(n+1)}\leftarrow\boldsymbol{x}^{(n)}+t_n\boldsymbol{p}_{n-1}$；

(4) 若 $\|\boldsymbol{x}^{(n+1)}-\boldsymbol{x}^{(0)}\|<\varepsilon$，计算并输出 $\boldsymbol{x}^*=\boldsymbol{x}^{(k+1)}$；否则，转(5)；

(5) $\boldsymbol{x}^{(0)}\leftarrow\boldsymbol{x}^{(n+1)}$，转(2).

例 5.11 用 Powell 原始算法求解

$$\min f(\boldsymbol{x})=(x_1+x_2)^2+(x_1-1)^2$$

解 取

$$\boldsymbol{x}^{(0)}=(2,1)^{\mathrm{T}},\quad \boldsymbol{p}_0=(1,0)^{\mathrm{T}},\quad \boldsymbol{p}_1=(0,1)^{\mathrm{T}}$$

第一轮迭代：$f(\boldsymbol{x}^{(0)}+t\boldsymbol{p}_0)=(3+t)^2+(1+t)^2$，由 $\frac{\mathrm{d}f}{\mathrm{d}t}=0$ 得 $t_0=-2$，$\boldsymbol{x}^{(1)}=\boldsymbol{x}^{(0)}+t_0\boldsymbol{p}_0=(0,1)^{\mathrm{T}}$. $f(\boldsymbol{x}^{(1)}+t\boldsymbol{p}_1)=(1+t)^2+1$，由 $\frac{\mathrm{d}f}{\mathrm{d}t}=0$ 得 $t_1=-1$，$\boldsymbol{x}^{(2)}=\boldsymbol{x}^{(1)}+t_1\boldsymbol{p}_1=(0,0)^{\mathrm{T}}$. 令 $\boldsymbol{p}_2=\boldsymbol{x}^{(2)}-\boldsymbol{x}^{(0)}=(-2,-1)^{\mathrm{T}}$. $f(\boldsymbol{x}^{(2)}+t\boldsymbol{p}_2)=(-3t)^2+(-2t-1)^2$，由 $\frac{\mathrm{d}f}{\mathrm{d}t}=0$ 得 $t_2=-\frac{2}{13}$，从而得解 $\boldsymbol{x}^{(3)}=\boldsymbol{x}^{(2)}+t_2\boldsymbol{p}_2=\left(\frac{4}{13},\frac{2}{13}\right)^{\mathrm{T}}$

第二轮迭代：取

$$\bar{\boldsymbol{p}}_0=(0,1)^{\mathrm{T}},\quad \bar{\boldsymbol{p}}_1=(-2,-1)^{\mathrm{T}},\quad \bar{\boldsymbol{x}}^{(0)}=\left(\frac{4}{13},\frac{2}{13}\right)^{\mathrm{T}}$$

$f(\bar{\boldsymbol{x}}^{(0)}+t\bar{\boldsymbol{p}}_0)=\left(\frac{6}{13}+t\right)^2+\left(-\frac{9}{13}\right)^2$，由 $\frac{\mathrm{d}f}{\mathrm{d}t}=0$ 得 $\bar{t}_0=-\frac{6}{13}$，$\bar{\boldsymbol{x}}^{(1)}=\bar{\boldsymbol{x}}^{(0)}+\bar{t}_0\bar{\boldsymbol{p}}_0=\left(\frac{4}{13},-\frac{4}{13}\right)^{\mathrm{T}}$.

$f(\bar{\boldsymbol{x}}^{(1)}+t\bar{\boldsymbol{p}}_1)=(-3t)^2+\left(-\frac{9}{13}-2t\right)^2$，由 $\frac{\mathrm{d}f}{\mathrm{d}t}=0$ 得 $\bar{t}_1=-\frac{18}{169}$，$\bar{\boldsymbol{x}}^{(2)}=\bar{\boldsymbol{x}}^{(1)}+\bar{t}_1\bar{\boldsymbol{p}}_1=\left(\frac{88}{169},-\frac{34}{169}\right)^{\mathrm{T}}$.

令 $\bar{\boldsymbol{p}}_2=\bar{\boldsymbol{x}}^{(2)}-\bar{x}^{(0)}=\left(\frac{36}{169},-\frac{60}{169}\right)^{\mathrm{T}}$，$f(\bar{\boldsymbol{x}}^{(2)}+t\bar{\boldsymbol{p}}_2)=\left(\frac{54}{169}-\frac{24}{169}t\right)^2+\left(-\frac{81}{169}+\frac{36}{169}t\right)^2$，由 $\frac{\mathrm{d}f}{\mathrm{d}t}=0$ 得 $\bar{t}_2=\frac{9}{4}$，从而得最优解 $\bar{\boldsymbol{x}}^{(3)}=\bar{\boldsymbol{x}}^{(2)}+\bar{t}_2\bar{\boldsymbol{p}}_2=(1,-1)^{\mathrm{T}}$.

例 5.12 用 Powell 原始算法求解

$$\min f(\boldsymbol{x})=x_1^2+x_2^2$$

解 取 $\boldsymbol{x}^{(0)}=(1,1)^{\mathrm{T}}$，$\boldsymbol{p}_0=(1,-1)^{\mathrm{T}}$，$p_1=(0,1)^{\mathrm{T}}$

第一轮迭代：$f(\boldsymbol{x}^{(0)}+t\boldsymbol{p}_0)=(1+t)^2+(1-t)^2$，由$\dfrac{\mathrm{d}f}{\mathrm{d}t}=0$得$t_0=0$，$\boldsymbol{x}^{(1)}=\boldsymbol{x}^{(0)}+t_0\boldsymbol{p}_0=(1,1)^{\mathrm{T}}$. $f(\boldsymbol{x}^{(1)}+t\boldsymbol{p}_1)=1+(1+t)^2$，由$\dfrac{\mathrm{d}f}{\mathrm{d}t}=0$，得$t_1=-1$，$\boldsymbol{x}^{(2)}=\boldsymbol{x}^{(1)}+t_1\boldsymbol{p}_1=(1,0)^{\mathrm{T}}$. 令$\boldsymbol{p}_2=\boldsymbol{x}^{(2)}-\boldsymbol{x}^{(0)}=(0,-1)^{\mathrm{T}}$，$f(\boldsymbol{x}^{(2)}+t\boldsymbol{p}_2)=1+t^2$，由$\dfrac{\mathrm{d}f}{\mathrm{d}t}=0$得$t_2=0$，$\boldsymbol{x}^{(3)}=\boldsymbol{x}^{(2)}+t_2\boldsymbol{p}_2=(1,0)^{\mathrm{T}}$.

第二轮迭代：取

$$\bar{\boldsymbol{p}}_0=(0,1)^{\mathrm{T}},\quad \bar{p}_1=(0,-1)^{\mathrm{T}}$$

从第二轮迭代开始，一切搜索均在直线$x_1=1$上进行，并且$\boldsymbol{x}^{(2)}=(1,0)^{\mathrm{T}}$已是问题在直线上唯一的最优解，也即对此例而言，利用原始 Powell 方法求解失败.

5.7.2 改进的 Powell 方法

由定理 5.16 的结论，对二次函数优化问题(5.8)，Powell 原始算法各阶段的起点和终点所确定的向量是彼此共轭的，故至多经过n个阶段的迭代即可得到极小点. 但在实际计算时，Powell 原始算法并不能保证各次迭代中的前n个搜索方向是线性无关的，这样就导致了如例 5.12 所示的计算失败.

究其原因，是 Powell 原始算法的每个阶段都是固定地用产生的搜索方向$\boldsymbol{x}^{(n)}-\boldsymbol{x}^{(0)}$替换原向量组的第一个向量$\boldsymbol{p}_0$，而不去考查这种替换的效果. 改进的 Powell 方法是放弃逐个替换搜索方向的原则，是在$\boldsymbol{x}^{(n)}-\boldsymbol{x}^{(0)}$，$\boldsymbol{p}_0$，$\boldsymbol{p}_1$，…，$\boldsymbol{p}_{n-1}$这$n+1$个方向中选出$n$个最接近共轭的方向. Powell 找到了满足上述原则的较简单方法，推导过程参见《无约束最优化计算方法》(邓乃扬等，1982).

算法 5.17(改进的 Powell 方法)　给定初始点$\boldsymbol{x}^{(0)}$，n个线性无关的向量，$\boldsymbol{p}_1,\cdots,\boldsymbol{p}_n$，误差精度$\varepsilon>0$，$k\leftarrow 1$.

(1) 计算$f_0=f(\boldsymbol{x}^{(0)})$；

(2) 一维搜索求t_{k-1}满足$f(\boldsymbol{x}^{(k-1)}+t_{k-1}\boldsymbol{p}_k)=\min f(\boldsymbol{x}^{(k-1)}+t\boldsymbol{p}_k)$，令$\boldsymbol{x}^{(k)}\leftarrow\boldsymbol{x}^{(k-1)}+t_{k-1}\boldsymbol{p}_k$，$f_k\leftarrow f(\boldsymbol{x}^{(k)})$；

(3) 若$k=n$，则转(4)；若$k<n$，则令$k\leftarrow k+1$，转(2)；

(4) 若$\|\boldsymbol{x}^{(n)}-\boldsymbol{x}^{(0)}\|<\varepsilon$，则停止计算并输出$\boldsymbol{x}^*=\boldsymbol{x}^{(n)}$；否则，转(5)；

(5) 令$\Delta=\max\limits_{0\leqslant k\leqslant n-1}(f_k-f_{k+1})=f_m-f_{m+1}$，$f^*=f(2\boldsymbol{x}_n-\boldsymbol{x}_0)$；

(6) 若$f^*\geqslant f_0$或$(f_0+f^*-2f_n)(f_0-f_n-\Delta)^2>\dfrac{1}{2}(f_0-f^*)\Delta$，则搜索方向$\boldsymbol{p}_1,\boldsymbol{p}_2,\cdots,\boldsymbol{p}_n$不变，令$\boldsymbol{x}^{(0)}\leftarrow\boldsymbol{x}^{(n)}$，$f_0\leftarrow f(\boldsymbol{x}^{(n)})$，$k\leftarrow 1$，转(2)；否则，转(7)；

(7) 令$\boldsymbol{p}_k\leftarrow\boldsymbol{p}_k\ (k=1,2,\cdots,m)$，$\boldsymbol{p}_k\leftarrow p_{k+1}\ (k=m+1,\cdots,n-1)$，$\boldsymbol{p}_n\leftarrow\dfrac{\boldsymbol{x}^{(n)}-x^{(0)}}{\|\boldsymbol{x}^{(n)}-\boldsymbol{x}^{(0)}\|}$；

(8) 一维搜索求 $\bar{t}$ 满足 $f(\boldsymbol{x}^{(n)}+\bar{t}\boldsymbol{p}_n)=\min f(\boldsymbol{x}^{(n)}+t\boldsymbol{p}_n)$，令 $\boldsymbol{x}^{(0)}\leftarrow\boldsymbol{x}^{(n)}+\bar{t}\boldsymbol{p}_n$，$f_0\leftarrow f(\boldsymbol{x}^{(0)})$，$k\leftarrow 1$，转(2).

例 5.13 用改进的 Powell 方法求解

$$\min f(\boldsymbol{x})=x_1^2+x_2^2$$

解 仍取

$$\boldsymbol{x}^{(0)}=(1,1)^{\mathrm{T}},\quad \boldsymbol{p}_1=(1,-1)^{\mathrm{T}},\quad \boldsymbol{p}_2=(0,1)^{\mathrm{T}}$$

第一轮迭代：$f_0=f(\boldsymbol{x}^{(0)})=2$，$f(\boldsymbol{x}^{(0)}+t\boldsymbol{p}_1)=(1+t)^2+(1-t)^2$，由 $\frac{\mathrm{d}f}{\mathrm{d}t}=0$ 得 $t_0=0$，$\boldsymbol{x}^{(1)}=\boldsymbol{x}^{(0)}+t_0\boldsymbol{p}_1=(1,1)^{\mathrm{T}}$. $f_1=f(\boldsymbol{x}^{(1)})=2$，$f(\boldsymbol{x}^{(1)}+t\boldsymbol{p}_2)=1+(1+t)^2$，由 $\frac{\mathrm{d}f}{\mathrm{d}t}=0$ 得 $t_1=-1$，$\boldsymbol{x}^{(2)}=\boldsymbol{x}^{(1)}+t_1\boldsymbol{p}_2=(1,0)^{\mathrm{T}}$，　$f_2=f(\boldsymbol{x}^{(2)})=1$，$f_0-f_1=0$，$f_1-f_2=1$，$\Delta=\max\{0,1\}=1$，$m=1$. $f^*=f(2\boldsymbol{x}^{(2)}-\boldsymbol{x}^{(0)})=2$，$(f_0-2f_2+f^*)(f_0-f_2-\Delta)^2=0$，$\frac{1}{2}(f_0-f^*)^2\Delta=0$，$f^*\geqslant f_0$ 成立，故不改变搜索方向.

第二轮迭代：$\boldsymbol{x}^{(0)}=\boldsymbol{x}^{(2)}=(1,0)^{\mathrm{T}}$，$f_0=f(\boldsymbol{x}^{(2)})=1$，$f(\boldsymbol{x}^{(0)}+t\boldsymbol{p}_1)=(1+t)^2+t^2$，由 $\frac{\mathrm{d}f}{\mathrm{d}t}=0$ 得 $t_0=-\frac{1}{2}$，$\boldsymbol{x}^{(1)}=\boldsymbol{x}^{(0)}+t_0\boldsymbol{p}_1=\left(\frac{1}{2},\frac{1}{2}\right)^{\mathrm{T}}$. $f_1=f(\boldsymbol{x}^{(1)})=\frac{1}{2}$，$f(\boldsymbol{x}^{(1)}+t\boldsymbol{p}_2)=\frac{1}{4}+\left(t+\frac{1}{2}\right)^2$，由 $\frac{\mathrm{d}f}{\mathrm{d}t}=0$ 得 $t_1=-\frac{1}{2}$，$\boldsymbol{x}^{(2)}=\boldsymbol{x}^{(1)}+t_1\boldsymbol{p}_2=\left(\frac{1}{2},0\right)^{\mathrm{T}}$. $f_2=f(\boldsymbol{x}^{(2)})=\frac{1}{4}$，$f_0-f_1=\frac{1}{2}$，$f_1-f_2=\frac{1}{4}$，　$\Delta=\max\left\{\frac{1}{2},\frac{1}{4}\right\}=\frac{1}{2}$，$m=0$，$f^*=f(2\boldsymbol{x}^{(2)}-\boldsymbol{x}^{(0)})=0$，$(f_0-2f_2+f^*)(f_0-f_2-\Delta)^2=\frac{1}{32}$，$\frac{1}{2}(f_0-f^*)^2\Delta=\frac{1}{4}$. 由 $f^*<f_0$ 且 $(f_0-2f_2+f^*)(f_0-f_2-\Delta)^2<\frac{1}{2}(f_0-f^*)^2\Delta$，需调整搜索方向.

第三轮迭代：$\boldsymbol{p}_1=(0,1)^{\mathrm{T}}$，$\boldsymbol{p}_2=\dfrac{\boldsymbol{x}^{(2)}-\boldsymbol{x}^{(0)}}{\|\boldsymbol{x}^{(2)}-\boldsymbol{x}^{(0)}\|}=(-1,0)^{\mathrm{T}}$，$f(\boldsymbol{x}^{(2)}+t\boldsymbol{p}_2)=\left(\frac{1}{2}-t\right)^2$，由 $\frac{\mathrm{d}f}{\mathrm{d}t}=0$ 得 $\bar{t}=\frac{1}{2}$，$\boldsymbol{x}^{(3)}=\boldsymbol{x}^{(2)}+\bar{t}\,\boldsymbol{p}_2=(0,0)^{\mathrm{T}}$，从而得最优解为 $\boldsymbol{x}^*=(0,0)^{\mathrm{T}}$.

从例 5.13 的计算过程来看，改进的 Powell 方法虽然不再具有二次截止时，但其计算结果还是令人满意的.

习　题　5

5.1　利用最优性条件求解

$$\min f(\boldsymbol{x})=\frac{1}{3}x_1^3+\frac{1}{3}x_2^3-x_2^2-x_1$$

5.2　试判断下列非线性规划是否为凸规划：

(1) $\min f(\boldsymbol{x})=x_1^2+x_2^2+8$　　(2) $\min f(\boldsymbol{x})=x_1^2+x_2^2+x_3^2-x_1x_2$

$$\text{s. t.} \begin{cases} x_1-x_2\geqslant 0 \\ -x_1-x_2^2=-2 \\ x_1,x_2\geqslant 0 \end{cases} \qquad \text{s. t.} \begin{cases} x_1^2+x_2^2\leqslant 4 \\ 5x_1^2+x_3=10 \\ x_1,x_2,x_3\geqslant 0 \end{cases}$$

5.3 分别用二分法、Newton 法、试探法、黄金分割法、Fibonacci 方法在区间[0,3]上求解如下问题:

(1) $\min f(\boldsymbol{x})=x^3-6x^2+3x+7$; (2) $\min f(\boldsymbol{x})=x^3-2x^2+x-5$.

5.4 用最速下降法求解

$$\min f(\boldsymbol{x})=(x_1-2)^2+2x_2^2$$

5.5 求 $f(\boldsymbol{x})=x_1^2-3x_1x_2+x_2^2+2x_1-x_2$ 在点$(1,-3)^{\mathrm{T}}$处的最速下降方向和 Newton 方向.

5.6 用阻尼 Newton 法求解如下问题,取初值 $\boldsymbol{x}^{(0)}=(0,0)^{\mathrm{T}}$,精度 $\varepsilon=10^{-6}$,并说明原因.

(1) $\min f(\boldsymbol{x})=2x_1^2+x_2^2+2x_1x_2+x_1-x_2$; (2) $\min f(\boldsymbol{x})=x_1^4+x_1x_2+(x_2+1)^2$.

5.7 对问题 $\min f(\boldsymbol{x})=x_1^2+\dfrac{1}{2}x_2^2+\dfrac{1}{2}x_3^2$,取初始点$(1,1,1)^{\mathrm{T}}$和初始方向$(-1,-2,0)^{\mathrm{T}}$,用 Fletcher-Reeves 法构造两个搜索方向,并考查这三个方向是否为共轭方向.

5.8 用共轭梯度法求下列无约束极值问题,取初值 $\boldsymbol{x}^{(0)}=(0,0)^{\mathrm{T}}$,精度 $\varepsilon=10^{-6}$:

(1) $\min f(\boldsymbol{x})=(x_1-1)^2+2(x_2-x_1^2)^2$; (2) $\min f(\boldsymbol{x})=2x_1^2+2x_1x_2+x_2^2+x_1-x_2$.

5.9 用 DFP 方法求解下列问题:

$$\min f(\boldsymbol{x})=2x_1^2+x_2^2-x_1+3$$

5.10 用 Powell 方法求解 $\min f(\boldsymbol{x})=2x_1^2+x_2-2x_1x_2-4x_2$,取初值 $\boldsymbol{x}^{(0)}=(1,1)^{\mathrm{T}}$,搜索方向为$(1,0)^{\mathrm{T}}$,$(0,1)^{\mathrm{T}}$.

5.11 分别用 Powell 方法和改进的 Powell 方法求解如下问题:

$$\min f(\boldsymbol{x})=(x_1+x_2-x_3)^2+(x_1-x_2+x_3)^2+(-x_1+x_2+x_3)^2$$

取初始点 $\boldsymbol{x}^{(0)}=(0.5,1,0.5)^{\mathrm{T}}$,搜索方向为$(1,0,0)^{\mathrm{T}}$,$(0,1,0)^{\mathrm{T}}$,$(0,0,1)^{\mathrm{T}}$.

第6章　约束非线性规划

约束非线性规划(constrainned nonlinear programming)问题是应用中经常遇到的一类数学规划问题，广泛存在于经济、交通、能源、管理以及技术领域中. 因此，研究的人较多，提供的方法也较多，但目前还没有一种对所有问题都普遍有效的方法，而且求得的解多是局部最优解.

例6.1　设有一个半球形与圆柱形相接的构件，建立在构件体积一定的条件下，确定构件的尺寸，使其表面积最小的数学模型.

解　设圆柱形底半径为 x_1，高为 x_2，构件体积为 V_0，则有如下约束非线性规划问题：

$$\min S=3\pi x_1^2+2\pi x_1x_2$$

$$\text{s. t.}\quad \begin{cases}\dfrac{2}{3}\pi x_1^3+\pi x_1^2x_2=V_0\\ x_1,x_2\geqslant 0\end{cases}$$

例6.2　设有半径为 r 的圆，建立使圆内接三角形面积最大的数学模型.

解　设圆内接三角形的顶点与圆心连线组成的三个圆心角分别为 x_1,x_2,x_3，则有如下约束非线性规划问题：

$$\max S=\frac{1}{2}r^2(\sin x_1+\sin x_2+\sin x_3)$$

$$\text{s. t.}\quad \begin{cases}x_1+x_2+x_3=2\pi\\ x_1,x_2,x_3>0\end{cases}$$

本章考查的约束非线性规划问题为

$$\min f(\boldsymbol{x}),\quad \boldsymbol{x}\in\mathbf{R}^n$$

$$\text{s. t.}\quad \begin{cases}g_i(\boldsymbol{x})\leqslant 0, & i=1,2,\cdots,m\\ h_j(\boldsymbol{x})=0, & j=1,2,\cdots,l\end{cases}\tag{6.1}$$

也称(6.1)为数学规划(mathematical programming). 称 $g_i(\boldsymbol{x})\leqslant 0(i=1,2,\cdots,m)$ 为不等式约束，$h_j(\boldsymbol{x})=0(j=1,2,\cdots,l)$ 为等式约束. 称集合 $D=\{\boldsymbol{x}\mid g_i(\boldsymbol{x})\leqslant 0,h_j(\boldsymbol{x})=0,i=1,2,\cdots,m;j=1,2,\cdots,l\}$ 为问题(6.1)的可行域.

若问题(6.1)中的 f, $g_i(i=1,2,\cdots,m)$ 是凸函数，$h_j(j=1,2,\cdots,l)$ 是线性函数，则称(6.1)为凸规划(convex programming).

对约束非线性规划问题(6.1)来说，目标函数 $f(\boldsymbol{x})$ 在 $\mathbf{R}^n$ 中的驻点可能不在可行域 D 内，因此，一般不能用无约束问题的方法来求解(6.1)，必须寻找相应的求解方法.

定义 6.1 设 $\boldsymbol{x}^* \in D$,对向量 $\boldsymbol{p} \neq 0$,若存在实数 $t>0$,使得 $\boldsymbol{x}^*+t\boldsymbol{p} \in D$,则称向量 $\boldsymbol{p}$ 为 $\boldsymbol{x}^*$ 处关于可行域 D 的可行方向;若 $\boldsymbol{p}$ 既是可行方向又是下降方向,则称 $\boldsymbol{p}$ 为可行下降方向.

6.1 约束非线性规划问题的最优性条件

6.1.1 不等式约束问题的最优性条件

考查不等式约束(inequality constraint)非线性规划问题

$$\begin{aligned} &\min f(\boldsymbol{x}), \boldsymbol{x} \in \mathbf{R}^n \\ &\text{s. t.} \quad g_i(\boldsymbol{x}) \leqslant 0, \quad i=1,2,\cdots,m \end{aligned} \tag{6.2}$$

记 $D_1=\{\boldsymbol{x} \mid g_i(\boldsymbol{x}) \leqslant 0, i=1,2,\cdots,m\}$,称 D_1 为问题(6.2)的可行域.

定义 6.2 设 $\boldsymbol{x}^* \in D$,若对某个 i 有 $g_i(\boldsymbol{x}^*)=0$,则称 $g_i(\boldsymbol{x}) \leqslant 0$ 为问题(6.2)在点 $\boldsymbol{x}^*$ 处的起作用约束(active constraint),也称之为有效约束或积极约束.

记 $I(\boldsymbol{x}^*)=\{i \mid g_i(\boldsymbol{x}^*)=0\}$为起作用约束的下标集,简记为 I.

若 $g_i(\boldsymbol{x}^*)<0$,则称 $g_i(\boldsymbol{x}) \leqslant 0$ 为问题(6.2)在点 $\boldsymbol{x}^*$ 处的不起作用约束(inactive constraint).

如图 6.1 所示,在 $\boldsymbol{x}_1^*$ 处,$g_1(\boldsymbol{x})$,$g_2(\boldsymbol{x})$是起作用约束,$g_3(\boldsymbol{x})$是不起作用约束;在 $\boldsymbol{x}_2^*$ 处,$g_1(\boldsymbol{x})$,$g_2(\boldsymbol{x})$,$g_3(\boldsymbol{x})$都是不起作用约束.

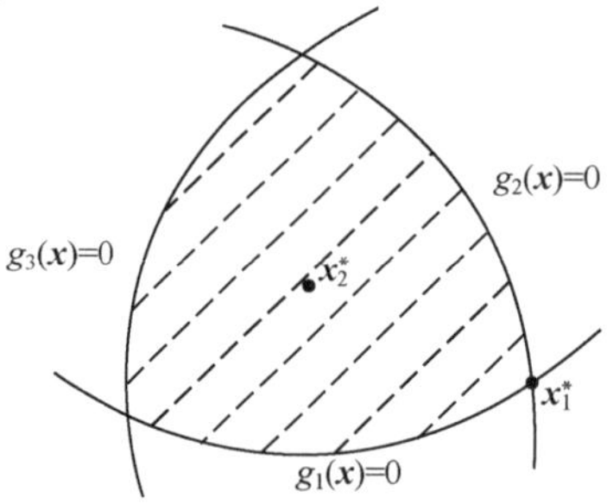

图 6.1

对于不起作用约束来说,变量 $\boldsymbol{x}$ 沿任何方向做微小移动都能满足约束条件;而对于起作用约束来说,当变量 $\boldsymbol{x}$ 沿某些方向做微小移动时能满足约束条件,沿另外一些方向做微小移动将违背约束条件.由此,研究某点处的可行方向时,只需考查该点处的起作用约束即可,对不起作用约束可以暂时不予以考虑.

例 6.3 用图解法求解下列问题,并指出最优解处的起作用约束,求出目标函数的最优值:

(1) $\max f(\boldsymbol{x})=x_1^2+x_2^2$

$$\text{s. t.} \begin{cases} x_1+x_2 \geqslant 1 \\ x_1 \leqslant 1 \\ x_2 \leqslant 1 \end{cases}$$

(2) $\min f(\boldsymbol{x})=(x_1-2)^2+x_2^2$

$$\text{s. t.} \begin{cases} x_1^2+x_2^2 \leqslant 1 \\ x_1 \geqslant 0 \\ x_2 \geqslant 0 \end{cases}$$

解 (1) 原问题可化为

$$\max f(\boldsymbol{x})=x_1^2+x_2^2$$

$$\text{s. t.}\begin{cases}g_1(\boldsymbol{x})=1-x_1-x_2\leqslant 0\\ g_2(\boldsymbol{x})=x_1-1\leqslant 0\\ g_3(\boldsymbol{x})=x_2-1\leqslant 0\end{cases}$$

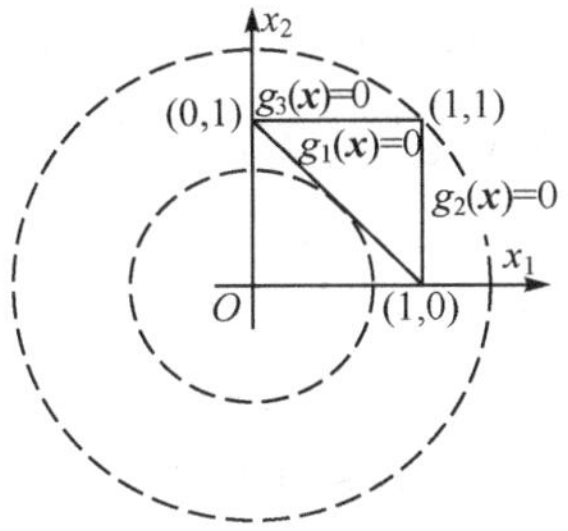

图 6.2

如图 6.2 所示，最优解为 $\boldsymbol{x}^*=(1,1)^{\mathrm{T}}$，最优值为 $f(\boldsymbol{x}^*)=2$，$g_2(\boldsymbol{x})$，$g_3(\boldsymbol{x})$为 $\boldsymbol{x}^*$ 处的起作用约束.

(2) 原问题化为

$$\min f(\boldsymbol{x})=(x_1-2)^2+x_2^2$$

$$\text{s. t.}\begin{cases}g_1(\boldsymbol{x})=x_1^2+x_2^2-1\leqslant 0\\ g_2(\boldsymbol{x})=-x_1\leqslant 0\\ g_3(\boldsymbol{x})=-x_2\leqslant 0\end{cases}$$

如图 6.3 所示，最优解为 $\boldsymbol{x}^*=(1,0)^{\mathrm{T}}$，最优值为 $f(\boldsymbol{x}^*)=1$，$g_1(\boldsymbol{x})$，$g_2(\boldsymbol{x})$为 $\boldsymbol{x}^*$ 处的起作用约束.

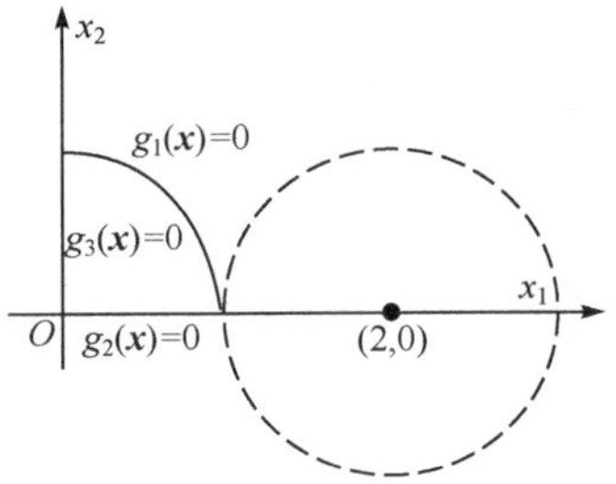

图 6.3

定理 6.1(Fritz-John 必要条件) 设 $\boldsymbol{x}^*\in D_1$，$I=\{i\,|\,g_i(\boldsymbol{x}^*)=0\}$，$f,g_i(i\in I)$在 $\boldsymbol{x}^*$ 可微，$g_i(i\notin I)$在 $\boldsymbol{x}^*$ 处连续，若 $\boldsymbol{x}^*$ 是不等式约束问题(6.2)的最优解，则存在不全为零的非负实数 $\lambda_0^*,\lambda_i^*(i\in I)$，使得

$$\lambda_0^*\ \nabla f(\boldsymbol{x}^*)+\sum_{i\in I}\lambda_i^*\ \nabla g_i(\boldsymbol{x}^*)=0$$

证明 略.

例 6.4 验证最优化问题

$$\min f(\boldsymbol{x})=(x_1-7)^2+(x_2-3)^2$$

$$\text{s. t.}\begin{cases}g_1(\boldsymbol{x})=x_1^2+x_2^2-10\leqslant 0\\ g_2(\boldsymbol{x})=x_1+x_2-4\leqslant 0\\ g_3(\boldsymbol{x})=-x_2\leqslant 0\end{cases}$$

在最优解 $\boldsymbol{x}^*=(3,1)^{\mathrm{T}}$ 处的 Fritz-John 条件成立.

解 在点 $\boldsymbol{x}^*=(3,1)^{\mathrm{T}}$ 处，$g_1(\boldsymbol{x})$，$g_2(\boldsymbol{x})$是起作用约束，即 $I=\{1,2\}$，并且 $\nabla f(\boldsymbol{x}^*)=(-8,-4)^{\mathrm{T}}$，$\nabla g_1(\boldsymbol{x}^*)=(6,2)^{\mathrm{T}}$，$\nabla g_2(\boldsymbol{x}^*)=(1,1)^{\mathrm{T}}$. 取 $\lambda_0=1,\lambda_1=1$，$\lambda_2=2$，便有 Fritz-John 条件成立.

需要注意的是，定理 6.1 是最优解的必要条件，而不是充分条件，如对最优化问题

$$\min f(\boldsymbol{x})=(x_1-1)^2+(x_2-1)^2$$

$$\text{s. t.}\begin{cases}g_1(\boldsymbol{x})=(x_1+x_2-1)^3\leqslant 0\\ g_2(\boldsymbol{x})=-x_1\leqslant 0\\ g_3(\boldsymbol{x})=-x_2\leqslant 0\end{cases}$$

直线 $x_1+x_2=1$ 上所有的可行点都满足定理 6.1 的条件，但仅有点 $\left(\frac{1}{2},\frac{1}{2}\right)^{\mathrm{T}}$ 是最优解，其余点都不是最优解.

在定理 6.1 中，若 $\lambda_0^*=0$，则 Fritz-John 必要条件中就不含目标函数的信息了，这样的最优性条件就没有多大的价值. 为了保证 $\lambda_0^*\neq 0$，需对约束条件加以适当的限制条件，称之为约束规格(constraint qualification)，在非线性规划的研究中，有着各种不同的约束规格，其中非常著名的 Kuhn-Tucker 条件是增加起作用约束梯度向量线性无关的约束规格，它是 Kuhn 和 Tucker 于 1951 年提出的，简称为 K-T 条件.

定理 6.2(Kuhn-Tucker 条件)　设 $\boldsymbol{x}^*\in D_1$，f，$g_i(i\in I)$在 $\boldsymbol{x}^*$ 处可微，$g_i(i\notin I)$在 $\boldsymbol{x}^*$ 连续，$\{\nabla g_i(x^*)\mid i\in I\}$线性无关，若 $\boldsymbol{x}^*$ 是不等式约束问题(6.2)的最优解，则存在 $\lambda_i^*\geqslant 0(i\in I)$，使得

$$\nabla f(\boldsymbol{x}^*)+\sum_{i\in I}\lambda_i^*\,\nabla g_i(\boldsymbol{x}^*)=0$$

证明　由定理 6.1，存在不全为零的非负实数 λ_0，$\lambda_i(i\in I)$，使得

$$\lambda_0\,\nabla f(\boldsymbol{x}^*)+\sum_{i\in I}\lambda_i\,\nabla g_i(\boldsymbol{x}^*)=0$$

若 $\lambda_0=0$，则 $\lambda_i(i\in I)$不全为零，于是得出$\{\nabla g_i(\boldsymbol{x}^*)\mid i\in I\}$线性相关，与已知条件矛盾，故 $\lambda_0>0$. 令 $\lambda_i^*=\dfrac{\lambda_i}{\lambda_0}$，就有

$$\nabla f(\boldsymbol{x}^*)+\sum_{i\in I}\lambda_i^*\,\nabla g_i(\boldsymbol{x}^*)=0,\quad \lambda_i^*\geqslant 0, i\in I$$

称满足 Kuhn-Tucker 条件的点为 Kuhn-Tucker 点. 在定理 6.2 中，若增加条件：$g_i(i\notin I)$在 x^* 可微，则有如下等价形式的 Kuhn-Tucker 条件：

$$\begin{cases}\nabla f(\boldsymbol{x}^*)+\displaystyle\sum_{i=1}^{m}\lambda_i^*\,\nabla g_i(\boldsymbol{x}^*)=0\\ \lambda_i^*g_i(\boldsymbol{x}^*)=0,\quad i=1,2,\cdots,m\\ \lambda_i^*\geqslant 0,\quad i=1,2,\cdots,m\end{cases}$$

例 6.5　对不等式约束问题

$$\min\ f(\boldsymbol{x})=(x_1-2)^2+x_2^2$$
$$\text{s. t.}\quad\begin{cases}g_1(\boldsymbol{x})=-x_1+x_2^2\leqslant 0\\ g_2(\boldsymbol{x})=x_1-x_2\leqslant 0\end{cases}$$

考查点 $\boldsymbol{x}^{(1)}=\left(\frac{1}{2},\frac{1}{2}\right)^{\mathrm{T}}$，$\boldsymbol{x}^{(2)}=(1,1)^{\mathrm{T}}$ 是否是 Kuhn-Tucker 点.

解　$\boldsymbol{x}^{(1)}$，$\boldsymbol{x}^{(2)}$是可行点，

$$\nabla f(\boldsymbol{x})=(2(x_1-2),2x_2)^{\mathrm{T}},\quad \nabla g_1(\boldsymbol{x})=(-1,2x_2)^{\mathrm{T}},\quad \nabla g_2(\boldsymbol{x})=(1,-1)^{\mathrm{T}},$$

由于在 $\boldsymbol{x}^{(1)}$处，只有 $g_2(\boldsymbol{x})$是起作用约束，方程组

$$\nabla f(\boldsymbol{x}^{(1)})+\lambda_2\nabla g_2(\boldsymbol{x}^{(1)})=\begin{pmatrix}-3\\1\end{pmatrix}+\lambda_2\begin{pmatrix}1\\-1\end{pmatrix}=0$$

无解，故 $\boldsymbol{x}^{(1)}$ 不是 Kuhn-Tucker 点.

在 $\boldsymbol{x}^{(2)}$ 处，$g_1(\boldsymbol{x})$，$g_2(\boldsymbol{x})$是起作用约束，并且$\nabla g_1(\boldsymbol{x}^{(2)})$，$\nabla g_2(\boldsymbol{x}^{(2)})$线性无关，解方程组

$$\nabla f(\boldsymbol{x}^{(2)})+\lambda_1\nabla g_1(\boldsymbol{x}^{(2)})+\lambda_2\nabla g_2(\boldsymbol{x}^{(2)})=\begin{pmatrix}-2\\2\end{pmatrix}+\lambda_1\begin{pmatrix}-1\\2\end{pmatrix}+\lambda_2\begin{pmatrix}1\\-1\end{pmatrix}=0$$

得 $\lambda_1=0,\lambda_2=2$，故 $\boldsymbol{x}^{(2)}$ 是 Kuhn-Tucker 点.

定理 6.3(充分条件) 设不等式约束问题(6.2)中 $f,g_i(i=1,2,\cdots,m)$是凸函数，f 和 $g_i(i\in I)$在点 $\boldsymbol{x}^*\in D_1$ 处可微，$g_i(i\notin I)$在 $\boldsymbol{x}^*$ 处连续，并且 $\boldsymbol{x}^*$ 是 Kuhn-Tucker 点，则 $\boldsymbol{x}^*$ 是(6.2)的全局最优解.

证明 由定理的条件，可行域 D_1 是凸集，由 $f(\boldsymbol{x})$，$g_i(\boldsymbol{x})$是凸函数和定理 5.2 的结论有

$$f(\boldsymbol{x})\geqslant f(\boldsymbol{x}^*)+\nabla f(\boldsymbol{x}^*)^{\mathrm{T}}(\boldsymbol{x}-\boldsymbol{x}^*),\quad g_i(\boldsymbol{x})\geqslant g_i(\boldsymbol{x}^*)+\nabla g_i(\boldsymbol{x}^*)^{\mathrm{T}}(\boldsymbol{x}-\boldsymbol{x}^*)$$

由约束条件 $g_i(\boldsymbol{x})\leqslant 0,g_i(\boldsymbol{x}^*)=0(i\in I)$有$\nabla g_i(\boldsymbol{x}^*)^{\mathrm{T}}(\boldsymbol{x}-\boldsymbol{x}^*)\leqslant 0(i\in I)$. 又由 Kuhn-Tucker 条件，存在 $\lambda_i\geqslant 0(i\in I)$，使得 $\nabla f(\boldsymbol{x}^*)=-\sum\limits_{i\in I}\lambda_i\nabla g_i(\boldsymbol{x}^*)$，所以有

$$f(\boldsymbol{x})\geqslant f(\boldsymbol{x}^*)-\sum_{i\in I}\lambda_i\nabla g_i(\boldsymbol{x}^*)^{\mathrm{T}}(\boldsymbol{x}-\boldsymbol{x}^*)\geqslant f(\boldsymbol{x}^*),\quad \forall\boldsymbol{x}\in D_1$$

即 $\boldsymbol{x}^*$ 是(6.2)的全局最优解.

6.1.2 等式约束问题的最优性条件

考查等式约束(equality constraint)的非线性规划问题

$$\begin{aligned}&\min f(\boldsymbol{x}),\quad \boldsymbol{x}\in\mathbf{R}^n\\&\text{s. t.}\quad h_j(\boldsymbol{x})=0,\quad j=1,2,\cdots,l\end{aligned}\tag{6.3}$$

可将等式约束问题(6.3)转化为如下不等式约束问题来考虑：

$$\begin{aligned}&\min f(\boldsymbol{x}),\quad \boldsymbol{x}\in\mathbf{R}^n\\&\text{s. t.}\quad\begin{cases}h_j(x)\leqslant 0\\-h_j(\boldsymbol{x})\leqslant 0,\quad j=1,2,\cdots,l\end{cases}\end{aligned}\tag{6.4}$$

这样，不等式约束问题(6.2)的结论就可平移到问题(6.4)中来，并得到等式约束问题(6.3)相应的结论. 当然，对等式约束问题(6.3)也可采用 Lagrange 乘数法来求解.

定义 6.3 称函数 $L(\boldsymbol{x},\boldsymbol{\lambda})=f(\boldsymbol{x})+\sum\limits_{j=1}^{l}\lambda_j h_j(\boldsymbol{x})=f(\boldsymbol{x})+\lambda^{\mathrm{T}}\boldsymbol{h}(\boldsymbol{x})$ 为等式约束问题(6.3)的 Lagrange 函数，其中 $\lambda=(\lambda_1,\lambda_2,\cdots,\lambda_l)^{\mathrm{T}}$，称为 Lagrange 乘子，$\boldsymbol{h}(\boldsymbol{x})=(h_1(x),h_2(x),\cdots,h_l(\boldsymbol{x}))^{\mathrm{T}}$.

记

$$\nabla L(\boldsymbol{x},\boldsymbol{\lambda})=\begin{pmatrix}\nabla_x L(\boldsymbol{x},\boldsymbol{\lambda})\\ \nabla_\lambda L(\boldsymbol{x},\boldsymbol{\lambda})\end{pmatrix}=\begin{pmatrix}\nabla f(\boldsymbol{x})+\sum_{j=1}^{l}\lambda_j\nabla h_j(\boldsymbol{x})\\ \boldsymbol{h}(\boldsymbol{x})\end{pmatrix}$$

$$=\begin{pmatrix}\nabla f(\boldsymbol{x})+\nabla_{l\times n}\boldsymbol{h}(\boldsymbol{x})^{\mathrm{T}}\boldsymbol{\lambda}\\ \boldsymbol{h}(\boldsymbol{x})\end{pmatrix}$$

其中

$$\nabla_{l\times n}\boldsymbol{h}(\boldsymbol{x})=\begin{pmatrix}\frac{\partial h_1(\boldsymbol{x})}{\partial x_1} & \frac{\partial h_1(\boldsymbol{x})}{\partial x_2} & \cdots & \frac{\partial h_1(\boldsymbol{x})}{\partial x_n}\\ \frac{\partial h_2(\boldsymbol{x})}{\partial x_1} & \frac{\partial h_2(\boldsymbol{x})}{\partial x_2} & \cdots & \frac{\partial h_2(\boldsymbol{x})}{\partial x_n}\\ \vdots & \vdots & & \vdots\\ \frac{\partial h_l(\boldsymbol{x})}{\partial x_1} & \frac{\partial h_l(\boldsymbol{x})}{\partial x_2} & \cdots & \frac{\partial h_l(\boldsymbol{x})}{\partial \boldsymbol{x}_n}\end{pmatrix}$$

称$\nabla_{l\times n}\boldsymbol{h}(\boldsymbol{x})$为$\boldsymbol{h}(\boldsymbol{x})$的 Jacobi 矩阵.

定义 6.4 若$\nabla L(\boldsymbol{x}^*,\boldsymbol{\lambda}^*)=0$,则称点$\begin{pmatrix}\boldsymbol{x}^*\\ \boldsymbol{\lambda}^*\end{pmatrix}$为等式约束问题(6.3)的 Lagrange点.

定理 6.4(必要条件) 设等式约束问题(6.3)中,$f,h_j(j=1,2,\cdots,l)$在点$\boldsymbol{x}^*$处的某个邻域内可微,$\boldsymbol{h}(\boldsymbol{x})$的 Jacobi 矩阵在$\boldsymbol{x}^*$的秩为$l$,若$\boldsymbol{x}^*$是(6.3)的局部最优解,则存在$\boldsymbol{\lambda}^*=(\lambda_1^*,\lambda_2^*,\cdots,\lambda_l^*)^{\mathrm{T}}$,使得

$$\nabla L(\boldsymbol{x}^*,\boldsymbol{\lambda}^*)=0$$

证明 略.

定理 6.5(充分条件) 设等式约束问题(6.3)中,$f,h_j(j=1,2,\cdots,l)$二阶连续可微,若存在$\boldsymbol{x}^*\in\mathbf{R}^n,\boldsymbol{\lambda}^*\in\mathbf{R}^l$,使得

$$\nabla L(\boldsymbol{x}^*,\boldsymbol{\lambda}^*)=0,\quad \boldsymbol{p}^{\mathrm{T}}\nabla_{xx}^2L(\boldsymbol{x}^*,\boldsymbol{\lambda}^*)\boldsymbol{p}>0 \tag{6.5}$$

其中$\boldsymbol{p}\in\mathbf{R}^n,\boldsymbol{p}\neq 0$且$\boldsymbol{p}^{\mathrm{T}}\nabla h_j(\boldsymbol{x}^*)=0(j=1,2,\cdots,l)$,则$\boldsymbol{x}^*$是等式约束问题(6.3)的严格局部最优解.

证明 略.

例 6.6 求解

$$\begin{aligned}&\max\ f(\boldsymbol{x})=2x_1x_2\\ &\text{s. t.}\quad 2x_1+x_2=4\end{aligned}$$

解 原问题可化为

$$\begin{aligned}&\min\ f(\boldsymbol{x})=-2x_1x_2\\ &\text{s. t.}\quad h(\boldsymbol{x})=2x_1+x_2-4=0\end{aligned}$$

则有 $L(\boldsymbol{x},\lambda)=-2x_1x_2+\lambda(2x_1+x_2-4)$，并且

$$\nabla L(\boldsymbol{x},\lambda)=\begin{pmatrix}-2x_2+2\lambda\\-2x_1+\lambda\\2x_1+x_2-4\end{pmatrix},\quad \nabla_{xx}^2L(\boldsymbol{x},\lambda)=\begin{pmatrix}0&-2\\-2&0\end{pmatrix}$$

令$\nabla L(x,\lambda)=0$ 有 $\boldsymbol{x}^*=(1,2)^{\mathrm{T}},\lambda^*=2$. 设向量 $\boldsymbol{p}=(p_1,p_2)^{\mathrm{T}}\neq 0$ 满足 $\boldsymbol{p}^{\mathrm{T}}\nabla h_j(\boldsymbol{x}^*)=0$，则有 $2p_1+p_2=0$，即 $p_2=-2p_1$，此时有

$$\boldsymbol{p}^{\mathrm{T}}\nabla_{xx}^2L(\boldsymbol{x}^*,\lambda^*)\boldsymbol{p}=-4p_1p_2=8p_1^2>0$$

由定理 6.5 知，点$(1,2)^{\mathrm{T}}$ 是问题的严格局部最优解.

6.1.3 混合约束问题的最优性条件

现在来考查既含不等式约束，又含等式约束的混合约束(mixed constraint)非线性规划问题(6.1). 记 $I=\{i\mid g_i(x^*)=0\}$，$J=\{1,2,\cdots,l\}$，由不等式约束问题(6.2)的结论，有如下定理：

定理 6.6(Fritz-John 必要条件) 设混合约束问题(6.1)中的 $f,g_i(i\in I)$在点 $\boldsymbol{x}^*$ 处可微，$g_i(i\notin I)$在点 $\boldsymbol{x}^*$ 连续，$h_j(j\in J)$在点 $\boldsymbol{x}^*$ 处连续可微，$\boldsymbol{x}^*$ 是(6.1)的局部最优解，则存在数 $\lambda_0^*,\lambda_i^*(i\in I),\mu_j^*(j\in J)$，使得

$$\begin{cases}\lambda_0^*\nabla f(\boldsymbol{x}^*)+\sum\limits_{i\in I}\lambda_i^*\nabla g_i(\boldsymbol{x}^*)+\sum\limits_{j\in J}\mu_j^*\nabla h_j(\boldsymbol{x}^*)=0\\ \lambda_0^*\geqslant 0,\lambda_i^*\geqslant 0(i\in I)\text{ 且 }\lambda_0^*,\lambda_i^*,\mu_j^*\text{ 不全为 }0\end{cases}$$

定理 6.7(Kuhn-Tucker 必要条件) 设混合约束问题(6.1)中的 $f,g_i(i\in I)$在点 $\boldsymbol{x}^*$ 处可微，$g_i(i\notin I)$在点 $\boldsymbol{x}^*$ 连续，$h_j(j\in J)$在点 $\boldsymbol{x}^*$ 处连续可微，并且$\nabla g_i(\boldsymbol{x}^*)(i\in I)$，$\nabla h_j(\boldsymbol{x}^*)(j\in J)$线性无关. 若 $\boldsymbol{x}^*$ 是(6.1)的局部最优解，则存在数 $\lambda_i^*(i\in I)$，$\mu_j^*(j\in J)$，使得

$$\begin{cases}\nabla f(\boldsymbol{x}^*)+\sum\limits_{i\in I}\lambda_i^*\nabla g_i(\boldsymbol{x}^*)+\sum\limits_{j\in J}\mu_j^*\nabla h_j(\boldsymbol{x}^*)=0\\ \lambda_i^*\geqslant 0,\quad i\in I\end{cases}\tag{6.6}$$

若增加 $g_i(i\notin I)$在点 $\boldsymbol{x}^*$ 处可微的条件，则 Fritz-John 条件可改写为

$$\begin{cases}\lambda_0^*\nabla f(\boldsymbol{x}^*)+\sum\limits_{i=1}^{m}\lambda_i^*\nabla g_i(\boldsymbol{x}^*)+\sum\limits_{j=1}^{l}\mu_j^*\nabla h_j(\boldsymbol{x}^*)=0\\ \lambda_i^*g_i(\boldsymbol{x}^*)=0,\quad i=1,2,\cdots,m\\ \lambda_0^*\geqslant 0,\lambda_i^*\geqslant 0\text{ 且 }\lambda_0^*,\lambda_i^*,\mu_j^*\text{ 不全为 }0\end{cases}$$

Kuhn-Tucker 条件可改写为

$$\begin{cases}\nabla f(\boldsymbol{x}^*)+\sum\limits_{i=1}^{m}\lambda_i^*\nabla g_i(\boldsymbol{x}^*)+\sum\limits_{j=1}^{l}\mu_j^*\nabla h_j(\boldsymbol{x}^*)=0\\ \lambda_i^*g_i(\boldsymbol{x}^*)=0\text{ 且 }\lambda_i^*\geqslant 0,\quad i=1,2,\cdots,m\end{cases}$$

定理 6.8(充分条件)　设混合约束问题(6.1)中的 $f, g_i(i\in I)$ 在点 $\boldsymbol{x}^*$ 处可微,$g_i(i\notin I)$ 在点 $\boldsymbol{x}^*$ 连续,$h_j(j\in J)$ 在点 $\boldsymbol{x}^*$ 处连续可微,$\boldsymbol{x}^*$ 满足 Kuhn-Tucker 条件(6.6),并且 $f, g_i(i=1,2,\cdots,m)$ 是凸函数,$h_j(j\in J)$ 是线性函数,则 $\boldsymbol{x}^*$ 是(6.1)的全局最优解.

证明　由定理的条件,可行域 D 是凸集,由 $f(\boldsymbol{x}), g_i(\boldsymbol{x})$ 是凸函数和定理 5.2 的结论有

$$f(\boldsymbol{x})\geqslant f(\boldsymbol{x}^*)+\nabla f(\boldsymbol{x}^*)^{\mathrm{T}}(\boldsymbol{x}-\boldsymbol{x}^*),\quad g_i(\boldsymbol{x})\geqslant g_i(\boldsymbol{x}^*)+\nabla g_i(\boldsymbol{x}^*)^{\mathrm{T}}(\boldsymbol{x}-\boldsymbol{x}^*),$$
$$h_j(\boldsymbol{x})=h_j(\boldsymbol{x}^*)+\nabla h_j(\boldsymbol{x}^*)^{\mathrm{T}}(\boldsymbol{x}-\boldsymbol{x}^*)$$

由约束条件 $g_i(\boldsymbol{x})\leqslant 0, g_i(\boldsymbol{x}^*)=0(i\in I), h_j(\boldsymbol{x})=h_j(\boldsymbol{x}^*)=0(j\in J)$ 有 $\nabla g_i(\boldsymbol{x}^*)^{\mathrm{T}}\cdot(\boldsymbol{x}-\boldsymbol{x}^*)\leqslant 0(i\in I), \nabla h_j(\boldsymbol{x}^*)^{\mathrm{T}}(\boldsymbol{x}-\boldsymbol{x}^*)=0$. 又由 Kuhn-Tucker 条件,存在 $\lambda_i\geqslant 0$ $(i\in I), \mu_j(j\in J)$,使得 $\nabla f(\boldsymbol{x}^*)=-\sum\limits_{i\in I}\lambda_i^*\ \nabla g_i(\boldsymbol{x}^*)-\sum\limits_{j\in J}\mu_j^*\ \nabla h_j(\boldsymbol{x}^*)$,所以有

$$\begin{aligned}f(\boldsymbol{x})\geqslant\ & f(\boldsymbol{x}^*)-\sum_{i\in I}\lambda_i\ \nabla g_i(\boldsymbol{x}^*)^{\mathrm{T}}(\boldsymbol{x}-\boldsymbol{x}^*)\\ &-\sum_{j\in J}\mu_j^*\ \nabla h_j(\boldsymbol{x}^*)(\boldsymbol{x}-\boldsymbol{x}^*)\geqslant f(\boldsymbol{x}^*),\quad \forall\,\boldsymbol{x}\in D\end{aligned}$$

即 $\boldsymbol{x}^*$ 是(6.1)的全局最优解.

例 6.7　求解如下问题:

$$\begin{aligned}&\min\ f(\boldsymbol{x})=(x_1-2)^2+(x_2-1)^2\\ &\text{s. t.}\quad\begin{cases}g(\boldsymbol{x})=x_1^2-x_2\leqslant 0\\ h(\boldsymbol{x})=x_1+x_2-2=0\end{cases}\end{aligned}$$

解　$\nabla f(\boldsymbol{x})=(2(x_1-2),2(x_2-1))^{\mathrm{T}}$,　$\nabla g(\boldsymbol{x})=(2x_1,-1)^{\mathrm{T}}, \nabla h(\boldsymbol{x})=(1,1)^{\mathrm{T}}$. 由 Kuhn-Tucker 条件得

$$\begin{cases}2(x_1-2)+2\lambda x_1+\mu=0\\ 2(x_2-1)-\lambda+\mu=0\\ \lambda(x_1^2-x_2)=0\\ x_1^2-x_2\leqslant 0\\ x_1+x_2-2=0\\ \lambda\geqslant 0\end{cases}$$

解之得 $\boldsymbol{x}^*=(1,1)^{\mathrm{T}}, \lambda^*=\mu^*=\dfrac{2}{3}$. 由于 $f(\boldsymbol{x}), g(\boldsymbol{x})$ 是凸函数,$h(\boldsymbol{x})$ 是线性函数,由定理 6.8 知,$(1,1)^{\mathrm{T}}$ 是问题的全局最优解.

约束优化问题的求解方法大致分为以下三大类:第一类是将约束问题转化为无约束问题求解,如罚函数法、乘子法等;第二类是在迭代过程中既直接使目标函数值不断下降,又设法防止迭代点不越出可行域外,如可行方向法;第三类是用一系列二次规划的解法逼近原约束问题的最优解,如序列二次规划法等.

6.2 罚函数法

罚函数法(penalty function method)又称为序列无约束极小化方法(sequential unconstrained minimization technique, SUMT). 其基本思想如下:利用问题中的约束函数作出适当的惩罚函数(penalty function),由此构造出带参数的辅助函数,将约束问题转化为求解辅助问题的一系列无约束优化问题.

6.2.1 外罚函数法

外罚函数法也称为外点法(exterior point method),其基本思想是迭代点在可行域的外部移动,随着迭代次数的增加,"惩罚"的力度也加大,以迫使迭代点向可行域接近.

对不等式约束问题(6.2),构造辅助函数

$$F(\boldsymbol{x},\mu)=f(\boldsymbol{x})+\mu\sum_{i=1}^{m}[\max\{0,g_i(\boldsymbol{x})\}]^2$$

对等式约束问题(6.3),构造辅助函数

$$F(\boldsymbol{x},\mu)=f(\boldsymbol{x})+\frac{\mu}{2}\sum_{j=1}^{l}[h_j(\boldsymbol{x})]^2$$

对混合约束问题(6.1),构造辅助函数

$$F(\boldsymbol{x},\mu)=f(\boldsymbol{x})+\mu\sum_{i=1}^{m}[\max\{0,g_i(\boldsymbol{x})\}]^2+\frac{\mu}{2}\sum_{j=1}^{l}[h_j(\boldsymbol{x})]^2$$

其中 μ 为充分大的正数,称为罚参数(penalty parameter). 这样,就将约束优化问题转化为无约束优化问题

$$\min F(\boldsymbol{x},\ \mu),\quad \boldsymbol{x}\in\mathbf{R}^n \tag{6.7}$$

当 $\boldsymbol{x}$ 为可行点时,$F(\boldsymbol{x},\ \mu)=f(\boldsymbol{x})$;当 $\boldsymbol{x}$ 不是可行点时,在 $\boldsymbol{x}$ 处辅助函数中的惩罚项是很大的数,它的存在是对脱离可行域的点的一种惩罚,其作用是在优化过程中迫使迭代点靠近可行域,这样求解(6.7)便能得到约束优化问题的近似最优解. 罚参数 μ 的选择非常重要,μ 太大,会给问题(6.7)的求解带来困难;μ 太小,则惩罚力度不够,使问题(6.7)的解与原约束问题的解之间的误差精度达不到要求. 因此,实用中的罚参数取为递增且趋于无穷大的正数列$\{\mu_k\}$,如取初始罚参数 $\mu_0>0$ 和增大系数 $\alpha\geqslant 2$,则 $\mu_k=\alpha\mu_{k-1}=\cdots=\alpha^k\mu_0$,迭代的终止条件可取 $\|\boldsymbol{x}^{(k)}-\boldsymbol{x}^{(k-1)}\|<\varepsilon$ 或 $S(x^{(k)})<\varepsilon$,其中

$$S(\boldsymbol{x})=\sum_{i=1}^{m}[\max\{0,g_i(\boldsymbol{x})\}]^2+\frac{1}{2}\sum_{j=1}^{l}[h_j(x)]^2$$

算法 6.1(外罚函数法)

(1) 选择初始点 $\boldsymbol{x}^{(0)}$,罚参数列$\{\mu_k\}(k=1,2,\cdots)$,误差精度 $\varepsilon<0,k\leftarrow 1$;

(2) 构造辅助函数 $F(\boldsymbol{x},\mu_k)$;

(3) 用某种无约束优化算法,以 $\boldsymbol{x}^{(k-1)}$ 为初值求解 $\min F(\boldsymbol{x},\mu_k)$得最优解 $\boldsymbol{x}^{(k)}$;

(4) 若 $\boldsymbol{x}^{(k)}$ 满足终止条件,则停止计算并输出 $\boldsymbol{x}^*=\boldsymbol{x}^{(k)}$;否则,令 $k\leftarrow k+1$,转(2).

定理 6.9 设 $f(\boldsymbol{x}),g_i(\boldsymbol{x})(i=1,2,\cdots,m),h_j(\boldsymbol{x})(j=1,2,\cdots,l)$连续,且约束优化问题(6.1)存在最优解.若$\{\boldsymbol{x}^{(k)}\}$是由外罚函数法产生的无穷点列,$\boldsymbol{x}^*$ 为其极限点,则 $\boldsymbol{x}^*$ 是(6.1)的最优解.

证明 略.

例 6.8 求解如下问题:

$$\min f(\boldsymbol{x})=\frac{x_1^2}{2}+\frac{x_2^2}{6}$$

$$\text{s.t.}\quad x_1+x_2-1=0$$

解 该问题的准确解为$(0.25,0.75)^{\mathrm{T}}$,构造辅助函数

$$F(\boldsymbol{x},\mu_k)=\frac{x_1^2}{2}+\frac{x_2^2}{6}+\frac{\mu_k}{2}(x_1+x_2-1)^2$$

由$\nabla F(\boldsymbol{x},\mu_k)=0$ 有

$$\boldsymbol{x}^{(k)}=\left(\frac{\mu_k}{1+4\mu_k},\frac{3\mu_k}{1+4\mu_k}\right)^{\mathrm{T}}$$

令 $\mu_k\to\infty$有 $\boldsymbol{x}^{(k)}\to(0.25,0.75)^{\mathrm{T}}$.现取 $\mu_k=0.1\times4^{k-1}$进行迭代计算,计算结果如表 6.1 所示.

表 6.1

k	μ_k	$\boldsymbol{x}^{(k)}$
1	0.1	$(0.071429,0.214286)^{\mathrm{T}}$
2	0.4	$(0.153846,0.461358)^{\mathrm{T}}$
3	1.6	$(0.216216,0.648649)^{\mathrm{T}}$
4	6.4	$(0.240602,0.721804)^{\mathrm{T}}$
5	25.6	$(0.247582,0.742747)^{\mathrm{T}}$
⋮	⋮	⋮
10	26214.4	$(0.249998,0.749993)^{\mathrm{T}}$

6.2.2 内罚函数法

内罚函数法又称为内点法(interior point method).该方法是从满足约束条件的可行域内点开始迭代,并且对企图穿越可行域边界的点予以“惩罚”.迭代点越接近可行域边界,“惩罚”力度就越大,从而保证迭代点的可行性.此时,辅助函数中

惩罚项的作用相当于在可行域的边界设置障碍，不让迭代点穿越到可行域之外，因此，又叫障碍函数法(barrier function method).

内点法只适合于求解不等式约束问题(6.2)，记 $D_0=\{\boldsymbol{x}\mid g_i(\boldsymbol{x})<0, i=1,2,\cdots,m, x\in\mathbf{R}^n\}$为(6.2)可行域 D_1 的内部，记为 $\mathrm{int}D_1$. 记

$$B(\boldsymbol{x})=-\sum_{i=1}^{m}\frac{1}{g_i(\boldsymbol{x})} \quad 或 \quad B(\boldsymbol{x})=-\sum_{i=1}^{m}\ln\left[-g_i(x)\right]$$

称 $B(\boldsymbol{x})$为内罚函数，也称为障碍函数(barrier function). 构造辅助函数

$$F(\boldsymbol{x},d)=f(\boldsymbol{x})+dB(\boldsymbol{x})$$

实用中，罚参数 d 取单调减小的正数列$\{d_k\}$，常取 $d_0>0,\beta\geqslant 2, d_k=\frac{d_{k-1}}{\beta}=\cdots=\frac{d_0}{\beta^k}$，初始点 $\boldsymbol{x}^{(0)}$ 必须选在可行域的内部，终止条件可取为 $d_kB(\boldsymbol{x}^{(k)})\leqslant\varepsilon$ 或 $\|\boldsymbol{x}^{(k)}-\boldsymbol{x}^{(k-1)}\|<\varepsilon$.

算法 6.2(内罚函数法)

(1) 选初始点 $\boldsymbol{x}^{(0)}\in D_0$，罚参数列$\{d_k\}(k=1,2,\cdots)$，误差精度 $\varepsilon<0$，令 $k\leftarrow 1$；

(2) 构造辅助函数

$$F(\boldsymbol{x},d_k)=f(\boldsymbol{x})-d_k\sum_{i=1}^{m}\frac{1}{g_i(\boldsymbol{x})} \quad 或 \quad F(\boldsymbol{x},d_k)=f(\boldsymbol{x})-d_k\sum_{i=1}^{m}\ln[-g_i(\boldsymbol{x})]$$

(3) 选用某种无约束优化方法，以 $\boldsymbol{x}^{(k-1)}$ 为初值，求解 $\min F(\boldsymbol{x},d_k)$得最优解 $\boldsymbol{x}^{(k)}$；

(4) 若 $\boldsymbol{x}^{(k)}$ 满足终止条件，则停止计算并输出最优解 $\boldsymbol{x}^*=\boldsymbol{x}^{(k)}$；否则，令 $k\leftarrow k+1$，转(2).

例 6.9 求解

$$\min f(\boldsymbol{x})=\frac{1}{3}(x_1+1)^3+x_2$$

$$\text{s. t.} \quad \begin{cases} 1-x_1\leqslant 0 \\ -x_2\leqslant 0 \end{cases}$$

解 构造辅助函数

$$F(\boldsymbol{x},d_k)=\frac{1}{3}(x_1+1)^3+x_2-d_k\left(\frac{1}{1-x_1}+\frac{1}{-x_2}\right).$$

由$\nabla F(\boldsymbol{x},d_k)=0$，当 $d_k\to 0^+$ 时有

$$\boldsymbol{x}^{(k)}=\left(\sqrt{1+\sqrt{d_k}},\sqrt{d_k}\right)^{\mathrm{T}}\to(1,0)^{\mathrm{T}}$$

现取 $d_k=10^{k-1}$，迭代计算结果如表 6.2 所示.

表 6.2

k	d_k	$x^{(k)}$
1	1	$(1.4142360, 1.0000000)^T$
2	0.1	$(1.1472697, 0.3162277)^T$
3	0.01	$(1.0488088, 0.1000000)^T$
4	0.001	$(1.0156883, 0.0316227)^T$
5	0.001	$(1.0049876, 0.0100000)^T$
⋮	⋮	⋮
10	0.000000001	$(1.0000158, 0.0003162)^T$

由于无约束非线性规划的解法目前已有很多有效的方法，所以在求解约束非线性规划时，工程技术人员一般都愿意采用罚函数法. 内点法仅适于解不等式约束问题，并且迭代点必须是可行域的内点，实用中会产生一定的困难. 对既含不等式约束，又含等式约束的非线性规划问题，常构造的辅助函数为

$$F(\boldsymbol{x},\mu_k) = f(\boldsymbol{x}) + \mu_k \sum_{i\in I_1} \bar{g}_i(\boldsymbol{x}) + \frac{1}{\mu_k}\left[\sum_{i\in I_2} \hat{g}_i(\boldsymbol{x}) + \sum_{j=1}^{l} h_j^2(\boldsymbol{x})\right]$$

其中 $I_1 = \{i \mid g_i(\boldsymbol{x}) < 0\}$，$I_2 = \{i \mid g_i(\boldsymbol{x}) \geqslant 0\}$，$\bar{g}_i(\boldsymbol{x}) = -\dfrac{1}{g_i(\boldsymbol{x})}$ 或 $\bar{g}_i(\boldsymbol{x}) = -\ln[-g_i(\boldsymbol{x})]$，$\hat{g}_i(\boldsymbol{x}) = [\max\{0, g_i(\boldsymbol{x})\}]^2$，$\mu_k$ 为单调递减且趋于零的正数列.

利用罚函数法求解约束非线性规划时，随着罚参数 μ_k 的增大和 d_k 的减小，将使辅助函数 Hesse 矩阵出现病态，使辅助函数的求解出现数值困难，而乘子法是可以克服该弊端的.

6.3 乘　子　法

乘子法(multiplier method)是将罚函数法和 Lagrange 函数结合起来，构造出更合适的辅助函数，并借助 Lagrange 乘子的迭代进行求解.

6.3.1 等式约束问题的乘子法(P-H 乘子法)

该方法是由 Powell 和 Hestenes 几乎同时各自独立提出的. 考查等式约束问题(6.3)，构造辅助函数

$$\begin{aligned} F(\boldsymbol{x},\boldsymbol{\lambda},\mu) &= f(\boldsymbol{x}) + \sum_{j=1}^{l}\lambda_j h_j(\boldsymbol{x}) + \frac{\mu}{2}\sum_{j=1}^{l} h_j^2(\boldsymbol{x}) \\ &= f(\boldsymbol{x}) + \boldsymbol{\lambda}^T h(\boldsymbol{x}) + \frac{\mu}{2}\boldsymbol{h}(\boldsymbol{x})^T\boldsymbol{h}(\boldsymbol{x}) \end{aligned} \tag{6.8}$$

其中 $f, h_j(j=1,2,\cdots,l)$ 为二阶连续函数.

辅助函数 $F(\boldsymbol{x},\boldsymbol{\lambda},\mu)$ 与 Lagrange 函数相比，增加了惩罚项 $\frac{\mu}{2}\boldsymbol{h}(\boldsymbol{x})^{\mathrm{T}}\boldsymbol{h}(\boldsymbol{x})$；与罚函数相比，又增加了乘子项 $\boldsymbol{\lambda}^{\mathrm{T}}\boldsymbol{h}(\boldsymbol{x})$，使其与 Lagrange 函数和罚函数相比具有不同的性态，而且只需取足够大的罚参数，不必令 $\mu\to+\infty$ 就可通过求解(6.8)来得到(6.3)的局部最优解.

定理 6.10 设 $\boldsymbol{x}^*,\lambda^*$ 满足等式约束问题(6.3)的二阶充分条件(6.5)，则存在 $\mu_0\geqslant0$，使得对所有的 $\mu>\mu_0$，$\boldsymbol{x}^*$ 是 $F(\boldsymbol{x},\boldsymbol{\lambda}^*,\mu)$ 的严格局部最优解.

反之，若存在 $\bar{\boldsymbol{x}}$ 满足 $h_j(\bar{\boldsymbol{x}})=0(j=1,2,\cdots,l)$，并且对某一个 $\bar{\boldsymbol{\lambda}}$，$\bar{\boldsymbol{x}}$ 为 $F(\boldsymbol{x},\bar{\boldsymbol{\lambda}},\mu)$ 的极小点，且满足二阶充分条件(6.5)，则 $\bar{\boldsymbol{x}}$ 是等式约束问题(6.3)的严格局部最优解.

证明 参见《最优化理论与算法》(陈宝林，1989).

由定理 6.10 的结论可知，若已知最优乘子 $\boldsymbol{\lambda}^*$，则只需取充分大的罚参数 μ，就可通过求解 $F(\boldsymbol{x},\boldsymbol{\lambda}^*,\mu)$ 的极小点来得到等式约束问题(6.3)的最优解. 但最优乘子 $\boldsymbol{\lambda}^*$ 一般难于获取，实用中，先给定充分大的罚参数 $\boldsymbol{\mu}$ 和初始估计 $\boldsymbol{\lambda}$，然后在迭代过程中逐步修正 $\boldsymbol{\lambda}$，使其逼近 $\boldsymbol{\lambda}^*$.

假设在第 k 次迭代中，Lagrange 乘子向量的估计值为 $\boldsymbol{\lambda}^{(k)}$，罚参数取 μ 得 $F(\boldsymbol{x},\boldsymbol{\lambda}^{(k)},\mu)$ 的极小值点为 $\boldsymbol{x}^{(k)}$，则此时有

$$\nabla_x F(\boldsymbol{x}^{(k)},\boldsymbol{\lambda}^{(k)},\mu)=\nabla f(\boldsymbol{x}^{(k)})+\sum_{j=1}^{l}[\lambda_j^{(k)}+\mu h_j(\boldsymbol{x}^{(k)})]\nabla h_j(\boldsymbol{x}^{(k)})=0$$

若 $\nabla h_1(\boldsymbol{x}^{(k)}),\nabla h_2(\boldsymbol{x}^{(k)}),\cdots,\nabla h_l(\boldsymbol{x}^{(k)})$ 线性无关，则 $\boldsymbol{x}^{(k)}$ 为(6.3)的最优解，就应有 Kuhn-Tucker 条件成立，即

$$\nabla f(\boldsymbol{x}^{(k)})+\sum_{j=1}^{l}\lambda_j^*\ \nabla h_j(\boldsymbol{x}^{(k)})=0$$

比较两式的结果就有 $\lambda_j^*=\lambda_j^{(k)}+\mu h_j(\boldsymbol{x}^{(k)})(j=1,2,\cdots,l)$，所以有迭代公式

$$\lambda_j^{(k+1)}=\lambda_j^{(k)}+\mu h_j(\boldsymbol{x}^{(k)}),\quad j=1,2,\cdots,l$$

这样就有 $\boldsymbol{\lambda}^{(k)}\to\boldsymbol{\lambda}^*$ 且 $\boldsymbol{x}^{(k)}\to\boldsymbol{x}^*$. 若 $\{\boldsymbol{\lambda}^{(k)}\}$ 不收敛或收敛速度慢，则增大罚参数 μ 再进行新的迭代，收敛的快慢常用 $\frac{\|\boldsymbol{h}(\boldsymbol{x}^{(k)})\|}{\|\boldsymbol{h}(\boldsymbol{x}^{(k-1)})\|}$ 来判断.

算法 6.3(P-H 方法)

(1) 给定初值 $\boldsymbol{x}^{(0)}$，初始估计 $\boldsymbol{\lambda}^{(1)}$，罚参数 μ，误差精度 $\varepsilon>0$，常数 $\alpha>1,\beta\in(0,1)$，$k\leftarrow1$；

(2) 以 $\boldsymbol{x}^{(k-1)}$ 为初值，利用无约束优化算法求解 $\min F(\boldsymbol{x},\boldsymbol{\lambda}^{(k)},\mu)$ 得最优解 $\boldsymbol{x}^{(k)}$；

(3) 若 $\|\boldsymbol{h}(\boldsymbol{x}^{(k)})\|<\varepsilon$ 或 $\|\boldsymbol{x}^{(k)}-\boldsymbol{x}^{(k-1)}\|<\varepsilon$，则停止计算并输出近似解 $\boldsymbol{x}^*=\boldsymbol{x}^{(k)}$；否则，转(4)；

(4) 若$\dfrac{\|\boldsymbol{h}(\boldsymbol{x}^{(k)})\|}{\|\boldsymbol{h}(\boldsymbol{x}^{(k-1)})\|}\geqslant\beta$,则令 $\mu\leftarrow\alpha\mu$,转(5);

(5) 计算 $\lambda_j^{(k+1)}=\lambda_j^{(k)}+\mu h_j(x^{(k)})(j=1,2,\cdots,l)$,$k\leftarrow k+1$,转(2).

例 6.10 用乘子法求解

$$\min f(\boldsymbol{x})=\frac{x_1^2}{2}+\frac{x_2^2}{6}$$
$$\text{s. t.}\quad x_1+x_2-1=0$$

解 构造辅助函数

$$F(\boldsymbol{x},\lambda_k,\mu_k)=\frac{x_1^2}{2}+\frac{x_2^2}{6}+\lambda_k(x_1+x_2-1)+\frac{\mu_k}{2}(x_1+x_2-1)^2$$

由$\nabla_x F(\boldsymbol{x},\lambda_k,\mu_k)=0$ 得

$$\boldsymbol{x}^{(k)}=\left(\frac{\mu_k-\lambda_k}{1+4\mu_k},\frac{3(\mu_k-\lambda_k)}{1+4\mu_k}\right)^{\mathrm{T}}$$

令 $\mu_k\to+\infty$有 $\boldsymbol{x}^{(k)}\to(0.25,0.75)^{\mathrm{T}}$. 现取

$$\lambda_1=0,\quad \mu_k=0.1\times4^{k-1},\quad \lambda_{k+1}=\lambda_k+\mu_k(x_1^{(k)}+x_2^{(k)}-1),\quad k=1,2,\cdots$$

计算结果如表 6.3 所示.

表 6.3

k	λ_k	$\boldsymbol{x}^{(k)}$
1	0	$(0.0714285,0.2142857)^{\mathrm{T}}$
2	−0.0714285	$(0.1813186,0.5439559)^{\mathrm{T}}$
3	−0.1813186	$(0.2407187,0.7221562)^{\mathrm{T}}$
4	−0.2407187	$(0.2496510,0.7489532)^{\mathrm{T}}$
5	−0.2496510	$(0.2499966,0.7499898)^{\mathrm{T}}$
6	−0.2499966	$(0.2499999,0.7499999)^{\mathrm{T}}$

与例 6.8 的计算结果相比较,乘子法只须迭代 6 次就能得到外罚函数法迭代 10 次的计算结果.

6.3.2 不等式约束问题的乘子法(Rockafellar 乘子法)

该方法是 Rockafellar 在 1973 年提出的. 为了充分利用等式约束问题的结果,引入松弛变量 $\boldsymbol{y}=(y_1,y_2,\cdots,y_m)^{\mathrm{T}}$,将不等式约束问题(6.2)转化为如下等式约束问题:

$$\min f(\boldsymbol{x}),\boldsymbol{x}\in\mathbf{R}^n$$
$$\text{s. t.}\quad g_i(\boldsymbol{x})+y_i^2=0,\quad i=1,2,\cdots,m$$

构造辅助函数

$$F(\boldsymbol{x},\boldsymbol{y},\boldsymbol{\lambda},\mu)=f(\boldsymbol{x})+\sum_{i=1}^m\lambda_i[g_i(\boldsymbol{x})+y_i^2]+\frac{\mu}{2}\sum_{i=1}^m[g_i(\boldsymbol{x})+y_i^2]^2$$

从而将不等式约束问题(6.2)转化为无约束优化问题 $\min F(\boldsymbol{x},\boldsymbol{y},\boldsymbol{\lambda},\mu)$. 将辅助函数配方得

$$F(\boldsymbol{x},\boldsymbol{y},\boldsymbol{\lambda},\mu)=f(\boldsymbol{x})+\sum_{i=1}^{m}\left\{\frac{\mu}{2}\left[y_i^2+\frac{1}{\mu}(\mu g_i(\boldsymbol{x})+\lambda_i)\right]^2-\frac{\lambda_i^2}{2\mu}\right\}$$

为了使辅助函数 $F(\boldsymbol{x},\boldsymbol{y},\boldsymbol{\lambda},\mu)$ 达到极小,取 $y_i^2=\dfrac{1}{\mu}\max\{0,-[\mu g_i(\boldsymbol{x})+\lambda_i]\}$,则有

$$F(\boldsymbol{x},\boldsymbol{y},\boldsymbol{\lambda},\mu)=f(\boldsymbol{x})+\frac{1}{2\mu}\sum_{i=1}^{m}[(\max\{0,\mu g_i(\boldsymbol{x})+\lambda_i\})^2-\lambda_i^2]$$

此时,就将不等式约束问题(6.2)转化为求解无约束问题

$$\min\left\{f(\boldsymbol{x})+\frac{1}{2\mu}\sum_{i=1}^{m}[(\max\{0,\mu g_i(\boldsymbol{x})+\lambda_i\})^2-\lambda_i^2]\right\}$$

应用中,乘数因子常取为 $\lambda_i^{(k+1)}=\max\{0,\mu g_i(\boldsymbol{x})+\lambda_i^{(k)}\}$,终止条件取为

$$\left[\sum_{i=1}^{m}\left(\min\left\{g_i(\boldsymbol{x}^{(k)}),-\frac{\lambda_i^{(k)}}{\mu}\right\}\right)^2\right]^{\frac{1}{2}}<\varepsilon \quad 或 \quad \|\boldsymbol{x}^{(k)}-\boldsymbol{x}^{(k-1)}\|<\varepsilon$$

算法 6.4(Rockafellar 乘子法)

(1) 选取初值 $\boldsymbol{x}^{(0)}$,初始估计 $\boldsymbol{\lambda}^{(1)}$,罚参数 μ,误差精度 $\varepsilon>0$,$k\leftarrow 1$;

(2) 以 $\boldsymbol{x}^{(k-1)}$ 为初值求解无约束优化问题 $\min F(\boldsymbol{x},\boldsymbol{\lambda}^{(k)},\mu)$,得到最优解 $\boldsymbol{x}^{(k)}$;

(3) 若 $\boldsymbol{x}^{(k)}$ 满足终止条件,则停止计算并输出近似最优解 $\boldsymbol{x}^*=\boldsymbol{x}^{(k)}$;否则,转(4);

(4) 计算 $\lambda_i^{(k+1)}=\max\{0,\mu g_i(\boldsymbol{x}^{(k)})+\lambda_i^{(k)}\}$,$k\leftarrow k+1$,转(2).

例 6.11 用 Rockafellar 乘子法求解

$$\begin{aligned}&\min\ f(\boldsymbol{x})=x_1^2+2x_2^2\\&\text{s. t.}\quad 1-x_1-x_2\leqslant 0\end{aligned}$$

解 构造辅助函数为

$$\begin{aligned}F(\boldsymbol{x},\lambda,\mu)&=x_1^2+2x_2^2+\frac{1}{2\mu}[(\max\{0,\mu(1-x_1-x_2)+\lambda\})^2-\lambda^2]\\&=\begin{cases}x_1^2+2x_2^2+\dfrac{1}{2\mu}\left\{[\lambda+\mu(1-x_1-x_2)]^2-\lambda^2\right\}, & x_1+x_2-1\leqslant\dfrac{\lambda}{\mu}\\ x_1^2+2x_2^2-\dfrac{\lambda^2}{2\mu}, & x_1+x_2-1>\dfrac{\lambda}{\mu}\end{cases}\end{aligned}$$

令 $\nabla_x F(\boldsymbol{x},\lambda,\mu)=0$ 得

$$\boldsymbol{x}^{(k)}=\left(\frac{2(\lambda+\mu)}{4+3\mu},\frac{\lambda+\mu}{4+3\mu}\right)^{\mathrm{T}}\rightarrow\left(\frac{2}{3},\frac{1}{3}\right)^{\mathrm{T}},\quad \mu\rightarrow+\infty$$

取 $\mu=12$,$\lambda_1=1$,数值计算结果如表 6.4 所示.

表 6.4

k	λ_k	$x^{(k)}$
1	1	$(0.65000000, 0.32500000)^T$
2	1.3	$(0.66500000, 0.32250000)^T$
3	1.33	$(0.66650000, 0.33325000)^T$
4	1.333	$(0.66665000, 0.33332500)^T$
5	1.3333	$(0.66666500, 0.33333250)^T$
6	1.33333	$(0.66666650, 0.33333325)^T$
7	1.333333	$(0.66666667, 0.33333333)^T$

6.3.3 混合约束问题的乘子法(PHR 法)

混合约束问题的乘子法是 Rockafellar 在 PH 算法的基础上提出的. 考查混合约束非线性规划问题(6.1),构造辅助函数为

$$F(\boldsymbol{x},\boldsymbol{\lambda},\mu,\boldsymbol{r}) = f(\boldsymbol{x}) + \frac{1}{2\mu}\sum_{i=1}^{m}[(\max\{0,\mu g_i(\boldsymbol{x})+\lambda_i\})^2-\lambda_i^2] + \sum_{j=1}^{l} r_j h_j(\boldsymbol{x}) + \frac{\mu}{2}\sum_{j=1}^{l} h_j^2(\boldsymbol{x})$$

迭代过程中,取充分大的 μ,并不断地修正乘子 $\boldsymbol{\lambda}^{(k)}$ 和 $\boldsymbol{r}^{(k)}$,修正公式为

$$\lambda_i^{(k+1)}=\max\{0,\mu g_i(\boldsymbol{x}^{(k)})+\lambda_i^{(k)}\},\quad i=1,2,\cdots,m$$
$$r_j^{(k+1)}=r_j^{(k)}+\mu h_j(\boldsymbol{x}^{(k)}),\quad j=1,2,\cdots,l$$

终止条件可取为

$$\left[\sum_{i=1}^{m}\left(\min\left\{g_i(\boldsymbol{x}^{(k)}),-\frac{\lambda^{(k)}}{\mu}\right\}\right)^2+\sum_{j=1}^{l}h_j^2(\boldsymbol{x}^{(k)})\right]^{\frac{1}{2}}<\varepsilon \quad 或 \quad \|\boldsymbol{x}^{(k)}-\boldsymbol{x}^{(k-1)}\|<\varepsilon$$

实用中,罚参数也可取为不断增加的数列$\{\mu_k\}$. 数值实验的结果表明,乘子法克服了罚函数法的病态性质,它比罚函数法优越,收敛速度快,是目前求解约束非线性规划问题最好的算法之一.

6.4 可行方向法

可行方向法(feasible direction method)的特点如下:在可行迭代点处不断地构造适当的可行下降方向(feasible descent direction). 本节只介绍用求解线性规划问题来构造下降方向的 Frank-Wolfe 方法和 Zoutendijk 方法.

6.4.1 Frank-Wolfe 方法

Frank-Wolfe 方法是 Frank 和 Wolfe 于 1956 年提出的求解线性约束的一种

算法. 考查线性约束的非线性规划问题

$$\min f(\boldsymbol{x}),\quad \boldsymbol{x}\in\mathbf{R}^n$$
$$\text{s. t.}\quad \begin{cases}\boldsymbol{A}\boldsymbol{x}\leqslant\boldsymbol{b}\\ \boldsymbol{x}\geqslant 0\end{cases}\tag{6.9}$$

其中 f 为连续可微的非线性函数,$\boldsymbol{A}$ 为秩为 m 的 $m\times n$ 矩阵,$\boldsymbol{b}$ 为 m 维列向量,其可行域记为 $D=\{\boldsymbol{x}\mid\boldsymbol{A}\boldsymbol{x}\leqslant\boldsymbol{b},\boldsymbol{x}\geqslant 0\}$.

Frank-Wolfe 方法的基本思想如下:将目标函数 $f(\boldsymbol{x})$线性化,通过求解线性规划来得到可行下降方向,并沿此方向在可行域内作一维搜索. 假设 $\boldsymbol{x}^{(k)}\in D$ 是第 k 次近似解,将 $f(\boldsymbol{x})$在 $\boldsymbol{x}^{(k)}$处进行一阶 Taylor 展开有

$$\begin{aligned}f(\boldsymbol{x})&=f(\boldsymbol{x}^{(k)})+\nabla f(\boldsymbol{x}^{(k)})^{\mathrm{T}}(\boldsymbol{x}-\boldsymbol{x}^{(k)})+o(\|\boldsymbol{x}-\boldsymbol{x}^{(k)}\|)\\&\approx\nabla f(\boldsymbol{x}^{(k)})^{\mathrm{T}}\boldsymbol{x}+[f(\boldsymbol{x}^{(k)})-\nabla f(\boldsymbol{x}^{(k)})^{\mathrm{T}}\boldsymbol{x}^{(k)}]\end{aligned}$$

由此构造线性规划

$$\begin{aligned}&\min\ \nabla f(\boldsymbol{x}^{(k)})^{\mathrm{T}}\boldsymbol{x}\\&\text{s. t.}\quad \boldsymbol{x}\in D\end{aligned}\tag{6.10}$$

假设线性规划问题(6.10)有最优解 $\boldsymbol{y}^{(k)}$,则有如下定理:

定理 6.11 设 $f(\boldsymbol{x})$连续可微,$\boldsymbol{x}^{(k)}\in D$,$\boldsymbol{y}^{(k)}$是线性规划问题(6.10)的最优解,则

(1)当$\nabla f(\boldsymbol{x}^{(k)})^{\mathrm{T}}(\boldsymbol{y}^{(k)}-\boldsymbol{x}^{(k)})=0$ 时,$\boldsymbol{x}^{(k)}$是优化问题(6.9)的 Kuhn-Tucker 点;

(2) 当$\nabla f(\boldsymbol{x}^{(k)})^{\mathrm{T}}(\boldsymbol{y}^{(k)}-\boldsymbol{x}^{(k)})\neq 0$ 时,向量 $\boldsymbol{p}_k=\boldsymbol{y}^{(k)}-\boldsymbol{x}^{(k)}$ 是 $f(\boldsymbol{x})$在点 $\boldsymbol{x}^{(k)}$处关于可行域 D 的可行下降方向.

证明 略.

算法 6.5(Frank-Wolfe 方法)

(1) 给定初始可行点 $\boldsymbol{x}^{(0)}$,误差精度 $\varepsilon>0$,$k\leftarrow 1$;

(2) 构造线性规划(6.10),并求得最优解 $\boldsymbol{y}^{(k)}$;

(3) 若$|\nabla f(\boldsymbol{x}^{(k)})^{\mathrm{T}}(\boldsymbol{y}^{(k)}-\boldsymbol{x}^{(k)})|<\varepsilon$,则停止计算并输出解 $\boldsymbol{x}^*=\boldsymbol{x}^{(k)}$;否则,转(4);

(4) 从 $\boldsymbol{x}^{(k)}$出发,沿方向 $\boldsymbol{p}_k=\boldsymbol{y}^{(k)}-\boldsymbol{x}^{(k)}$进行一维搜索,求 t_k,满足

$$f(\boldsymbol{x}^{(k)}+t_k\boldsymbol{p}_k)=\min_{0\leqslant t\leqslant 1}f(\boldsymbol{x}^{(k)}+t\boldsymbol{p}_k)$$

(5) 令 $\boldsymbol{x}^{(k+1)}\leftarrow\boldsymbol{x}^{(k)}+t_k\boldsymbol{p}_k$,$k\leftarrow k+1$,转(2).

定理 6.12 设 $f(\boldsymbol{x})$可微,D 有界,$\boldsymbol{x}^{(0)}\in D$,$\{\boldsymbol{x}^{(k)}\}$是由 Frank-Wolfe 方法得到的点列,则

(1) 当$\{\boldsymbol{x}^{(k)}\}$是有限点列时,其最后一个点 $\boldsymbol{x}^*$ 是优化问题(6.9)的 Kuhn-Tucker 点;

(2) 当$\{\boldsymbol{x}^{(k)}\}$是无限点列时,其极限点 $\boldsymbol{x}^*$ 是优化问题(6.9)的 Kuhn-Tucker 点.

证明 略.

例 6.12 利用 Frank-Wolfe 方法求解

$$\min f(\boldsymbol{x})=2x_1^2+2x_2^2-2x_1x_2-4x_1-6x_2$$

$$\text{s. t.}\quad\begin{cases}x_1+x_2\leqslant 2\\x_1+5x_2\leqslant 5\\x_1\geqslant 0,x_2\geqslant 0\end{cases}$$

解 $\nabla f(\boldsymbol{x})=(4x_1-2x_2-4,4x_2-2x_1-6)^{\mathrm T}$，取初值 $\boldsymbol{x}^{(0)}=(0,0)^{\mathrm T}$，误差精度 $\varepsilon=10^{-6}$.

第一轮迭代：构造近似线性规划

$$\min \nabla f(\boldsymbol{x}^{(0)})^{\mathrm T}\boldsymbol{x}=-4x_1-6x_2$$

$$\text{s. t.}\quad\begin{cases}x_1+x_2\leqslant 2\\x_1+5x_2\leqslant 5\\x_1,x_2\geqslant 0\end{cases}$$

求解线性规划得 $\boldsymbol{y}^{(0)}=\left(\frac{5}{4},\frac{3}{4}\right)^{\mathrm T}$. 由于 $|\nabla f(\boldsymbol{x}^{(0)})^{\mathrm T}(\boldsymbol{y}^{(0)}-\boldsymbol{x}^{(0)})|=9.5>\varepsilon$，构造可行下降方向 $\boldsymbol{p}_0=\boldsymbol{y}^{(0)}-\boldsymbol{x}^{(0)}=\left(\frac{5}{4},\frac{3}{4}\right)^{\mathrm T}$. 一维搜索求解 $\min\limits_{0\leqslant t\leqslant 1}f(\boldsymbol{x}^{(0)}+t\boldsymbol{p}_0)=\frac{19}{8}t^2-\frac{19}{2}t$，从而得到步长 $t_0=1$，

$$\boldsymbol{x}^{(1)}=\boldsymbol{x}^{(0)}+t_0\boldsymbol{p}_0=\left(\frac{5}{4},\frac{3}{4}\right)^{\mathrm T}$$

第二轮迭代：构造近似线性规划

$$\min \nabla f(\boldsymbol{x}^{(1)})^{\mathrm T}\boldsymbol{x}=-\frac{1}{2}x_1-\frac{11}{2}x_2$$

$$\text{s. t.}\quad\begin{cases}x_1+x_2\leqslant 2\\x_1+5x_2\leqslant 5\\x_1,x_2\geqslant 0\end{cases}$$

求解此线性规划得 $\boldsymbol{y}^{(1)}=(0,1)^{\mathrm T}$. 由于 $|\nabla f(\boldsymbol{x}^{(1)})^{\mathrm T}(\boldsymbol{y}^{(1)}-\boldsymbol{x}^{(1)})|=0.75>\varepsilon$，构造可行下降方向 $\boldsymbol{p}_1=\boldsymbol{y}^{(1)}-\boldsymbol{x}^{(1)}=\left(-\frac{5}{4},\frac{1}{4}\right)^{\mathrm T}$. 一维搜索求解 $\min\limits_{0\leqslant t\leqslant 1}f(\boldsymbol{x}^{(1)}+t\boldsymbol{p}_1)=\frac{31}{8}t^2-\frac{3}{4}t-\frac{57}{8}$，从而得到步长 $t_1=\frac{3}{31}$，

$$\boldsymbol{x}^{(2)}=\boldsymbol{x}^{(1)}+t_1\boldsymbol{p}_1=\left(\frac{35}{31},\frac{24}{31}\right)^{\mathrm T}$$

第三轮迭代：构造近似线性规划

$$\min \nabla f(\boldsymbol{x}^{(2)})^{\mathrm T}\boldsymbol{x}=-\frac{32}{31}x_1-\frac{160}{31}x_2$$

$$\text{s. t.}\quad\begin{cases}x_1+x_2\leqslant 2\\x_1+5x_2\leqslant 5\\x_1,x_2\geqslant 0\end{cases}$$

得到最优解为 $\boldsymbol{y}^{(2)}=\left(t,1-\dfrac{t}{5}\right)^{\mathrm{T}}\left(0\leqslant t\leqslant\dfrac{5}{4}\right)$. 由于 $|\nabla f(\boldsymbol{x}^{(2)})^{\mathrm{T}}(\boldsymbol{y}^{(2)}-\boldsymbol{x}^{(2)})|=0<\varepsilon$，停止计算，输出解

$$\boldsymbol{x}^{*}=\boldsymbol{x}^{(2)}=\left(\frac{35}{31},\frac{24}{31}\right)^{\mathrm{T}}$$

$\boldsymbol{x}^{(2)}$ 是问题的 Kuhn-Tucker 点. 由于该问题是凸规划，故 $\boldsymbol{x}^{(2)}$ 又是问题的整体最优解.

Frank-Wolfe 方法将问题归结为求解一系列辅助线性规划问题，方法简单方便. 但该方法是一种可行方向法，在每次迭代中，搜索方向总是指向某个极点. 当迭代点接近收敛时，搜索方向与目标函数的梯度向量正交，这种搜索方向不是最好的下降方向，因此，算法收敛较慢. 但该方法对某些问题，如交通问题，能得到较好的计算结果，因此，Frank-Wolfe 方法在实用中仍是一种有用的方法.

6.4.2 Zoutendijk 方法

该方法是 Zoutendijk 于 1960 年提出的. 考查线性约束的非线性规划问题

$$\begin{aligned}&\min f(\boldsymbol{x}),\quad \boldsymbol{x}\in\mathbf{R}^{n}\\&\text{s. t.}\ \begin{cases}\boldsymbol{A}\boldsymbol{x}\leqslant\boldsymbol{b}\\\boldsymbol{C}\boldsymbol{x}=\boldsymbol{d}\end{cases}\end{aligned}\tag{6.11}$$

其中 f 为连续可微的非线性函数，$\boldsymbol{A}\in\mathbf{R}^{m\times n}$，$\boldsymbol{C}\in\mathbf{R}^{l\times n}$，$\boldsymbol{b}\in\mathbf{R}^{m}$，$\boldsymbol{d}\in\mathbf{R}^{l}$，仍记(6.11)的可行域为 $D=\{\boldsymbol{x}\mid\boldsymbol{A}\boldsymbol{x}\leqslant\boldsymbol{b},\boldsymbol{C}\boldsymbol{x}=\boldsymbol{d},\boldsymbol{x}\in\mathbf{R}^{n}\}$.

设点 $\boldsymbol{x}^{(k)}\in D$，$\boldsymbol{A}=\begin{pmatrix}\boldsymbol{A}_1\\\boldsymbol{A}_2\end{pmatrix}$，$\boldsymbol{b}=\begin{pmatrix}\boldsymbol{b}_1\\\boldsymbol{b}_2\end{pmatrix}$ 且 $\boldsymbol{A}_1\boldsymbol{x}^{(k)}=\boldsymbol{b}_1$，$\boldsymbol{A}_2\boldsymbol{x}^{(k)}<\boldsymbol{b}_2$，称 $\boldsymbol{A}_1\boldsymbol{x}=\boldsymbol{b}_1$ 的每一个约束条件为点 $\boldsymbol{x}^{(k)}$ 的起作用约束，简称 $\boldsymbol{A}_1\boldsymbol{x}^{(k)}=\boldsymbol{b}_1$ 为点 $\boldsymbol{x}^{(k)}$ 处的起作用约束.

定理 6.13 设 $\boldsymbol{x}^{(k)}\in D$，若有 $\boldsymbol{A}_1\boldsymbol{x}^{(k)}=\boldsymbol{b}_1$，$\boldsymbol{A}_2\boldsymbol{x}^{(k)}<\boldsymbol{b}_2$，则非零向量 $\boldsymbol{p}\in\mathbf{R}^{n}$ 是点 $\boldsymbol{x}^{(k)}$ 处关于 D 的可行方向的充分必要条件是 $\boldsymbol{A}_1\boldsymbol{p}\leqslant 0$，$\boldsymbol{C}\boldsymbol{p}=0$.

证明 略.

由定理 5.5 和定理 6.13 的结论，为了得到 $f(\boldsymbol{x})$ 在点 $\boldsymbol{x}^{(k)}$ 处关于 D 的可行下降方向，只需求解线性规划

$$\begin{aligned}&\min \nabla f(\boldsymbol{x}^{(k)})^{\mathrm{T}}\boldsymbol{p}\\&\text{s. t.}\ \begin{cases}\boldsymbol{A}_1\boldsymbol{p}\leqslant 0\\\boldsymbol{C}\boldsymbol{p}=0\\-1\leqslant p_i\leqslant 1,\quad i=1,2,\cdots,n\end{cases}\end{aligned}\tag{6.12}$$

其中 p_i 表示向量 $\boldsymbol{p}$ 的第 i 个分量，约束条件 $-1\leqslant p_i\leqslant 1$ 是为了使线性规划问题(6.12)能得到有限的最优解. 由于 $\boldsymbol{p}=0$ 是(6.12)的可行解，若 $\boldsymbol{p}^{(k)}$ 是(6.12)的最优解就一定有 $\nabla f(\boldsymbol{x}^{(k)})^{\mathrm{T}}\boldsymbol{p}^{(k)}\leqslant 0$. 若有 $\nabla f(\boldsymbol{x}^{(k)})^{\mathrm{T}}\boldsymbol{p}^{(k)}<0$，则 $\boldsymbol{p}^{(k)}$ 就是 $f(\boldsymbol{x})$ 在 $\boldsymbol{x}^{(k)}$

处的可行下降方向.

定理 6.14　设 $\boldsymbol{x}^{(k)}\in D$,并且 $\boldsymbol{A}_1\boldsymbol{x}^{(k)}=\boldsymbol{b}_1$,$\boldsymbol{A}_2\boldsymbol{x}^{(k)}<\boldsymbol{b}_2$,若 $\boldsymbol{p}^{(k)}$ 是线性规划问题(6.12)的最优解,则 $\boldsymbol{x}^{(k)}$ 是非线性规划问题(6.11)Kuhn-Tucker 点的充分必要条件是$\nabla f(\boldsymbol{x}^{(k)})^{\mathrm{T}}\boldsymbol{p}^{(k)}=0$.

证明　略.

为了使从点 $\boldsymbol{x}^{(k)}$ 出发,沿方向 $\boldsymbol{p}^{(k)}$ 作一维搜索得到的点仍是可行点,考查一维优化问题

$$\begin{aligned}&\min f(\boldsymbol{x}^{(k)}+t\boldsymbol{p}^{(k)})\\&\text{s. t.}\quad\begin{cases}\boldsymbol{A}(\boldsymbol{x}^{(k)}+t\boldsymbol{p}^{(k)})\leqslant\boldsymbol{b}\\\boldsymbol{C}(\boldsymbol{x}^{(k)}+t\boldsymbol{p}^{(k)})=\boldsymbol{d}\\t\geqslant 0\end{cases}\end{aligned}\tag{6.13}$$

由 $\boldsymbol{x}^{(k)}\in D$ 有 $\boldsymbol{C}\boldsymbol{x}^{(k)}=\boldsymbol{d}$,由 $\boldsymbol{p}^{(k)}$ 是可行方向和定理 6.13 的结论,应该有 $\boldsymbol{C}\boldsymbol{p}^{(k)}=0$,故(6.13)中的等式约束条件恒成立.由 $\boldsymbol{A}_1\boldsymbol{x}^{(k)}=\boldsymbol{b}_1$ 和定理 6.13 有 $\boldsymbol{A}_1\boldsymbol{p}^{(k)}\leqslant 0$,从而有 $\boldsymbol{A}_1(\boldsymbol{x}^{(k)}+t\boldsymbol{p}^{(k)})\leqslant b_1(t>0)$,即(6.13)中的起作用约束条件也恒成立.这样,优化问题(6.13)可简化为如下等价形式:

$$\begin{aligned}&\min f(\boldsymbol{x}^{(k)}+t\boldsymbol{p}^{(k)})\\&\text{s. t.}\quad\begin{cases}\boldsymbol{A}_2(\boldsymbol{x}^{(k)}+t\boldsymbol{p}^{(k)})\leqslant\boldsymbol{b}_2\\t\geqslant 0\end{cases}\end{aligned}\tag{6.14}$$

为了简化(6.14)中的不等式约束条件,将其改写为 $t\boldsymbol{A}_2\boldsymbol{p}^{(k)}\leqslant\boldsymbol{b}_2-\boldsymbol{A}_2\boldsymbol{x}^{(k)}$.记向量

$$\boldsymbol{\xi}^{(k)}=\boldsymbol{b}_2-\boldsymbol{A}_2\boldsymbol{x}^{(k)}=(\xi_1^{(k)},\xi_2^{(k)},\cdots,\xi_r^{(k)})^{\mathrm{T}},\quad\boldsymbol{\eta}^{(k)}=\boldsymbol{A}_2\boldsymbol{p}^{(k)}=(\eta_1^{(k)},\eta_2^{(k)},\cdots,\eta_r^{(k)})^{\mathrm{T}}$$

则有

$$t\boldsymbol{\eta}^{(k)}\leqslant\boldsymbol{\xi}^{(k)}\tag{6.15}$$

由 $\boldsymbol{A}_2\boldsymbol{x}^{(k)}<\boldsymbol{b}_2$ 知 $\boldsymbol{\xi}^{(k)}>0$,现分别讨论如下:

(1) 当 $\boldsymbol{\eta}^{(k)}\leqslant 0$ 且 $t\geqslant 0$ 时,(6.15)恒成立;

(2) 当 $\boldsymbol{\eta}^{(k)}$ 中至少有一个分量 $\eta_i^{(k)}>0(1\leqslant i\leqslant r)$时,令

$$t_{\max}^{(k)}=\min\left\{\frac{\xi_i^{(k)}}{\eta_i^{(k)}}\,\middle|\,\eta_i^{(k)}>0\right\}$$

则 $\forall t\in[0,t_{\max}^{(k)}]$,式(6.15)恒成立,所以一维优化问题(6.13)转化为

$$\min f(\boldsymbol{x}^{(k)}+t\boldsymbol{p}^{(k)}),\quad t\in[0,t_{\max}^{(k)}]$$

其中

$$t_{\max}^{(k)}=\begin{cases}+\infty, & \boldsymbol{\eta}^{(k)}\leqslant 0\\\min\limits_{i}\left\{\dfrac{\xi_i^{(k)}}{\eta_i^{(k)}}\,\middle|\,\eta_i^{(k)}>0\right\}, & \boldsymbol{\eta}^{(k)}\nleqslant 0\end{cases}$$

算法 6.6(Zoutendijk 方法)

(1) 给定初始点 $\boldsymbol{x}^{(0)}$,误差精度 $\varepsilon>0$,$k\leftarrow 0$;

(2) 分解 $\boldsymbol{A}=\begin{bmatrix}\boldsymbol{A}_{1k}\\ \boldsymbol{A}_{2k}\end{bmatrix}$, $\boldsymbol{b}=\begin{bmatrix}\boldsymbol{b}_{1k}\\ \boldsymbol{b}_{2k}\end{bmatrix}$,使得 $\boldsymbol{A}_{1k}\boldsymbol{x}^{(k)}=\boldsymbol{b}_{1k}$,$\boldsymbol{A}_{2k}\boldsymbol{x}^{(k)}<\boldsymbol{b}_{2k}$;

(3) 构造线性规划

$$\min \nabla f(\boldsymbol{x})^{\mathrm{T}}\boldsymbol{p}$$
$$s.\,t.\quad\begin{cases}\boldsymbol{A}_{1k}\boldsymbol{p}\leqslant 0\\ \boldsymbol{C}\boldsymbol{p}=0\\ -1\leqslant p_i\leqslant 1,\quad i=1,2,\cdots,n\end{cases}$$

求得最优解 $\boldsymbol{p}^{(k)}$;

(4) 若 $|\nabla f(\boldsymbol{x}^{(k)})^{\mathrm{T}}\boldsymbol{p}^{(k)}|<\varepsilon$,则停止计算并输出 $\boldsymbol{x}^*=\boldsymbol{x}^{(k)}$;否则,得到可行下降方向 $\boldsymbol{p}^{(k)}$,转(5);

(5) 计算 $\boldsymbol{\xi}^{(k)}=(\xi_1^{(k)},\xi_2^{(k)},\cdots,\xi_{r_k}^{(k)})^{\mathrm{T}}=\boldsymbol{b}_{2k}-\boldsymbol{A}_{2k}\boldsymbol{x}^{(k)}$,$\boldsymbol{\eta}^{(k)}=(\eta_1^{(k)},\eta_2^{(k)},\cdots,\eta_{r_k}^{(k)})^{\mathrm{T}}=\boldsymbol{A}_{2k}\boldsymbol{p}^{(k)}$;

(6) 求解 $\min\limits_{0\leqslant t\leqslant t_{\max}^{(k)}} f(\boldsymbol{x}^{(k)}+t\boldsymbol{p}^{(k)})$得步长 t_k,其中

$$t_{\max}^{(k)}=\begin{cases}+\infty, & \boldsymbol{\eta}^{(k)}\leqslant 0\\ \min\limits_i\left\{\dfrac{\xi_i^{(k)}}{\eta_i^{(k)}}\,\middle|\,\boldsymbol{\eta}_i^{(k)}>0\right\}, & \boldsymbol{\eta}^{(k)}\not\leqslant 0\end{cases}$$

(7) 令 $\boldsymbol{x}^{(k+1)}\leftarrow\boldsymbol{x}^{(k)}+t_k\boldsymbol{p}^{(k)}$,$k\leftarrow k+1$,转(2).

例 6.13 用 Zoutendijk 方法求解

$$\min f(\boldsymbol{x})=2x_1^2+2x_2^2-2x_1x_2-4x_1-6x_2$$
$$\text{s.t.}\quad\begin{cases}x_1+x_2\leqslant 2\\ x_1+5x_2\leqslant 5\\ -x_1\leqslant 0\\ -x_2\leqslant 0\end{cases}$$

解 $\nabla f(\boldsymbol{x})=(4x_1-2x_2-4,4x_2-2x_1-6)^{\mathrm{T}}$,取初值 $\boldsymbol{x}^{(0)}=(0,0)^{\mathrm{T}}$,误差精度 $\varepsilon=10^{-6}$.

第一轮迭代:$I(\boldsymbol{x}^{(0)})=\{3,4\}$,$\boldsymbol{A}_{10}=\begin{pmatrix}-1 & 0\\ 0 & -1\end{pmatrix}$,$\boldsymbol{A}_{20}=\begin{pmatrix}1 & 1\\ 1 & 5\end{pmatrix}$,$\boldsymbol{b}_{10}=\begin{pmatrix}0\\ 0\end{pmatrix}$,$\boldsymbol{b}_{20}=\begin{pmatrix}2\\ 5\end{pmatrix}$. 构造辅助线性规划

$$\min \nabla f(\boldsymbol{x}^{(0)})^{\mathrm{T}}\boldsymbol{p}=-4p_1-6p_2$$
$$\text{s.t.}\quad\begin{cases}-p_1\leqslant 0\\ -p_2\leqslant 0\\ -1\leqslant p_i\leqslant 1,\quad i=1,2\end{cases}$$

求得最优解为 $\boldsymbol{p}^{(0)}=(1,1)^{\mathrm{T}}$. 由 $|\nabla f(\boldsymbol{x}^{(0)})^{\mathrm{T}}\boldsymbol{p}^{(0)}|>\varepsilon$,需从 $\boldsymbol{x}^{(0)}$ 出发,沿可行下降方向 $\boldsymbol{p}^{(0)}$ 进行有效一维搜索.

$$\boldsymbol{\xi}^{(0)}=\boldsymbol{b}_{20}-\boldsymbol{A}_{20}\boldsymbol{x}^{(0)}=(2,5)^{\mathrm{T}},\boldsymbol{\eta}^{(0)}=\boldsymbol{A}_{20}\boldsymbol{p}^{(0)}=(2,6),\quad t_{\max}^{(0)}=\min\left\{\frac{2}{2},\frac{5}{6}\right\}=\frac{5}{6}$$

一维求解 $\min\limits_{0\leqslant t\leqslant\frac{5}{6}} f(\boldsymbol{x}^{(0)}+t\boldsymbol{p}^{(0)})=2t^2-10t$ 得步长 $t_0=\dfrac{5}{6}$,并且 $\boldsymbol{x}^{(1)}=\boldsymbol{x}^{(0)}+t_0\boldsymbol{p}^{(0)}=\left(\dfrac{5}{6},\dfrac{5}{6}\right)^{\mathrm{T}}$.

第二轮迭代:$I(\boldsymbol{x}^{(1)})=\{2\}$,$\boldsymbol{A}_{11}=(1,5)$,$\boldsymbol{b}_{11}=(5)$,$\boldsymbol{A}_{21}=\begin{pmatrix}1&1\\-1&0\\0&-1\end{pmatrix}$,$\boldsymbol{b}_{21}=\begin{pmatrix}2\\0\\0\end{pmatrix}$. 构造辅助线性规划

$$\min \nabla f(\boldsymbol{x}^{(1)})^{\mathrm{T}}\boldsymbol{p}=-\frac{7}{3}p_1-\frac{13}{3}p_2$$

$$\text{s. t.}\quad\begin{cases}p_1+5p_2\leqslant 0\\-1\leqslant p_i\leqslant 1,\quad i=1,2\end{cases}$$

求得最优解为 $\boldsymbol{p}^{(1)}=\left(1,-\dfrac{1}{5}\right)^{\mathrm{T}}$. 由 $|\nabla f(\boldsymbol{x}^{(1)})^{\mathrm{T}}\boldsymbol{p}^{(1)}|=\dfrac{22}{15}>\varepsilon$,需从 $\boldsymbol{x}^{(1)}$ 出发,沿可行下降方向 $\boldsymbol{p}^{(1)}$ 进行一维搜索.

$$\boldsymbol{\xi}^{(1)}=\boldsymbol{b}_{21}-\boldsymbol{A}_{21}\boldsymbol{x}^{(1)}=\left(\frac{1}{3},\frac{5}{6},\frac{5}{6}\right)^{\mathrm{T}},\boldsymbol{\eta}^{(1)}=\boldsymbol{A}_{21}\boldsymbol{p}^{(1)}=\left(\frac{4}{5},-1,\frac{1}{5}\right)^{\mathrm{T}},\quad t_{\max}^{(1)}=\frac{5}{12}$$

一维搜索求解 $\min\limits_{0\leqslant t\leqslant\frac{5}{12}} f(\boldsymbol{x}^{(1)}+t\boldsymbol{p}^{(1)})=\dfrac{62}{25}t^2-\dfrac{22}{15}t-\dfrac{125}{18}$ 得步长 $t_1=\dfrac{55}{186}$ 且 $\boldsymbol{x}^{(2)}=\boldsymbol{x}^{(1)}+t_1\boldsymbol{p}^{(1)}=\left(\dfrac{35}{31},\dfrac{34}{31}\right)^{\mathrm{T}}$.

第三轮迭代:$I(\boldsymbol{x}^{(2)})=\{2\}$得第二轮相同的分解,构造辅助线性规划

$$\min \nabla f(\boldsymbol{x}^{(2)})^{\mathrm{T}}\boldsymbol{p}=-\frac{32}{31}p_1-\frac{160}{31}p_2$$

$$\text{s. t.}\quad\begin{cases}p_1+5p_2\leqslant 0\\-1\leqslant p_i\leqslant 1,\quad i=1,2\end{cases}$$

求得最优解为 $\boldsymbol{p}^{(2)}=\left(1,-\dfrac{1}{3}\right)^{\mathrm{T}}$,此时 $|\nabla f(\boldsymbol{x}^{(2)})^{\mathrm{T}}\boldsymbol{p}^{(2)}|=0<\varepsilon$,停止计算得解为

$$\boldsymbol{x}^{(2)}=\left(\frac{35}{31},\frac{24}{31}\right)^{\mathrm{T}}$$

$\boldsymbol{x}^{(2)}$ 是 Kuhn-Tucker 点. 又由于优化问题是凸规划,故 $\boldsymbol{x}^{(2)}$ 是问题的最优解.

6.5 二次规划

目标函数是二次函数，约束条件是线性函数的非线性规划问题称为二次规划(quadratic programming)，它的一般形式为

$$
\min\ f(\boldsymbol{x})=\frac{1}{2}\boldsymbol{x}^{\mathrm{T}}\boldsymbol{H}\boldsymbol{x}+\boldsymbol{c}^{\mathrm{T}}\boldsymbol{x}
$$

$$
\text{s. t.}\quad \begin{cases}\boldsymbol{A}_1\boldsymbol{x}\leqslant\boldsymbol{b}_1\\ \boldsymbol{A}_2\boldsymbol{x}=\boldsymbol{b}_2\end{cases} \tag{6.16}
$$

其中 $\boldsymbol{H}\in\mathbf{R}^{n\times n}$ 为对称矩阵，$\boldsymbol{A}_1\in\mathbf{R}^{m\times n}$，$\boldsymbol{A}_2\in\mathbf{R}^{l\times n}$，$\boldsymbol{b}_1\in\mathbf{R}^m$，$\boldsymbol{b}_2\in\mathbf{R}^l$，$\boldsymbol{c}\in\mathbf{R}^n$，一般地，$m+l\leqslant n$.

当 $\boldsymbol{H}$ 是 n 阶对称正定矩阵时，称(6.16)为严格凸二次规划.

定理 6.15 点 $\boldsymbol{x}^*$ 是严格凸二次规划(6.16)的严格全局最优解的充分必要条件是 $\boldsymbol{x}^*$ 满足 Kuhn-Tucker 条件，即存在乘子向量 $\boldsymbol{\lambda}^*\in\mathbf{R}^m$，$\boldsymbol{\mu}^*\in\mathbf{R}^l$，使得

$$
\begin{cases}
\boldsymbol{H}\boldsymbol{x}^*+c+\sum\limits_{i=1}^{m}\lambda_i^*\boldsymbol{a}_{1i}+\sum\limits_{j=1}^{l}\mu_j^*\boldsymbol{a}_{2j}=0\\
\boldsymbol{a}_{1i}^{\mathrm{T}}\boldsymbol{x}^*-b_{1i}\leqslant 0, & i=1,2,\cdots,m\\
\boldsymbol{a}_{2j}^{\mathrm{T}}\boldsymbol{x}^*-b_{2j}=0, & j=1,2,\cdots,l\\
\lambda_i^*\geqslant 0,i=1,2,\cdots,m;\lambda_i^*=0, & i\in\{1,2,\cdots,m\}\backslash I(x^*)
\end{cases}
$$

其中 $\boldsymbol{a}_{1i}^{\mathrm{T}}$ 为 $\boldsymbol{A}_1$ 的第 i 行，b_{1i} 为 b_1 的第 i 个元素，$\boldsymbol{a}_{2j}^{\mathrm{T}}$ 为 $\boldsymbol{A}_2$ 的第 j 行，b_{2j} 为 $\boldsymbol{b}_2$ 的第 j 个元素，记 $I(\boldsymbol{x}^*)=\{i\mid\boldsymbol{a}_{1i}^{\mathrm{T}}\boldsymbol{x}^*=b_{1i}\}$ 为在点 $\boldsymbol{x}^*$ 处的起作用约束(有效约束)下标集，$J=\{1,2,\cdots,l\}$.

证明 略.

定理 6.16 若严格凸二次规划问题(6.16)有可行点，则(6.16)必有最优解，并且最优解唯一.

证明 略.

定理 6.17 若 $\boldsymbol{x}^*$ 是严格凸二次规划(6.16)的最优解，则 $\boldsymbol{x}^*$ 是下列问题的唯一解：

$$
\min\ f(\boldsymbol{x})=\frac{1}{2}\boldsymbol{x}^{\mathrm{T}}\boldsymbol{H}\boldsymbol{x}+\boldsymbol{c}^{\mathrm{T}}\boldsymbol{x}
$$

$$
\text{s. t.}\quad \begin{cases}g_i(\boldsymbol{x})=\boldsymbol{a}_{1i}^{\mathrm{T}}\boldsymbol{x}-b_{1i}=0, & i\in I(x^*)\\ h_j(\boldsymbol{x})=\boldsymbol{a}_{2j}^{\mathrm{T}}\boldsymbol{x}-b_{2j}=0, & j\in J\end{cases} \tag{6.17}
$$

证明 略.

记 $\bar{I}(\boldsymbol{x}^*)=I(\boldsymbol{x}^*)+J$，称 $\bar{I}(\boldsymbol{x}^*)$ 为严格凸二次规划问题(6.17)的有效集.

6.5.1 等式约束二次规划问题的 Lagrange 方法

考查二次规划问题

$$\min\ f(\boldsymbol{x})=\frac{1}{2}\boldsymbol{x}^{\mathrm{T}}\boldsymbol{H}\boldsymbol{x}+\boldsymbol{c}^{\mathrm{T}}\boldsymbol{x}$$

$$\text{s. t.}\quad \boldsymbol{A}\boldsymbol{x}=\boldsymbol{b},\quad \boldsymbol{x}\in\mathbf{R}^n \tag{6.18}$$

其中 $\boldsymbol{H}$ 为 n 阶对称矩阵,$\boldsymbol{A}\in\mathbf{R}^{m\times n}$ 且秩为 m.

等式约束二次规划问题(6.18)可用 Lagrange 乘子法求解,令

$$L(\boldsymbol{x},\boldsymbol{\lambda})=\frac{1}{2}\boldsymbol{x}^{\mathrm{T}}\boldsymbol{H}\boldsymbol{x}+\boldsymbol{c}^{\mathrm{T}}\boldsymbol{x}+\boldsymbol{\lambda}^{\mathrm{T}}(\boldsymbol{A}\boldsymbol{x}-\boldsymbol{b})$$

由 $\nabla L(\boldsymbol{x},\lambda)=0$ 得方程 $\begin{cases}\boldsymbol{H}\boldsymbol{x}+\boldsymbol{c}+\boldsymbol{A}^{\mathrm{T}}\boldsymbol{\lambda}=\boldsymbol{0},\\ \boldsymbol{A}\boldsymbol{x}-\boldsymbol{b}=\boldsymbol{0},\end{cases}$ 即

$$\begin{pmatrix}\boldsymbol{H} & \boldsymbol{A}^{\mathrm{T}}\\ \boldsymbol{A} & \boldsymbol{0}\end{pmatrix}\begin{pmatrix}\boldsymbol{x}\\ \boldsymbol{\lambda}\end{pmatrix}=\begin{pmatrix}-\boldsymbol{c}\\ \boldsymbol{b}\end{pmatrix} \tag{6.19}$$

系数矩阵 $\begin{pmatrix}\boldsymbol{H} & \boldsymbol{A}^{\mathrm{T}}\\ \boldsymbol{A} & \boldsymbol{0}\end{pmatrix}$ 称为 Lagrange 矩阵. 假设该矩阵可逆,记 $\begin{pmatrix}\boldsymbol{H} & \boldsymbol{A}^{\mathrm{T}}\\ \boldsymbol{A} & \boldsymbol{0}\end{pmatrix}^{-1}=\begin{pmatrix}\boldsymbol{Q} & \boldsymbol{R}^{\mathrm{T}}\\ \boldsymbol{R} & \boldsymbol{S}\end{pmatrix}$,若 $\boldsymbol{H}^{-1}$ 存在,则有

$$\begin{cases}\boldsymbol{Q}=\boldsymbol{H}^{-1}-\boldsymbol{H}^{-1}\boldsymbol{A}^{\mathrm{T}}(\boldsymbol{A}\boldsymbol{H}^{-1}\boldsymbol{A}^{\mathrm{T}})^{-1}\boldsymbol{A}\boldsymbol{H}^{-1}\\ \boldsymbol{R}=(\boldsymbol{A}\boldsymbol{H}^{-1}\boldsymbol{A}^{\mathrm{T}})^{-1}\boldsymbol{A}\boldsymbol{H}^{-1}\\ \boldsymbol{S}=-(\boldsymbol{A}\boldsymbol{H}^{-1}\boldsymbol{A}^{\mathrm{T}})^{-1}\end{cases}$$

故有解

$$\begin{cases}\boldsymbol{x}^*=-\boldsymbol{Q}\boldsymbol{c}+\boldsymbol{R}^{\mathrm{T}}\boldsymbol{b}\\ \boldsymbol{\lambda}^*=-\boldsymbol{R}\boldsymbol{c}+\boldsymbol{S}\boldsymbol{b}\end{cases} \tag{6.20}$$

设 $\boldsymbol{x}^{(0)}$ 是等式约束二次规划问题(6.18)的任一可行解,即 $\boldsymbol{A}\boldsymbol{x}^{(0)}=\boldsymbol{b}$,由 $\nabla f(\boldsymbol{x}^{(0)})=\boldsymbol{H}\boldsymbol{x}^{(0)}+\boldsymbol{c}$ 有

$$\begin{cases}\boldsymbol{x}^*=\boldsymbol{x}^{(0)}-\boldsymbol{Q}\,\nabla f(\boldsymbol{x}^{(0)})\\ \boldsymbol{\lambda}^*=-\boldsymbol{R}\,\nabla f(\boldsymbol{x}^{(0)})\end{cases}$$

例 6.14 用 Lagrange 乘子法求解

$$\min\ f(\boldsymbol{x})=x_1^2+2x_2^2+x_3^2-2x_1x_2+x_3$$

$$\text{s. t.}\quad \begin{cases}x_1+x_2+x_3=4\\ 2x_1-x_2+x_3=2\end{cases}$$

解 $\boldsymbol{H}=\begin{bmatrix}2 & -2 & 0\\ -2 & 4 & 0\\ 0 & 0 & 2\end{bmatrix}$, $\boldsymbol{c}=\begin{bmatrix}0\\ 0\\ 1\end{bmatrix}$, $\boldsymbol{A}=\begin{pmatrix}1 & 1 & 1\\ 2 & -1 & 1\end{pmatrix}$, $\boldsymbol{b}=\begin{pmatrix}4\\ 2\end{pmatrix}$

方法 1 由式(6.19)得方程组

$$\begin{pmatrix} 2 & -2 & 0 & 1 & 2 \\ -2 & 4 & 0 & 1 & -1 \\ 0 & 0 & 2 & 1 & 1 \\ 1 & 1 & 1 & 0 & 0 \\ 2 & -1 & 1 & 0 & 0 \end{pmatrix}\begin{pmatrix} x_1 \\ x_2 \\ x_3 \\ \lambda_1 \\ \lambda_2 \end{pmatrix}=\begin{pmatrix} 0 \\ 0 \\ -1 \\ 4 \\ 2 \end{pmatrix}$$

解此方程组得

$$x_1=\frac{21}{11},\quad x_2=\frac{43}{22},\quad x_3=\frac{3}{22},\quad \lambda_1=-\frac{29}{11},\quad \lambda_2=\frac{15}{11}$$

从而得最优解为

$$\boldsymbol{x}^*=\left(\frac{21}{11},\frac{43}{22},\frac{3}{22}\right)^{\mathrm{T}}$$

方法 2 由式(6.20),先计算

$$\boldsymbol{H}^{-1}=\begin{pmatrix} 1 & \frac{1}{2} & 0 \\ \frac{1}{2} & \frac{1}{2} & 0 \\ 0 & 0 & \frac{1}{2} \end{pmatrix},\quad \boldsymbol{Q}=\frac{4}{11}\begin{pmatrix} \frac{1}{2} & \frac{1}{4} & -\frac{3}{4} \\ \frac{1}{4} & \frac{1}{8} & -\frac{3}{8} \\ -\frac{3}{4} & -\frac{3}{8} & \frac{9}{8} \end{pmatrix},$$

$$\boldsymbol{R}=\frac{4}{11}\begin{pmatrix} \frac{3}{4} & \frac{7}{4} & \frac{1}{4} \\ \frac{3}{4} & -1 & \frac{1}{4} \end{pmatrix},\quad \boldsymbol{S}=-\frac{4}{11}\begin{pmatrix} 3 & -\frac{5}{2} \\ -\frac{5}{2} & 3 \end{pmatrix}$$

则有

$$\begin{cases} \boldsymbol{x}^*=-\boldsymbol{Q}\boldsymbol{c}+\boldsymbol{R}^{\mathrm{T}}\boldsymbol{b}=\left(\frac{21}{11},\frac{43}{22},\frac{3}{22}\right)^{\mathrm{T}} \\ \boldsymbol{\lambda}^*=-\boldsymbol{R}\boldsymbol{c}+\boldsymbol{S}\boldsymbol{b}=\left(-\frac{29}{11},\frac{15}{11}\right)^{\mathrm{T}} \end{cases}$$

6.5.2 一般严格凸二次规划的有效集法

考查严格凸二次规划问题(6.16),由定理 6.17,求出(6.17)的解就得到(6.16)的解.为了求解(6.17),先找出(6.17)的一个可行点,求出该可行点处的有效集,然后按目标函数下降的原则,对有效集不断地进行调整,使之成为$\bar{I}(\boldsymbol{x}^*)$.

有效集法的主要步骤如下:假设已知初始可行点$\boldsymbol{x}^{(1)}$,其有效集为$\bar{I}^{(1)}$,设$I(\boldsymbol{x}^{(1)})$含有 t 个元素,为方便起见,不妨设为$\bar{I}^{(1)}=I(\boldsymbol{x}^{(1)})+J=\{1,2,\cdots,t,t+1,t+2,\cdots,t+l\}$,并且约束矩阵的行向量$\boldsymbol{a}_i$($i\in\bar{I}^{(1)}$)线性无关.(6.17)的二次规划问题可改写为

$$\min\ f(\boldsymbol{x})=\frac{1}{2}\boldsymbol{x}^{\mathrm{T}}\boldsymbol{H}\boldsymbol{x}+\boldsymbol{c}^{\mathrm{T}}\boldsymbol{x}$$

$$\text{s. t.}\quad \boldsymbol{a}_i^{\mathrm{T}}\boldsymbol{x}-b_i=0,\quad i\in\bar{I}^{(1)} \tag{6.21}$$

用 6.5.1 小节的方法求解(6.21)的最优解 $\bar{\boldsymbol{x}}^{(1)}$ 及乘子向量

$$\bar{\boldsymbol{\lambda}}^{(1)}=(\bar{\lambda}_1^{(1)},\bar{\lambda}_2^{(1)},\cdots,\bar{\lambda}_t^{(1)},\bar{\lambda}_{t+1}^{(1)},\bar{\lambda}_{t+2}^{(1)},\cdots,\bar{\lambda}_{t+l}^{(1)})^{\mathrm{T}}$$

现分别加以讨论.

(1) 当 $\bar{\boldsymbol{x}}^{(1)}\neq\boldsymbol{x}^{(1)}$ 时，由于 $\bar{\boldsymbol{x}}^{(1)}$ 是(6.21)的严格整体最优解，$\boldsymbol{x}^{(1)}$ 是其可行点，故有

$$f(\bar{\boldsymbol{x}}^{(1)})<f(\boldsymbol{x}^{(1)}) \tag{6.22}$$

(i) 当 $\bar{\boldsymbol{x}}^{(1)}$ 是原问题(6.16)的可行点时，可取 $\boldsymbol{x}^{(2)}=\bar{\boldsymbol{x}}^{(1)}$，并作出相应的有效集 $\bar{I}^{(2)}$，则 $\boldsymbol{x}^{(2)}$，$\bar{I}^{(2)}$ 比 $\boldsymbol{x}^{(1)}$，$\bar{I}^{(1)}$"前进"了一步. 用 $\boldsymbol{x}^{(2)}$，$\bar{I}^{(2)}$ 分别代替 $\boldsymbol{x}^{(1)}$，$\bar{I}^{(1)}$，重复前述步骤.

(ii) 当 $\bar{\boldsymbol{x}}^{(1)}$ 不是原问题(6.16)的可行点时，$\boldsymbol{x}^{(1)}$ 在可行域内，而 $\bar{\boldsymbol{x}}^{(1)}$ 在可行域外，如图 6.4 所示.

由于目标函数中的 $\boldsymbol{H}$ 是对称正定矩阵，故由(6.22)可知，从 $\boldsymbol{x}^{(1)}$ 出发，沿 $\boldsymbol{p}^{(1)}=\bar{\boldsymbol{x}}^{(1)}-\boldsymbol{x}^{(1)}$ 前进到 $\bar{\boldsymbol{x}}^{(1)}$ 的过程中，目标函数值是下降的，如图 6.5 所示. 在到达 $\bar{\boldsymbol{x}}^{(1)}$ 之前，必然会遇到某个不等式约束 $\boldsymbol{a}_i^{\mathrm{T}}\boldsymbol{x}-b_i\leqslant 0(1\leqslant i\leqslant m)$ 的边界. 考虑它最先遇到的那个约束边界，记其相应的约束下标为 r，并记相应的交点为 $\boldsymbol{x}^{(2)}$，如图 6.4 所示. 显然，$\boldsymbol{x}^{(2)}$ 处的目标函数值 $f(\boldsymbol{x}^{(2)})<f(\boldsymbol{x}^{(1)})$，而且若取 $\bar{I}^{(2)}=\bar{I}^{(1)}+\{r\}$，则 $\boldsymbol{x}^{(2)}$ 满足约束条件

$$\boldsymbol{a}_i^{\mathrm{T}}\boldsymbol{x}-b_i=0,\quad i\in\bar{I}^{(2)}$$

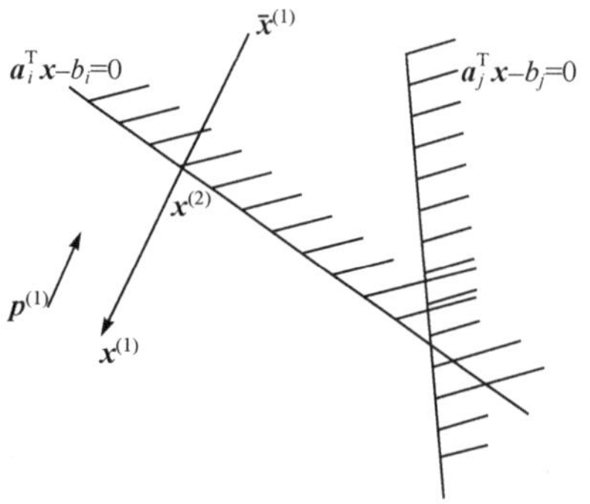

图 6.4

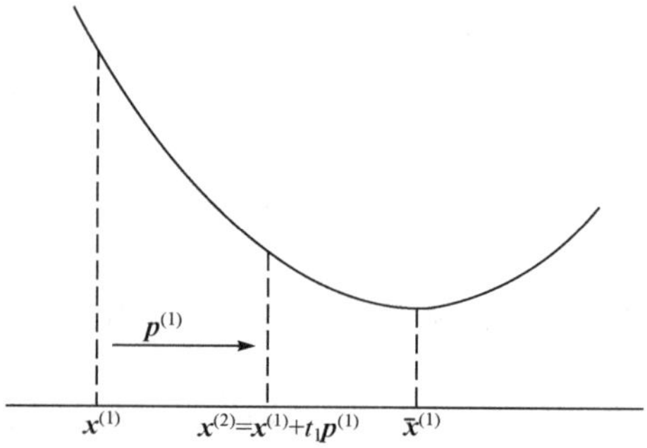

图 6.5

以 $\boldsymbol{x}^{(2)}$，$\bar{I}^{(2)}$ 分别代替 $\boldsymbol{x}^{(1)}$，$\bar{I}^{(1)}$，再重复前述步骤.

(2) 当 $\bar{\boldsymbol{x}}^{(1)}=\boldsymbol{x}^{(1)}$ 时.

(i) 若乘子 $\bar{\lambda}_1^{(1)}$，$\bar{\lambda}_2^{(1)}$，$\cdots$，$\bar{\lambda}_t^{(1)}$ 中的元素全部非负，则由定理 6.15 知，$\bar{\boldsymbol{x}}^{(1)}=\boldsymbol{x}^{(1)}$ 是(6.16)的解，停止计算.

(ii) 乘子 $\bar{\lambda}_1^{(1)},\bar{\lambda}_2^{(1)},\cdots,\bar{\lambda}_t^{(1)}$ 中有负值 $\bar{\lambda}_q^{(1)}$，则在问题(6.20)的 $\bar{I}^{(1)}$ 中去掉第 q 个约束下标，得到的最优目标函数值也将下降(证明参见《最优化方法》(邓乃扬等，1987)，因此，取 $\boldsymbol{x}^{(2)}=\bar{\boldsymbol{x}}^{(1)}$，$\bar{I}^{(2)}=\bar{I}^{(1)}-\{q\}$. 这样，用 $\boldsymbol{x}^{(2)}$，$\bar{I}^{(2)}$ 代替 $\boldsymbol{x}^{(1)}$，$\bar{I}^{(1)}$，重复前述做法时将会出现(1)的情形.

下面介绍等式约束问题的化简. 在有效集法的计算过程中，需要对已知等式约束问题

$$\min\ f(\boldsymbol{x})=\frac{1}{2}\boldsymbol{x}^{\mathrm{T}}\boldsymbol{H}\boldsymbol{x}+\boldsymbol{c}^{\mathrm{T}}\boldsymbol{x}$$

$$\text{s. t.}\quad \boldsymbol{a}_i^{\mathrm{T}}\boldsymbol{x}-b_i=0,\quad i\in\bar{I}^{(k)} \tag{6.23}$$

在可行点 $\boldsymbol{x}^{(k)}$ 的条件下，求该问题的最优解 $\bar{\boldsymbol{x}}^{(k)}$. 令 $\boldsymbol{p}_k=\bar{\boldsymbol{x}}^{(k)}-\boldsymbol{x}^{(k)}$，则可把问题转化为求 $\boldsymbol{p}_k$. 由于 $\bar{\boldsymbol{x}}^{(k)}=\boldsymbol{x}^{(k)}+\boldsymbol{p}_k$ 处的目标函数值为

$$\begin{aligned}f(\bar{\boldsymbol{x}}^{(k)})&=\frac{1}{2}(\boldsymbol{x}^{(k)}+\boldsymbol{p}_k)^{\mathrm{T}}\boldsymbol{H}(\boldsymbol{x}^{(k)}+\boldsymbol{p}_k)+\boldsymbol{c}^{\mathrm{T}}(\boldsymbol{x}^{(k)}+\boldsymbol{p}_k)\\&=\frac{1}{2}\boldsymbol{p}_k^{\mathrm{T}}\boldsymbol{H}\boldsymbol{p}_k+(\boldsymbol{H}\boldsymbol{x}^{(k)}+\boldsymbol{c})^{\mathrm{T}}\boldsymbol{p}_k+f(\boldsymbol{x}^{(k)})\end{aligned}$$

而 $\bar{\boldsymbol{x}}^{(k)}$ 满足约束条件 $\boldsymbol{a}_i^{\mathrm{T}}\boldsymbol{x}-b_i=0$ 等价于 $\boldsymbol{p}_k$ 满足 $\boldsymbol{a}_i^{\mathrm{T}}\boldsymbol{p}_k=0(i\in\bar{I}^{(k)})$. 因此，$\boldsymbol{p}_k$ 是二次规划问题

$$\min\ \frac{1}{2}\boldsymbol{p}^{\mathrm{T}}\boldsymbol{H}\boldsymbol{p}+(\boldsymbol{H}\boldsymbol{x}^{(k)}+\boldsymbol{c})^{\mathrm{T}}\boldsymbol{p}$$

$$\text{s. t.}\quad \boldsymbol{a}_i^{\mathrm{T}}\boldsymbol{p}=0,\quad i\in\bar{I}^{(k)} \tag{6.24}$$

的解，(6.24)形式上比(6.23)简单. 在式(6.24)中求得 $\boldsymbol{p}_k$ 后，可由 $\bar{\boldsymbol{x}}^{(k)}=\boldsymbol{x}^{(k)}+\boldsymbol{p}_k$ 得 $\bar{\boldsymbol{x}}^{(k)}$，并且(6.23)，(6.24)具有相同的乘数因子.

为了保证可行性，沿方向 $\boldsymbol{p}_k$ 搜索确定的步长 t_k，其取值应使对每个 $i\notin\bar{I}^{(k)}$，成立

$$\boldsymbol{a}_i^{\mathrm{T}}(\boldsymbol{x}^{(k)}+t_k\boldsymbol{p}_k)\leqslant b_i,\quad i\in\{1,2,\cdots,m\}\backslash I(\boldsymbol{x}^{(k)}) \tag{6.25}$$

由于 $\boldsymbol{x}^{(k)}$ 是可行点，故由式(6.25)可知，当 $\boldsymbol{a}_i^{\mathrm{T}}\boldsymbol{p}_k<0$ 时，对任意的非负实数 t_k，(6.25)均成立；当 $\boldsymbol{a}_i^{\mathrm{T}}\boldsymbol{p}_k>0$ 时，需满足

$$t_k\leqslant\min\left\{\frac{b_i-\boldsymbol{a}_i^{\mathrm{T}}\boldsymbol{x}^{(k)}}{\boldsymbol{a}_i^{\mathrm{T}}\boldsymbol{p}_k}\,\middle|\,\boldsymbol{a}_i^{\mathrm{T}}\boldsymbol{p}_k>0,i\in\{1,2,\cdots,m\}\backslash I(\boldsymbol{x}^{(k)})\right\}=\frac{b_r-\boldsymbol{a}_r^{\mathrm{T}}\boldsymbol{x}^{(k)}}{\boldsymbol{a}_r^{\mathrm{T}}\boldsymbol{p}_k}$$

若取 $t_k=\dfrac{b_r-\boldsymbol{a}_r^{\mathrm{T}}\boldsymbol{x}^{(k)}}{\boldsymbol{a}_r^{\mathrm{T}}\boldsymbol{p}_k}$，则在 $\boldsymbol{x}^{(k+1)}$ 处有

$$\boldsymbol{a}_r^{\mathrm{T}}\boldsymbol{x}^{(k+1)}=\boldsymbol{a}_r^{\mathrm{T}}(\boldsymbol{x}^{(k)}+t_k\boldsymbol{p}_k)=b_r$$

因此，在 $\boldsymbol{x}^{(k+1)}$ 处，$\boldsymbol{a}_r^{\mathrm{T}}\boldsymbol{x}\leqslant\boldsymbol{b}_r$ 为起作用约束(有效约束). 此时，将 r 加入 $\bar{I}^{(k)}$ 得 $\boldsymbol{x}^{(k+1)}$ 处的有效集 $\bar{I}^{(k+1)}$.

算法 6.7(有效集法)

(1) 取定初始可行点 $\boldsymbol{x}^{(1)}$，确定相应的有效集 $\bar{I}^{(1)}$，$k\leftarrow 1$；

(2) 求解仅含等式约束的严格凸二次规划(6.24)得解 $\boldsymbol{p}_k$；

(3) 若 $\boldsymbol{p}_k=0$，则计算相应的乘子 $\lambda_i^{(k)}(i\in\bar{I}^{(k)})$；否则，转(5)；

(4) 若 $\lambda_i^{(k)}\geqslant 0(i\in I(x^{(k)}))$，则 $\boldsymbol{x}^{(k)}$ 是原问题(6.16)的解，用 $\lambda_i^{(k)}(i\in\bar{I}^{(k)})$，$\lambda_i^{(k)}=0(i\in\{1,2,\cdots,m\}\backslash I(x^{(k)}))$ 构成相应的乘子，停止计算；否则，求出

$$\lambda_q^{(k)}=\min\{\lambda_i^{(k)}\mid i\in I^{(k)}\},\quad \boldsymbol{x}^{(k+1)}\leftarrow\boldsymbol{x}^{(k)},\bar{I}^{(k+1)}\leftarrow\bar{I}^{(k)}-\{q\},\quad k\leftarrow k+1$$

转(2)；

(5) 若 $\bar{\boldsymbol{x}}^{(k)}=\boldsymbol{x}^{(k)}+\boldsymbol{p}_k$ 满足 $\boldsymbol{a}_i^{\mathrm{T}}\bar{\boldsymbol{x}}^{(k)}-b_i\leqslant 0\ (i\in\{1,2,\cdots,m\}\backslash I(x^{(k)}))$，则 $\boldsymbol{x}^{(k+1)}\leftarrow\bar{\boldsymbol{x}}^{(k)}$，并确定相应的有效集 $\bar{I}^{(k+1)}$，$k\leftarrow k+1$. 转(2)；

(6) 计算 $t_k=\min\left\{\dfrac{b_i-\boldsymbol{a}_i^{\mathrm{T}}\boldsymbol{x}^{(k)}}{\boldsymbol{a}_i^{\mathrm{T}}\boldsymbol{p}_k}\;\middle|\;\boldsymbol{a}_i^{\mathrm{T}}\boldsymbol{p}_k>0,i\in\{1,2,\cdots,m\}\backslash I(\boldsymbol{x}^{(k)})\right\}=\dfrac{b_r-\boldsymbol{a}_r^{\mathrm{T}}\boldsymbol{x}^{(k)}}{\boldsymbol{a}_r^{\mathrm{T}}\boldsymbol{p}^{(k)}}$，则

$$\boldsymbol{x}^{(k+1)}\leftarrow\boldsymbol{x}^{(k)}+t_k\boldsymbol{p}_k,\bar{I}^{(k+1)}\leftarrow\bar{I}^{(k)}+\{r\},k\leftarrow k+1$$

转(2).

说明:有效集法对仅含不等式约束的二次规划问题仍适用.

例 6.15　用有效集法求解不等式约束二次规划

$$\min\ f(\boldsymbol{x})=x_1^2+x_2^2-2x_1-4x_2$$
$$\text{s. t.}\begin{cases}x_1+x_2\leqslant 1\\ x_1\geqslant 0\\ x_2\geqslant 0\end{cases}$$

解　将原问题改写为

$$\min\ f(\boldsymbol{x})=x_1^2+x_2^2-2x_1-4x_2$$
$$\text{s. t.}\begin{cases}-x_1\leqslant 0\\ -x_2\leqslant 0\\ x_1+x_2-1\leqslant 0\end{cases}$$

此时，$\boldsymbol{a}_1=(-1,0)^{\mathrm{T}}$，$\boldsymbol{a}_2=(0,-1)^{\mathrm{T}}$，$\boldsymbol{a}_3=(1,-1)^{\mathrm{T}}$，取初始可行点 $\boldsymbol{x}^{(0)}=(0,0)^{\mathrm{T}}$.

第一轮迭代：$I^{(1)}=\{1,2\}$，则有等式约束二次规划

$$\min\ p_1^2+p_2^2-2p_1-4p_2$$
$$\text{s. t.}\begin{cases}\boldsymbol{a}_1^{\mathrm{T}}\boldsymbol{p}=-p_1=0\\ \boldsymbol{a}_2^{\mathrm{T}}\boldsymbol{p}=-p_2=0\end{cases}$$

用 Lagrange 乘子法求此等式约束二次规划，由(6.19)有方程组

$$\begin{pmatrix}2&0&-1&0\\0&2&0&-1\\-1&0&0&0\\0&-1&0&0\end{pmatrix}\begin{pmatrix}p_1\\p_2\\\lambda_1\\\lambda_2\end{pmatrix}=\begin{pmatrix}2\\4\\0\\0\end{pmatrix}$$

解之得 $\boldsymbol{p}^{(1)}=(0,0)^{\mathrm{T}}$，$\boldsymbol{\lambda}^{(1)}=(-2,-4)^{\mathrm{T}}$，由于 $\min\{\lambda_1^{(1)},\lambda_2^{(1)}\}=-4<0$，取 $\boldsymbol{x}^{(2)}=\boldsymbol{x}^{(1)}=(0,0)^{\mathrm{T}}$，$\bar{I}^{(2)}\leftarrow\bar{I}^{(1)}\backslash\{2\}=\{1\}$.

第二轮迭代：求解等式约束二次规划

$$\min p_1^2+p_2^2-2p_1-4p_2$$
$$\text{s. t.}\quad \boldsymbol{a}_i^{\mathrm{T}}\boldsymbol{p}=-p_1=0$$

由(6.19)有方程组

$$\begin{pmatrix}2&0&-1\\0&2&0\\-1&0&0\end{pmatrix}\begin{pmatrix}p_1\\p_2\\\lambda\end{pmatrix}=\begin{pmatrix}2\\4\\0\end{pmatrix}$$

解之得 $\boldsymbol{p}^{(2)}=(0,2)^{\mathrm{T}},\boldsymbol{\lambda}^{(2)}=-2$. 取 $\bar{\boldsymbol{x}}^{(2)}=\boldsymbol{x}^{(2)}+\boldsymbol{p}^{(2)}=(0,2)^{\mathrm{T}}$，由于 $\bar{\boldsymbol{x}}^{(2)}$ 不是可行点，计算

$$t_2=\min\left\{\frac{b_i-\boldsymbol{a}_i^{\mathrm{T}}\boldsymbol{x}^{(2)}}{\boldsymbol{a}_i^{\mathrm{T}}\boldsymbol{p}^{(2)}}\ \middle|\ \boldsymbol{a}_i^{\mathrm{T}}\boldsymbol{p}^{(2)}>0,i=2,3\right\}=\frac{b_3-\boldsymbol{a}_3^{\mathrm{T}}\boldsymbol{x}^{(2)}}{\boldsymbol{a}_3^{\mathrm{T}}\boldsymbol{p}^{(2)}}=\frac{1}{2}$$

取 $\boldsymbol{x}^{(3)}=\boldsymbol{x}^{(2)}+t_2\boldsymbol{p}^{(2)}=(0,1)^{\mathrm{T}},\bar{I}^{(3)}\leftarrow\bar{I}^{(2)}+\{3\}=\{1,3\}$.

第三轮迭代：求解等式约束二次规划

$$\min\ p_1^2+p_2^2-2p_1-4p_2$$
$$\text{s. t.}\quad \begin{cases}\boldsymbol{a}_1^{\mathrm{T}}\boldsymbol{p}=-p_1=0\\ \boldsymbol{a}_3^{\mathrm{T}}\boldsymbol{p}=p_1+p_2=0\end{cases}$$

由(6.19)有方程组

$$\begin{pmatrix}2&0&-1&1\\0&2&0&1\\-1&0&0&0\\1&1&0&0\end{pmatrix}\begin{pmatrix}p_1\\p_2\\\lambda_1\\\lambda_2\end{pmatrix}=\begin{pmatrix}2\\4\\0\\0\end{pmatrix}$$

解得 $\boldsymbol{p}^{(3)}=(0,0)^{\mathrm{T}},\boldsymbol{\lambda}^{(3)}=(0,2)^{\mathrm{T}}$. 原问题的最优解 $\boldsymbol{x}^*=\boldsymbol{x}^{(3)}=(0,1)^{\mathrm{T}}$，相应的乘子向量为 $\boldsymbol{\lambda}^*=(0,0,2)^{\mathrm{T}}$.

用有效集法求解一般正定二次规划问题时，需要先求出它的一个初始基可行解 $\boldsymbol{x}^{(0)}$，可仿照线性规划中求初始可行解的方法得到，是一种两阶段方法. 为了克服这一缺点减少求解正定二次规划问题的工作量，1983 年，Goldfarb 和 Idnani 提出了一种对偶方法. 前面介绍的有效集法对更一般的二次规划问题也是适用的(汤代焱等，2002).

6.5.3 序列二次规划方法

序列二次规划(sequential quadratic programmings，SQP)方法是将二次规划问题的求解方法推广应用于求解一般非线性规划问题的一种序列寻优方法. 其基本思想如下：在每一迭代点 $\boldsymbol{x}^{(k)}$，构造一个二次规划子问题，以该子问题的解作为迭代的搜索方向 $\boldsymbol{p}_k$，并沿该方向作一维搜索，即 $\boldsymbol{x}^{(k+1)}=\boldsymbol{x}^{(k)}+t_k\boldsymbol{p}_k$ 得 $\boldsymbol{x}^{(k+1)}$，重复

该迭代过程，直到点列$\{\boldsymbol{x}^{(k)}\}$最终逼近原问题的近似最优解$\boldsymbol{x}^*$.

对于具有线性约束的非线性规划问题

$$\begin{aligned}&\min f(\boldsymbol{x})\\&\text{s. t.}\quad \boldsymbol{A}\boldsymbol{x}\leqslant \boldsymbol{b}\end{aligned}\tag{6.26}$$

在迭代点$\boldsymbol{x}^{(k)}$处，对目标函数$f(\boldsymbol{x})$进行二阶 Taylor 展开，并略去高阶无穷小项有

$$f(\boldsymbol{x})\approx f(\boldsymbol{x}^{(k)})+\nabla f(\boldsymbol{x}^{(k)})^{\mathrm{T}}(\boldsymbol{x}-\boldsymbol{x}^{(k)})+\frac{1}{2}(\boldsymbol{x}-\boldsymbol{x}^{(k)})^{\mathrm{T}}\nabla^2 f(\boldsymbol{x}^{(k)})(\boldsymbol{x}-\boldsymbol{x}^{(k)})$$

令$\boldsymbol{p}=\boldsymbol{x}-\boldsymbol{x}^{(k)}$便得到(6.26)在迭代点$\boldsymbol{x}^{(k)}$处的一个近似二次规划问题

$$\begin{aligned}&\min Q(\boldsymbol{p})=\frac{1}{2}p^{\mathrm{T}}\nabla^2 f(\boldsymbol{x}^{(k)})\boldsymbol{p}+\boldsymbol{p}^{\mathrm{T}}\nabla f(\boldsymbol{x}^{(k)})\\&\text{s. t.}\quad\begin{cases}\boldsymbol{a}_i^{\mathrm{T}}\boldsymbol{p}\leqslant 0, & i\in I(\boldsymbol{x}^{(k)})\\|p_i|\leqslant\delta, & i=1,2,\cdots,n\end{cases}\end{aligned}\tag{6.27}$$

其中δ为一个充分小的正数. 利用前面介绍的方法求解上述二次规划问题得最优解$\boldsymbol{p}^*$.

算法 6.8

(1) 给定初值$\boldsymbol{x}^{(0)}$，误差精度$\varepsilon>0$，充分小的正数δ，$k\leftarrow 0$；

(2) 求$I(\boldsymbol{x}^{(k)})=\{i\mid \boldsymbol{a}_i^{\mathrm{T}}\boldsymbol{x}^{(k)}=0, i=1,2,\cdots,m\}$；

(3) 若$I(\boldsymbol{x}^{(k)})=\phi$，则令$\boldsymbol{p}_k=-\nabla f(\boldsymbol{x}^{(k)})$，转(5)；否则，转(4)；

(4) 求解子二次规划问题(6.27)得最优解$\boldsymbol{p}_k$；

(5) 若$\|\boldsymbol{p}_k\|<\varepsilon$，则$\boldsymbol{x}^*=\boldsymbol{x}^{(k)}$，停止计算；否则，令$\boldsymbol{x}^{(k+1)}\leftarrow\boldsymbol{x}^{(k)}+t_k\boldsymbol{p}_k$，其中$t_k=\min\{\alpha_1,\alpha_2\}$满足

$$\begin{aligned}f(\boldsymbol{x}^{(k)}+\alpha_1\boldsymbol{p}_k)&=\min_{t\geqslant 0}f(\boldsymbol{x}^{(k)}+t\boldsymbol{p}_k),\alpha_2\\&=\min\{\beta_i\mid \boldsymbol{a}_i^{\mathrm{T}}(\boldsymbol{x}^{(k)}+\beta_i\boldsymbol{p}_k)\leqslant b_i, i=1,2,\cdots,m\}\end{aligned}$$

$k\leftarrow(k+1)$，转(2).

对混合约束问题(6.1)，序列二次规划方法的基本思想如下：在近似点$\boldsymbol{x}^{(k)}$处对目标函数$f(\boldsymbol{x})$作二阶 Taylor 展开并略去高阶无穷小项，对约束函数$g_i(\boldsymbol{x})$，$h_j(\boldsymbol{x})$在$\boldsymbol{x}^{(k)}$处作一阶 Taylor 展开并略去高阶无穷小项，得到近似二次规划问题

$$\begin{aligned}&\min Q(\boldsymbol{p})=\frac{1}{2}\boldsymbol{p}^{\mathrm{T}}\nabla^2 f(\boldsymbol{x}^{(k)})\boldsymbol{p}+\boldsymbol{p}^{\mathrm{T}}\nabla f(\boldsymbol{x}^{(k)})\\&\text{s. t.}\quad\begin{cases}g_i(\boldsymbol{x}^{(k)})+\nabla g_i(\boldsymbol{x}^{(k)})^{\mathrm{T}}\boldsymbol{p}\leqslant 0, & i=1,2,\cdots,m\\h_j(\boldsymbol{x}^{(k)})+\nabla h_j(\boldsymbol{x}^{(k)})^{\mathrm{T}}\boldsymbol{p}=0, & j=1,2,\cdots,l\end{cases}\end{aligned}$$

实用中，计算 Hesse 矩阵$\nabla^2 f(\boldsymbol{x}^{(k)})$非常困难，故序列二次规划方法是采用 5.5 节类似的拟 Newton 法构造矩阵序列$\{\boldsymbol{H}_k\}$来逐步逼近 Hesse 矩阵$\nabla^2 f(\boldsymbol{x}^{(k)})$. 一种

常用的办法是取初始矩阵 $\boldsymbol{H}_0=I, \boldsymbol{H}_{k+1}=\boldsymbol{H}_k+\Delta\boldsymbol{H}_k$，修正矩阵 $\Delta\boldsymbol{H}_k$ 可取为 BFGS 的修正公式.

以上给出的只是序列二次规划方法迭代的一个粗略步骤，其中还有许多细节需要处理，有兴趣的读者可查阅相应的参考文献.

习　题　6

6.1　验证点 $\boldsymbol{x}^{(1)}=(0,0)^{\mathrm{T}}, \boldsymbol{x}^{(2)}=(1,1)^{\mathrm{T}}$ 是否为非线性规划问题

$$\min\ f(\boldsymbol{x})=(x_1-2)^2+x_2^2$$
$$\text{s. t.}\quad \begin{cases} x_1-x_2^2\geqslant 0 \\ -x_1+x_2\geqslant 0 \end{cases}$$

的 Kuhn-Tucker 点.

6.2　求非线性规划问题

$$\min\ f(\boldsymbol{x})=x_1-x_2^2$$
$$\text{s. t.}\quad x_1\geqslant 1$$

的 Kuhn-Tucker 点，并验证该点是否是极小点.

6.3　利用 Kuhn-Tucker 条件求非线性规划问题

$$\min\ f(\boldsymbol{x})=(x_1-2)^2+(x_2-3)^2$$
$$\text{s. t.}\quad \begin{cases} (2-x_1)^3-x_2\geqslant 0 \\ 2x_1-x_2-1=0 \end{cases}$$

的全局最优解.

6.4　用外点法求解如下问题：

(1) $\min\ f(\boldsymbol{x})=x_1+x_2$

$$\text{s. t.}\quad \begin{cases} x_1^2-x_2\leqslant 0 \\ x_1\geqslant 0 \end{cases}$$

(2) $\min\ f(\boldsymbol{x})=x_1^2+x_2^2$

$$\text{s. t.}\quad \begin{cases} 2x_1+x_2\leqslant 2 \\ x_2\geqslant 1 \end{cases}$$

6.5　用内点法求解如下问题：

(1) $\min\ f(\boldsymbol{x})=x_1^2-6x_1+9+2x_2$

$$\text{s. t.}\quad \begin{cases} x_1\geqslant 3 \\ x_2\geqslant 3 \end{cases}$$

(2) $\min\ f(\boldsymbol{x})=x_1^2+2x_2^2$

$$\text{s. t.}\quad x_1+x_2\geqslant 1$$

6.6　用乘子法求解如下问题：

(1) $\min\ f(\boldsymbol{x})=2x_1^2+x_2^2-x_1x_2$

$$\text{s. t.}\quad x_1+x_2-2\geqslant 0$$

(2) $\min\ f(\boldsymbol{x})=\ln(x_1-x_2)$

$$\text{s. t.}\quad \begin{cases} x_1-1\geqslant 0 \\ x_1^2+x_2^2-4=0 \end{cases}$$

6.7　分别用 Frank-Wolfe 方法和 Zoutendijk 方法求解如下问题：

$$\min\ f(\boldsymbol{x})=x_1^2+x_2^2-2x_1-4x_2+6$$

$$\text{s.t.} \begin{cases} 2x_1 - x_2 \leqslant 1 \\ x_1 + x_2 \leqslant 2 \\ x_1, x_2 \geqslant 0 \end{cases}$$

6.8　用二次规划方法求解如下问题：

$$\min f(\boldsymbol{x}) = x_1^2 - x_1x_2 + 2x_2^2 - 3x_1 - x_2$$

$$\text{s.t.} \begin{cases} x_1 + x_2 \leqslant 5 \\ 3x_1 - x_2 \leqslant 2 \\ x_1, x_2 \geqslant 0 \end{cases}$$

四、多目标规划

前面介绍的最优化问题，其目标函数只有一个，称其为“单目标规划”．而在实际的工程问题和经济应用中，常常会面临两个或两个以上的目标函数问题．例如，在工厂的生产计划上，决策者常希望安排的生产计划能实现产品质量好、成本低、利润高等目标．像这样在给定的条件下，要求多个目标尽可能实现的最优化问题，称为多目标规划（*multi-objective programming*）．

第 7 章　多目标规划简介

7.1　多目标规划问题的数学模型

7.1.1　多目标规划问题举例

建立数学模型是解决实际问题的关键，只有将多目标规划问题的数学模型建立起来后，才能为定量解决问题提供依据，为定性研究问题指出路径.

例 7.1　某工厂有 4 种生产工序生产 A,B,C 三种产品，其产量如表 7.1 所示，资源消耗如表 7.2 所示. 建立成本最低、利润最高且 A 产品尽可能多的生产计划数学模型.

表 7.1

	Ⅰ	Ⅱ	Ⅲ	Ⅳ	单位售价
A	3	2	1	2	10
B	5	1	3	4	8
C	2	3	2	1	7

表 7.2

	Ⅰ	Ⅱ	Ⅲ	Ⅳ	可取得数量
工时/h	0	3	5	2	100
机器小时	1	2	1	3	70
每批成本	35	18	26	32	/

解　设第 i 种生产工序生产的批数为 $x_i(i=1,2,3,4)$，数学模型为

$$\min z_1=35x_1+18x_2+26x_3+32x_4$$
$$\max z_2=49x_1+31x_2+22x_3+27x_4$$
$$\max z_3=3x_1+2x_2+x_3+2x_4$$
$$\text{s. t.}\begin{cases}3x_2+5x_3+2x_4\leqslant 100\\ x_1+2x_2+x_3+3x_4\leqslant 70\\ x_1,x_2,x_3,x_4\geqslant 0\end{cases}$$

例 7.2　用直径为 1 的圆木加工成截面为矩形的梁，建立成本最低且强度最大的数学模型.

解　设梁矩形截面的宽和高分别为 x_1,x_2，为了使成本最低，应使梁的截面积 x_1x_2 最小. 由材料力学的知识，强度最大是使梁的截面惯性矩 $\frac{1}{6}x_1x_2^2$ 最大，故可得

出梁的设计问题的数学模型为

$$\min z_1 = x_1 x_2$$
$$\max z_2 = x_1 x_2^2$$
$$\text{s.t.} \quad \begin{cases} x_1^2 + x_2^2 = 1 \\ x_1, x_2 \geqslant 0 \end{cases}$$

从前面两个例子可知,多目标规划问题在各种应用中大量存在.事实上,如果说单目标规划在解决实际问题很重要,则多目标规划就更重要.因为在工程应用和经济管理中,研究一个大项目需要考虑的因素和指标非常庞大、复杂.从理论上来讲,因素和指标考虑得越全面,解决问题的效果就越好.但这样做的结果会使问题变得过于复杂和庞大,给问题的最终解决带来技术上的困难.因此,在条件允许的情况下,能用单目标解决的问题就没有必要设计成多目标问题,在必须考虑多目标的情况下,也要将目标减少到最低的程度.

7.1.2 多目标规划问题数学模型的类型

1. 一般的多目标规划

可将"极大化问题"转化为"极小化问题",即令 $\max f(\boldsymbol{x}) = \min -f(\boldsymbol{x})$,因此,多目标规划问题的一般形式为

$$\min f_1(x_1, x_2, \cdots, x_n)$$
$$\min f_2(x_1, x_2, \cdots, x_n)$$
$$\cdots\cdots$$
$$\min f_p(x_1, x_2, \cdots, x_n)$$
$$\text{s.t.} \quad \begin{cases} g_i(x_1, x_2, \cdots, x_n) \leqslant 0, & i = 1, 2, \cdots, m \\ h_j(x_1, x_2, \cdots, x_n) \leqslant 0, & j = 1, 2, \cdots, l \end{cases}$$

记

$$\boldsymbol{x} = (x_1, x_2, \cdots, x_n)^{\mathrm{T}}, \quad \boldsymbol{f}(\boldsymbol{x}) = (f_1(\boldsymbol{x}), f_2(\boldsymbol{x}), \cdots, f_p(\boldsymbol{x}))^{\mathrm{T}},$$
$$\boldsymbol{g}(\boldsymbol{x}) = (g_1(\boldsymbol{x}), g_2(\boldsymbol{x}), \cdots, g_m(\boldsymbol{x}))^{\mathrm{T}}$$
$$\boldsymbol{h}(\boldsymbol{x}) = (h_1(\boldsymbol{x}), h_2(\boldsymbol{x}), \cdots, h_l(\boldsymbol{x}))^{\mathrm{T}},$$

称 $\boldsymbol{f}(\boldsymbol{x}), \boldsymbol{g}(\boldsymbol{x}), \boldsymbol{h}(\boldsymbol{x})$ 为向量值函数(vector function),则多目标规划问题可简写为

$$\min \boldsymbol{f}(\boldsymbol{x})$$
$$\text{s.t.} \quad \begin{cases} \boldsymbol{g}(\boldsymbol{x}) \leqslant 0 \\ \boldsymbol{h}(\boldsymbol{x}) = 0 \end{cases} \tag{7.1}$$

记(7.1)的可行域为 $D = \{\boldsymbol{x} \mid g_i(\boldsymbol{x}) \leqslant 0, h_j(\boldsymbol{x}) = 0, i = 1, 2, \cdots, m; j = 1, 2, \cdots, l; \boldsymbol{x} \in \mathbf{R}^n\}$,也称(7.1)为向量数学规划(vector mathematical programming).若(7.1)中的目标函数和约束条件函数都是线性函数,则称其为多目标线性规划,也称为向量

线性规划(vector linear programming),见例 7.1.

2. 分层多目标规划(stratified programming)

分层多目标规划是指在约束条件下,各目标函数不是同等地进行最优化,而是根据决策者的意图,按不同优先层次、先后地逐层最优化.

假设根据重要性,将 p 个目标函数分成 q 个优先层次,分别表示为

第 1 层: $f_1^{(1)}(\boldsymbol{x}),f_2^{(1)}(\boldsymbol{x}),\cdots,f_{p_1}^{(1)}(\boldsymbol{x})$

第 2 层: $f_1^{(2)}(\boldsymbol{x}),f_2^{(2)}(\boldsymbol{x}),\cdots,f_{p_2}^{(2)}(\boldsymbol{x})$

……

第 q 层: $f_1^{(q)}(\boldsymbol{x}),f_2^{(q)}(\boldsymbol{x}),\cdots,f_{p_q}^{(q)}(\boldsymbol{x})$

其中 $p_1+p_2+\cdots+p_q=p$. 若记

$\boldsymbol{F}_1(\boldsymbol{x})=(f_1^{(1)}(\boldsymbol{x}),f_2^{(1)}(\boldsymbol{x}),\cdots,f_{p_1}^{(1)}(\boldsymbol{x}))^{\mathrm{T}}$, $\quad \boldsymbol{F}_2(\boldsymbol{x})=(f_1^{(2)}(\boldsymbol{x}),f_2^{(2)}(\boldsymbol{x}),\cdots,f_{p_2}^{(2)}(\boldsymbol{x}))^{\mathrm{T}}$,

$\cdots$, $\quad \boldsymbol{F}_q(\boldsymbol{x})=(f_1^{(q)}(\boldsymbol{x}),f_2^{(q)}(\boldsymbol{x}),\cdots,f_{p_q}^{(q)}(\boldsymbol{x}))^{\mathrm{T}}$

则分层多目标规划问题可简写为

$$
\begin{gathered}
\min \boldsymbol{F}_1(\boldsymbol{x}) \\
\min \boldsymbol{F}_2(\boldsymbol{x}) \\
\cdots\cdots \\
\min \boldsymbol{F}_q(\boldsymbol{x}) \\
\text{s. t. } \boldsymbol{x}\in D
\end{gathered}
$$

若 $\boldsymbol{F}_i(\boldsymbol{x})=f_i(\boldsymbol{x})(i=1,2,\cdots,p)$,则称为完全分层多目标规划. 例如,在例 7.1 中,决策者将目标按其重要程度分成两个优先层次:第 1 层:利润最高;第 2 层:①成本低;②对产品 A 尽可能多.

3. 目标规划(goal programming)

目标规划的特点如下:在约束条件下,不是直接地对各个目标函数极小化,而是尽可能地使每一目标函数逼近预先给定的目标值. 设多目标规划(7.1)中,决策者希望其 p 个目标函数能达到各自对应的目标值 $\overline{\boldsymbol{f}}=(\overline{f}_1,\overline{f}_2,\cdots,\overline{f}_p)^{\mathrm{T}}$,即 $f_i(\boldsymbol{x})\to\overline{f}_i(i=1,2,\cdots,p)$. 设 $\|\cdot\|$ 为 $\mathbf{R}^p$ 空间中的某种向量范数,则目标规划问题可表示为

$$
\begin{aligned}
&\min \|\boldsymbol{f}(\boldsymbol{x})-\overline{\boldsymbol{f}}\| \\
&\text{s. t.} \quad \boldsymbol{x}\in D
\end{aligned}
$$

7.2 多目标规划问题解的概念与性质

在考察单目标规划问题时,只需比较两个解对应的目标函数值之后就能确定这两个解的“优”、“劣”. 按单目标规划方法确定多目标规划问题解的“优”、“劣”比

较困难，这就产生了在各种意义下“最优解”的概念.

7.2.1 最优解的概念

定义 7.1(绝对最优解)　设 $\boldsymbol{x}^* \in D$，若对 $\forall \boldsymbol{x} \in D$ 均有 $f_i(\boldsymbol{x}^*) \leqslant f_i(\boldsymbol{x})$ $(i=1,2,\cdots,p)$，则称 $\boldsymbol{x}^*$ 为(7.1)的绝对最优解，称 $\boldsymbol{f}(\boldsymbol{x}^*)=(f_1(\boldsymbol{x}^*),f_2(\boldsymbol{x}^*),\cdots,f_p(\boldsymbol{x}^*))^{\mathrm{T}}$ 为(7.1)的绝对最优值.

在多目标规划问题中，绝对最优解是理想的解，但对大多数的多目标规划问题，绝对最优解是不存在的.

例 7.3　考察如下双目标规划问题：

(1) $\min f_1(x)=x_1^2+x_2^2$

$\min f_2(x)=x_1^2+x_2^2+1$

s. t.　$(x_1,x_2)\in \mathbf{R}^2$

(2) $\min f_1(x)=x^2$

$\min f_2(x)=(x-1)^2$

s. t.　$x\in \mathbf{R}$

问题(1)有绝对最优解 $\boldsymbol{x}^*=(0,0)^{\mathrm{T}}$，绝对最优值为 $\boldsymbol{f}(\boldsymbol{x}^*)=(0,1)^{\mathrm{T}}$，而问题(2)不存在绝对最优解.

多目标规划问题(7.1)中所有绝对最优解组成的集合称为绝对最优解集，记为 $z^*(\boldsymbol{f},D)$，如图 7.1 所示.

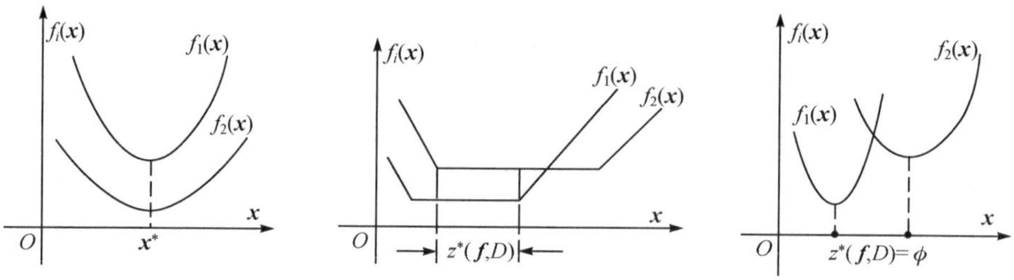

图 7.1

为了引入其他解的概念，先介绍向量的序.

定义 7.2　设有两个向量

$$\boldsymbol{x}=(x_1,x_2,\cdots,x_p)^{\mathrm{T}},\quad \boldsymbol{y}=(y_1,y_2,\cdots,y_p)^{\mathrm{T}}$$

(1) 若 $x_i=y_i(i=1,2,\cdots,p)$，则称向量 $\boldsymbol{x}$ 等于向量 $\boldsymbol{y}$，记为 $\boldsymbol{x}=\boldsymbol{y}$；

(2) 若 $x_i\leqslant y_i(i=1,2,\cdots,p)$，则称向量 $\boldsymbol{x}$ 小于等于向量 $\boldsymbol{y}$，记为 $\boldsymbol{x}\leqslant\boldsymbol{y}$；

(3) 若 $x_i\leqslant y_i(i=1,2,\cdots,p)$，并且至少成立一个严格不等式，则称向量 $\boldsymbol{x}$ 小于向量 $\boldsymbol{y}$，记为 $\boldsymbol{x}\lneqq\boldsymbol{y}$；

(4) 若 $x_i<y_i(i=1,2,\cdots,p)$，则称向量 $\boldsymbol{x}$ 严格小于向量 $\boldsymbol{y}$，记为 $\boldsymbol{x}<\boldsymbol{y}$.

例如，对向量 $\boldsymbol{x}=(1,1)^{\mathrm{T}},\boldsymbol{y}=(3,1)^{\mathrm{T}},\boldsymbol{z}=(2,2)^{\mathrm{T}}$，它们之间的序关系为 $\boldsymbol{x}\lneqq\boldsymbol{y}$，$\boldsymbol{x}<\boldsymbol{z}$，但向量 $\boldsymbol{y}$ 与向量 $\boldsymbol{z}$ 之间不存在序关系.

显然，$\boldsymbol{x} \leqq \boldsymbol{y}$ 一定有 $\boldsymbol{x} \leqslant \boldsymbol{y}$ 成立；反之，不一定成立.

定义 7.3（有效解，efficient solution） 对多目标规划问题(7.1)，设 $\boldsymbol{x}^* \in D$，若不存在 $\boldsymbol{x} \in D$，使 $\boldsymbol{f}(\boldsymbol{x}) \leqslant \boldsymbol{f}(\boldsymbol{x}^*)$，则称 $\boldsymbol{x}^*$ 为(7.1)的有效解. 所有的有效解组成的集合称为有效解集，记为 $P(\boldsymbol{f},D)$.

有效解也称为 Pareto 最优解，是由经济学家 V. Pareto 于 1896 年引入的. 若 $\boldsymbol{x}^*$ 是有效解，则在可行域 D 中找不到比 $\boldsymbol{x}^*$ 在序"$\leqslant$"的意义下更好的解，也即找不到一个 $\boldsymbol{x} \in D$，使 $f_i(\boldsymbol{x}) \leqslant f_i(\boldsymbol{x}^*)$ $(i=1,2,\cdots,p)$，并且至少成立一个严格不等式. 按绝对最优解的定义，一般来说，有效解不是"最优"的，但也是"不坏"的. 因此，有效解又称为"非劣解"或"可接受"解，是多目标优化理论研究中一个最基本的概念，求有效解也是求解多目标规划问题的目的.

定义 7.4（弱有效解） 设 $\boldsymbol{x}^* \in D$，若不存在 $\boldsymbol{x} \in D$，使 $\boldsymbol{f}(\boldsymbol{x}) < \boldsymbol{f}(\boldsymbol{x}^*)$，则称 $\boldsymbol{x}^*$ 为(7.1)的弱有效解，又称 $\boldsymbol{x}^*$ 为弱 Pareto 最优解. 所有弱有效解组成的集合称为弱有效解集，记为 $P_w(\boldsymbol{f},D)$.

如图 7.2 所示是两个双目标函数的有效解集、弱有效解集以及最优解集.

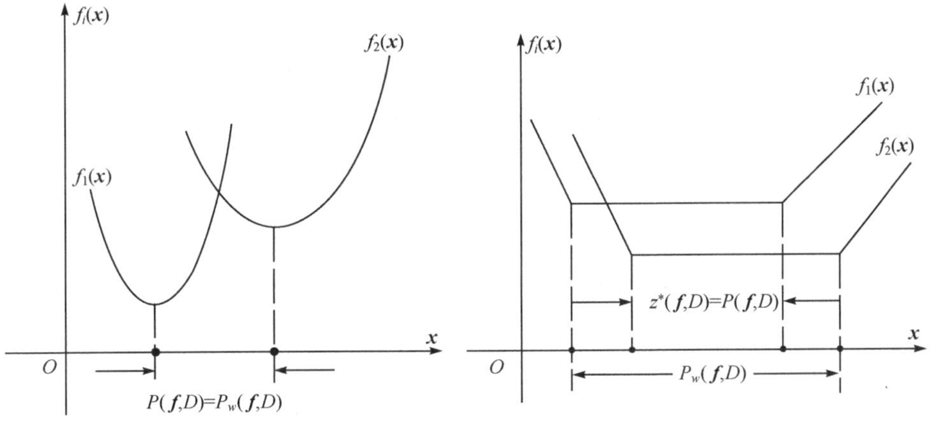

图 7.2

7.2.2 解的性质

定理 7.1 设 Z_i^* $(i=1,2,\cdots,p)$ 分别表示(7.1)中第 i 个分量目标函数 $f_i(\boldsymbol{x})$ $(i=1,2,\cdots,p)$ 在可行域上的最优解集，则有 $Z^*(\boldsymbol{f},D)=\bigcap\limits_{i=1}^{p} Z_i^*$.

证明 当 $Z^*(\boldsymbol{f},D) \neq \varnothing$ 时，存在 $\boldsymbol{x}^* \in Z^*(\boldsymbol{f},D)$，使得 $f_i(\boldsymbol{x}^*) \leqslant f_i(\boldsymbol{x})$ $(\forall \boldsymbol{x} \in D, i=1,2,\cdots,p)$. 由此有 $\boldsymbol{x}^* \in \boldsymbol{Z}_i^*$ $(i=1,2,\cdots,p)$，即 $\boldsymbol{x}^* \in \bigcap\limits_{i=1}^{p} \boldsymbol{Z}_i^*$. 该证明过程是可逆的，故当 $Z^*(\boldsymbol{f},D) \neq \varnothing$ 时，结论成立.

当 $Z^*(\boldsymbol{f},D)=\varnothing$ 时，一定有 $\bigcap_{i=1}^{p} Z_i^*=\varnothing$；否则，若存在 $\bar{x}\in\bigcap_{i=1}^{p} Z_i^*$，则有 $\bar{x}\in Z_i^*$ $(i=1,2,\cdots,p)$，即 $f_i(\bar{\boldsymbol{x}})\leqslant f_i(\boldsymbol{x})(\forall \boldsymbol{x}\in D, i=1,2,\cdots,p)$，所以 $\bar{\boldsymbol{x}}\in Z^*(\boldsymbol{f},D)$，矛盾.

定理 7.2　绝对最优解一定是有效解，即 $Z^*(\boldsymbol{f},D)\subseteq P(\boldsymbol{f},D)$.

证明　反证. 若存在 $\boldsymbol{x}^*\in Z^*(\boldsymbol{f},D)$ 但 $\boldsymbol{x}^*\notin P(\boldsymbol{f},D)$，则由定义 7.3，存在 $\bar{\boldsymbol{x}}\in D$，使得 $\boldsymbol{f}(\bar{\boldsymbol{x}})\leqslant\boldsymbol{f}(\boldsymbol{x}^*)$ 成立，即 $f_i(\bar{\boldsymbol{x}})\leqslant f_i(\boldsymbol{x}^*)(i=1,2,\cdots,p)$，并且至少存在一个下标 $k\in\{i=1,2,\cdots,p\}$，使得 $f_k(\bar{\boldsymbol{x}})<f_k(\boldsymbol{x}^*)$. 这与 $\boldsymbol{x}^*\in Z^*(\boldsymbol{f},D)$ 矛盾.

定理 7.3　有效解一定是弱有效解，即 $P(\boldsymbol{f},D)\subseteq P_w(\boldsymbol{f},D)$.

证明　反证. 若存在 $\boldsymbol{x}^*\in P(\boldsymbol{f},D)$ 但 $\boldsymbol{x}^*\notin P_w(\boldsymbol{f},D)$，则由定义 7.4，存在 $\bar{\boldsymbol{x}}\in D$，使得 $\boldsymbol{f}(\bar{\boldsymbol{x}})<\boldsymbol{f}(\boldsymbol{x}^*)$ 成立，即 $f_i(\bar{\boldsymbol{x}})<f_i(\boldsymbol{x}^*)(i=1,2,\cdots,p)$. 则有 $\boldsymbol{x}^*\in Z^*(\boldsymbol{f},D)\subseteq P(\boldsymbol{f},D)$，矛盾.

由此可得多目标规划问题(7.1)各种解集之间的关系为

$$\bigcap_{i=1}^{p} Z_i^* = Z^* \subseteq P(\boldsymbol{f},D) \subseteq P_w(\boldsymbol{f},D) \subseteq D,\quad Z_i^* \subseteq P_w(f,D), i=1,2,\cdots,p$$

定理 7.4　(1) 若 $Z^*(\boldsymbol{f},D)\neq\varnothing$，则有 $Z^*(\boldsymbol{f},D)=P(\boldsymbol{f},D)$；

(2) 若 D 为凸集，$f(\boldsymbol{x})$ 为 D 上的严格凸向量函数，则有 $P(\boldsymbol{f},D)=P_w(\boldsymbol{f},D)$.

证明　(1) 只需证明 $Z^*(\boldsymbol{f},D)\supseteq P(\boldsymbol{f},D)$ 即可. 用反证法. 设 $\boldsymbol{x}^*\in P(\boldsymbol{f},D)$，但 $\boldsymbol{x}^*\notin Z^*(\boldsymbol{f},D)$，由 $Z^*(\boldsymbol{f},D)\neq\varnothing$，存在 $\bar{\boldsymbol{x}}\in Z^*(\boldsymbol{f},D)$，由定义 7.1 有 $\boldsymbol{f}(\bar{\boldsymbol{x}})\leqslant\boldsymbol{f}(\boldsymbol{x}^*)$，而 $\boldsymbol{x}^*\notin Z^*(\boldsymbol{f},D)$，故 $\boldsymbol{f}(\bar{\boldsymbol{x}})\neq\boldsymbol{f}(\boldsymbol{x}^*)$，就必然有 $\boldsymbol{f}(\bar{\boldsymbol{x}})\leqslant\boldsymbol{f}(\boldsymbol{x}^*)$ 成立，这与 $\boldsymbol{x}^*\in P(\boldsymbol{f},D)$ 矛盾.

(2) 只需证明 $P(\boldsymbol{f},D)\supseteq P_w(\boldsymbol{f},D)$. 用反证法. 设 $\boldsymbol{x}^*\in P_w(\boldsymbol{f},D)$ 但 $\boldsymbol{x}^*\notin P(\boldsymbol{f},D)$. 由定义 7.3，存在 $\bar{\boldsymbol{x}}\in D$ 且 $\bar{\boldsymbol{x}}\neq\boldsymbol{x}^*$，使得 $\boldsymbol{f}(\bar{\boldsymbol{x}})\leqslant\boldsymbol{f}(\boldsymbol{x}^*)$. 由于 D 是凸集，故对 $\forall\alpha\in(0,1)$ 有 $\alpha\bar{\boldsymbol{x}}+(1-\alpha)\boldsymbol{x}^*\in D$. 又由 $\boldsymbol{f}(\boldsymbol{x})$ 是 D 上的严格凸函数，则有

$$\boldsymbol{f}(\alpha\bar{\boldsymbol{x}}+(1-\alpha)\boldsymbol{x}^*)<\alpha\boldsymbol{f}(\bar{\boldsymbol{x}})+(1-\alpha)f(\boldsymbol{x}^*)\leqslant\boldsymbol{f}(\boldsymbol{x}^*)$$

这与 $\boldsymbol{x}^*\in P_w(\boldsymbol{f},D)$ 矛盾.

7.3　求解多目标规划问题的评价函数法

求解多目标规划问题(7.1)，最好的结果是求出绝对最优解，否则求出有效解或者弱有效解. 但在一般情况下，有效解或弱有效解是由多个解构成的解集. 因此，面对多目标规划(7.1)，会产生如下两个困难：

(1) 求出有效解集或弱有效解集比较困难；

(2) 人们并不满足于得到一个随意的有效解或弱有效解，而是要使其满足决策者的一些意图，即所谓的满意解. 这也是多目标规划与单目标规划问题求解的重

要区别.

求解多目标规划问题有很多方法，最基本方法就是本节将要介绍的评价函数法(evaluation function method)，其基本思想是根据所考察问题的特点和决策的意图来构造某类评价函数(evaluation function)，将求解多目标规划问题转化为求解单目标规划问题.

定义 7.5 设映射 $u:\mathbf{R}^p\to\mathbf{R}$，$\boldsymbol{f}^{(1)},\boldsymbol{f}^{(2)}\in\mathbf{R}^p$.

(1) 若 $\boldsymbol{f}^{(1)}\leqslant\boldsymbol{f}^{(2)}$ 时恒有 $u(\boldsymbol{f}^{(1)})<u(\boldsymbol{f}^{(2)})$ 成立，则称 $u(\boldsymbol{f})$ 为 $\boldsymbol{f}$ 的严格单调增函数；

(2) 若 $\boldsymbol{f}^{(1)}<\boldsymbol{f}^{(2)}$ 时恒有 $u(\boldsymbol{f}^{(1)})<u(\boldsymbol{f}^{(2)})$ 成立，则称 $u(\boldsymbol{f})$ 为 $\boldsymbol{f}$ 的单调增函数.

定理 7.5 设 $u:\mathbf{R}^p\to\mathbf{R}$，$\boldsymbol{f}:D\to\mathbf{R}^p$，并且 $\boldsymbol{x}^*$ 是单目标规划问题 $\min\limits_{x\in D}u(\boldsymbol{f}(\boldsymbol{x}))$ 的最优解，则

(1) 若 $u(\boldsymbol{f})$ 是 $\boldsymbol{f}$ 的严格单调增函数，则 $\boldsymbol{x}^*$ 是(7.1)的有效解，即 $\boldsymbol{x}^*\in P(\boldsymbol{f},D)$；

(2) 若 $u(\boldsymbol{f})$ 是 $\boldsymbol{f}$ 的单调增函数，则 $\boldsymbol{x}^*$ 是(7.1)的弱有效解，即 $\boldsymbol{x}^*\in P_w(\boldsymbol{f},D)$.

证明 略.

7.3.1 线性加权和法

线性加权和法(linear weight sum method)的基本思想如下：根据各个目标函数在问题中的重要程度，分别赋予一个权系数(weighting coefficients)，再将带权系数的目标函数相加而构成评价函数，其中权系数的大小表征各个目标的相对重要程度，重要的目标所对应的权系数相对来说取值就越大.

定义 7.6 设对应于(7.1)的 p 个分量目标，给出一组数 $\omega_1,\omega_2,\cdots,\omega_p$，使得 $\omega_1+\omega_2+\cdots+\omega_p=1$ 且 $\omega_i\geqslant0(i=1,2,\cdots,p)$，则称 $\omega_1,\omega_2,\cdots,\omega_p$ 为权系数，向量 $\boldsymbol{\omega}=(\omega_1,\omega_2,\cdots,\omega_p)^{\mathrm{T}}$ 称为权向量.

定理 7.6 设 $u(\boldsymbol{f})=\boldsymbol{\omega}^{\mathrm{T}}\boldsymbol{f}=\sum\limits_{i=1}^{p}\omega_i f_i(\boldsymbol{x})$，则有

(1) 当 $\boldsymbol{\omega}>0$ 时，$u(\boldsymbol{f})$ 是 $\boldsymbol{f}$ 的严格单调增函数；

(2) 当 $\boldsymbol{\omega}\geqslant0$ 时，$u(\boldsymbol{f})$ 是 $\boldsymbol{f}$ 的单调增函数.

证明 略.

算法 7.1(线性加权和法)

(1) 给出权系数 $\omega_1,\omega_2,\cdots,\omega_p$，使得 $\sum\limits_{i=1}^{p}\omega_i=1$ 且 $\omega_i\geqslant0$；

(2) 构造单目标规划问题 $\min\limits_{x\in D}\sum\limits_{i=1}^{p}\omega_i f_i(\boldsymbol{x})$；

(3) 用约束非线性规划的方法求解单目标规划问题，得出多目标规划问题(7.1)的有效解或弱有效解.

例 7.4 利用线性加权和方法求解例 7.2 的多目标规划问题.

解 将“极大化问题”转换为“极小化问题”得多目标规划

$$\min f_1(\boldsymbol{x})=x_1x_2$$
$$\min f_2(\boldsymbol{x})=-x_1x_2^2$$
$$\text{s. t.}\quad\begin{cases}x_1^2+x_2^2=1\\x_1,x_2\geqslant 0\end{cases}$$

假设决策者给出强度函数的权系数为 0.7,重量目标的权系数为 0.3,则有单目标规划问题

$$\min u(\boldsymbol{f})=0.3x_1x_2-0.7x_1x_2^2$$
$$\text{s. t.}\quad\begin{cases}x_1^2+x_2^2=1\\x_1,x_2\geqslant 0\end{cases}$$

解此约束非线性规划得 $\boldsymbol{x}^*=(0.5012,0.8653)^{\mathrm{T}}$. 由于权向量 $\boldsymbol{\omega}>0$,故 $\boldsymbol{x}^*$ 是问题的有效解.

线性加权和法的几何解释如下:方程 $\sum_{i=1}^{p}\omega_i f_i=c$,当 c 取常数时,表示 $\mathbf{R}^p$ 中的一个超平面(hyperplanes),权向量 $\boldsymbol{\omega}=(\omega_1,\omega_2,\cdots,\omega_p)^{\mathrm{T}}$ 为其法向量. 该超平面族(family of hyperplanes)与(7.1)的象集 $f(D)$ 相交,并使 c 取最小值的交点就是 $\boldsymbol{f}(\boldsymbol{x}^*)$,如图 7.3 所示的二维情形.

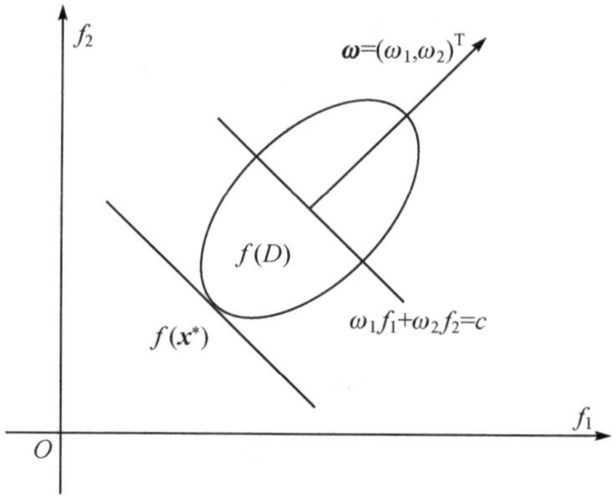

图 7.3

7.3.2 极大极小法

极大极小法(max-min 法)基本思想如下:用目标函数 $f_i(\boldsymbol{x})(i=1,2,\cdots,p)$的最大值作为评价函数值来构造评价函数,其出发点是基于人们在处理复杂问题时,在最坏的情况下争取得到最好的结果.

取 $u(\boldsymbol{f})=\max\limits_{1\leqslant i\leqslant p}\{f_i(x)\}$ 为评价函数，构造单目标规划问题

$$\min_{\boldsymbol{x}\in D} u(\boldsymbol{f}(\boldsymbol{x}))=\min_{\boldsymbol{x}\in D}\max_{1\leqslant i\leqslant p}\{f_i(\boldsymbol{x})\}$$

如图 7.4 所示.

实用中，还可以根据需要对分量目标函数赋予不同的权系数，得到单目标规划问题

$$\min_{\boldsymbol{x}\in D} u(\boldsymbol{f}(\boldsymbol{x}))=\min_{\boldsymbol{x}\in D}\max_{1\leqslant i\leqslant p}\{\omega_i f_i(\boldsymbol{x})\} \tag{7.2}$$

当 $\boldsymbol{\omega}>0$ 时，$u(\boldsymbol{f})=\max\limits_{1\leqslant i\leqslant p}\{\omega_i f_i(\boldsymbol{x})\}$ 是 f 的单调增函数，所以(7.2)的解是(7.1)的弱有效解.

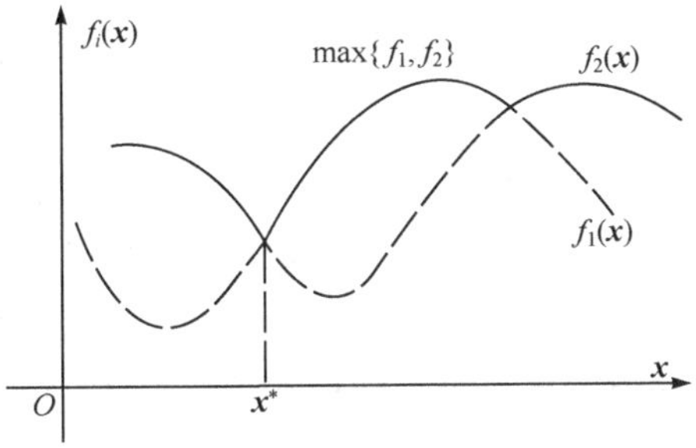

图 7.4

实用中，求解单目标规划问题(7.2)非常困难，因此，引入变量 v，构造辅助规划

$$\begin{aligned}&\min\ v\\&\text{s. t.}\quad\begin{cases}\omega_i f_i(\boldsymbol{x})\leqslant v, & i=1,2,\cdots,p\\ \boldsymbol{x}\in D\end{cases}\end{aligned} \tag{7.3}$$

即 v 为 $\omega_1 f_1(\boldsymbol{x}),\omega_2 f_2(\boldsymbol{x}),\cdots,\omega_p f_p(\boldsymbol{x})$ 在 D 上的一个共同上界.

定理 7.7 设权向量 $\boldsymbol{\omega}>0$，则 $\boldsymbol{x}^*$ 是(7.2)的最优解的充分必要条件是存在数 v^*，使得 $\boldsymbol{x}^*,v^*$ 是(7.3)的最优解.

证明 略.

算法 7.2(极大极小法)

(1) 给定权系数 $\omega_1,\omega_2,\cdots,\omega_p>0$ 且 $\sum\limits_{i=1}^{p}\omega_i=1$；

(2) 构造辅助问题(7.3)；

(3) 求解辅助规划问题(7.3)得最优点 $\boldsymbol{x}^*,v^*$；

(4) 输出多目标规划问题(7.1)的弱有效解 $\boldsymbol{x}^*$.

例 7.5 利用极大极小法求解

$$\begin{aligned}&\min\ f_1(\boldsymbol{x})=x_1^2+x_2^2+1\\&\min\ f_2(\boldsymbol{x})=x_1^2+(x_2-2)^2\\&\text{s. t.}\quad x_1\geqslant 0,x_2\geqslant 0\end{aligned}$$

解 取评价函数 $\max\limits_{i}\{x_1^2+x_2^2+1,x_1^2+(x_2-2)^2\}$，构造单目标规划

$$\min_{x_1\geqslant 0,x_2\geqslant 0}\max_i\{x_1^2+x_2^2+1,x_1^2+(x_2-2)^2\}$$

求解得 $\boldsymbol{x}^*=(0,1)^{\mathrm{T}}$，$f_1(\boldsymbol{x}^*)=2$，$f_2(\boldsymbol{x}^*)=1$，原问题的弱有效解为 $\boldsymbol{x}^*=(0,1)^{\mathrm{T}}$.

7.3.3 理想点法

理想点法(ideal point method)基本思想如下:先求出各个分量目标函数在可行域内的极小值 f_i^*,然后使各个分量函数 $f_i(\boldsymbol{x})$ 尽量逼近 f_i^*.

定义 7.7 设多目标规划问题(7.1)的各个分量目标函数在可行域 D 上的极小点存在,并且 $f_i^*=f_i(\boldsymbol{x}_i^*)=\min\limits_{\boldsymbol{x}\in D}f_i(\boldsymbol{x})(i=1,2,\cdots,p)$,则称点 $\boldsymbol{f}^*=(f_1^*,f_2^*,\cdots,f_p^*)^{\mathrm{T}}$ 为(7.1)中的目标函数 $\boldsymbol{f}(\boldsymbol{x})$ 在 $\mathbf{R}^p$ 中的理想点.

当 $\boldsymbol{x}_1^*=\boldsymbol{x}_2^*=\cdots=\boldsymbol{x}_p^*=\boldsymbol{x}^*$ 时有 $f_i(\boldsymbol{x}^*)\leqslant f_i(\boldsymbol{x})(\forall\boldsymbol{x}\in D,i=1,2,\cdots,p)$,并且 $\boldsymbol{f}^*=(f_1^*,f_2^*,\cdots,f_p^*)^{\mathrm{T}}\in f(D)$,即理想点在象集中,如图 7.5(a)所示. 当 $\boldsymbol{x}_1^*,\boldsymbol{x}_2^*,\cdots,\boldsymbol{x}_p^*$ 不完全相同时,$\boldsymbol{f}(\boldsymbol{x})$ 的理想点 $\boldsymbol{f}^*$ 不一定在象集 $f(D)$ 中,如图 7.5(b)所示.

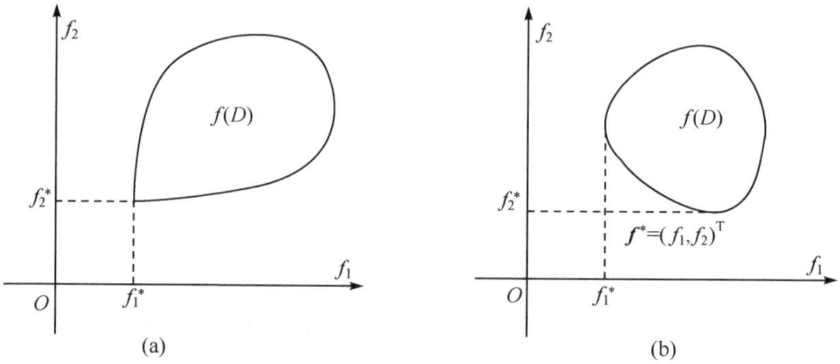

图 7.5

在 $\mathbf{R}^p$ 中引进向量范数 $u(\boldsymbol{f})=\|\boldsymbol{f}-\boldsymbol{f}^*\|_\alpha=\left(\sum\limits_{i=1}^{p}|f_i-f_i^*|^\alpha\right)^{\frac{1}{\alpha}}$ 作为评价函数,其中 $1\leqslant\alpha<\infty$. 理想点法就是寻找一点 $\boldsymbol{y}^*\in D$,使得 $u(\boldsymbol{f}(\boldsymbol{y}^*))=\min\limits_{\boldsymbol{x}\in D}\|\boldsymbol{f}(\boldsymbol{x})-\boldsymbol{f}^*\|_\alpha$.

算法 7.3(最短距离法)

(1) 求理想点 $f_i^*=f_i(\boldsymbol{x}_i^*)=\min\limits_{\boldsymbol{x}\in D}f_i(\boldsymbol{x})(i=1,2,\cdots,p)$,$\boldsymbol{f}^*=(f_1^*,f_2^*,\cdots,f_p^*)^{\mathrm{T}}$;

(2) 当 $\boldsymbol{x}_1^*=\boldsymbol{x}_2^*=\cdots=\boldsymbol{x}_p^*$ 时,绝对最优解为 $\boldsymbol{x}^*=\boldsymbol{x}_1^*$,停止计算;否则,转(3);

(3) 求解单目标规划问题 $\min\limits_{\boldsymbol{x}\in D}u(\boldsymbol{f})=\sum\limits_{i=1}^{p}[f_i(\boldsymbol{x})-f_i^*]^2$,得到最优解 $\boldsymbol{y}^*$;

(4) 输出解 $\boldsymbol{y}^*$,停止计算.

例 7.6 用最短距离法求解如下多目标线性规划问题:

$$
\max\ f_1(\boldsymbol{x})=-3x_1+2x_2
$$
$$
\max\ f_2(\boldsymbol{x})=4x_1+3x_2
$$
$$
\text{s. t.}\quad\begin{cases}2x_1+3x_2\leqslant 18\\ 2x_1+x_2\leqslant 10\\ x_1,x_2\geqslant 0\end{cases}
$$

解 求出 $f_1(\boldsymbol{x})$，$f_2(\boldsymbol{x})$的最优解为 $\boldsymbol{x}^{(1)}=(0,6)^{\mathrm{T}}$，$\boldsymbol{x}^{(2)}=(3,4)^{\mathrm{T}}$. 理想点为 $\boldsymbol{f}^*=(f_1^*,f_2^*)^{\mathrm{T}}=(12,24)^{\mathrm{T}}$，得到单目标规划问题

$$\min u(\boldsymbol{f})=(-3x_1+2x_2-12)^2+(4x_1+3x_2-24)^2$$

$$\text{s. t.}\quad \begin{cases}2x_1+3x_2\leqslant 18\\ 2x_1+x_2\leqslant 10\\ x_1,x_2\geqslant 0\end{cases}$$

解之得 $\boldsymbol{y}^*=(0.53,5.65)^{\mathrm{T}}$. 相应的目标函数值为 $f_1(\boldsymbol{y}^*)=9.72$，$f_2(\boldsymbol{y}^*)=19.06$.

若取权系数 $\omega_i>0$，$\sum_{i=1}^{p}\omega_i=1$ 构造的评价函数为 $u(\boldsymbol{f})=\sum_{i=1}^{p}\omega_i(f_i-f_i^*)^2$，称之为平方和加权法.

若单目标规划问题为

$$\min\quad v$$

$$\text{s. t.}\quad \begin{cases}\omega_i\,|\,f_i(\boldsymbol{x})-f_i^*\,|\leqslant v, & i=1,2,\cdots,p\\ \boldsymbol{x}\in D\end{cases}$$

称之为带权系数的无穷范数法.

7.3.4 乘除法

乘除法(multiplicand-divisor method)：设多目标规划问题为

$$\begin{aligned}&\min\ (f_1(x),f_2(x),\cdots,f_k(x))^{\mathrm{T}}\\ &\max\ (f_{k+1}(x),f_{k+2}(x),\cdots,f_p(x))^{\mathrm{T}}\\ &\text{s. t.}\ \ \boldsymbol{x}\in D\end{aligned}$$

此时，可以构造评价函数 $u(\boldsymbol{f})=\dfrac{f_1(x)f_2(x)\cdots f_k(x)}{f_{k+1}(x)f_{k+2}(x)\cdots f_p(x)}$. 将多目标规划问题(7.1)转化为单目标规划问题$\min\limits_{x\in D}u(\boldsymbol{f})$来求解.

例 7.7 利用乘除求解

$$\min\ f_1(\boldsymbol{x})=4x_1+2.8x_2+2.4x_3$$

$$\max\ f_2(\boldsymbol{x})=x_1+x_2+x_3$$

$$\text{s. t.}\quad \begin{cases}4x_1+2.8x_2+2.4x_3\leqslant 20\\ x_1+x_2+x_3\geqslant 6\\ x_1+x_2\geqslant 3\\ x_1,x_2,x_3\geqslant 0\end{cases}$$

解 选取评价函数 $u(\boldsymbol{f})=\dfrac{4x_1+2.8x_2+2.4x_3}{x_1+x_2+x_3}$，求解单目标规划

$$\min u(\boldsymbol{f})=\frac{4x_1+2.8x_2+2.4x_3}{x_1+x_2+x_3}$$

$$\text{s. t.}\quad\begin{cases}4x_1+2.8x_2+2.4x_3\leqslant 20\\ x_1+x_2+x_3\geqslant 6\\ x_1+x_2\geqslant 3\\ x_1,x_2,x_3\geqslant 0\end{cases}$$

求解得 $\boldsymbol{x}^*=(0,3,3)^{\mathrm{T}}$.

7.3.5 评价函数法的有关说明

构造评价函数时，一般需用权系数来反映各目标间的相对重要性，越重要的目标，相应的权系数就越大，在许多具体问题中，首先要做的就是确定权系数. 权系数具有两重性：一方面，应从客观的角度反映每个评价指标的相对重要性；另一方面，又应反映决策者对各评价指标主观上的相对偏好程度. 确定权系数的方法一般分为两类：一类是决策前确定；另一类是在决策中修正. 本小节介绍两种常用的在决策前确定权系数的方法.

1. 专家评估法

专家评估法是一种凭借经验评估，并通过统计处理来确定权系数的方法. 如果问题的目标函数维数 p 很小，而且决策者对问题有深入的了解，能从专业理论和实践经验中找到依据，则可以直接确定各目标的权系数. 但当问题的目标维数 p 较大时，单凭个人的经验估计就不可能科学了，这时就需选聘一批（q 个）对所考察问题有深刻见解的专家或有丰富工作经验的实际工作者，通过汇集他们的经验估计，再做数理统计后来确定权系数.

设第 i 位专家对第 j 个目标赋予的权系数为 ω_{ij}，要求专家独立地进行评价，并且 $\sum\limits_{j=1}^{p}\omega_{ij}=1$，则可计算出各目标权系数的平均值

$$\omega_j=\frac{1}{q}\sum_{i=1}^{q}\omega_{ij},\quad j=1,2,\cdots,p$$

显然，$\omega_j\geqslant 0$ 且 $\sum\limits_{j=1}^{p}\omega_j=1$. 再计算第 i 位专家提供的权系数与对应的权系数平均值的偏差

$$\Delta_i=\max_{1\leqslant j\leqslant p}|\omega_{ij}-\omega_j|,\quad i=1,2,\cdots,q$$

设允许的最大偏差为 ε，若对 $\forall\, i=1,2,\cdots,q$ 都有 $\Delta_i\leqslant\varepsilon$，则表示专家们的评估无显著差异，$\omega_1,\omega_2,\cdots,\omega_p$ 就是所求的权系数，否则与偏差较大的专家重新研讨后对权系数给出新的估计. 重复上述过程，直到满足偏差要求为止. 检验专家的意见

是否无显著差异时，也可用均方差

$$\Delta_i = \frac{1}{q-1}\sum_{j=1}^{p}(\omega_{ij}-\omega_j)^2$$

来代替偏差.

专家法简单实用，是目前进行决策分析时常用的一种方法，具有一定的科学合理性. 专家的人数不能太少，因此，工作量较大，特别是当专家们的意见不一致时.

2. 判断矩阵法

人们往往难于对目标维数很大的所有目标的重要程度作出客观准确的判断，但在两个目标之间就容易判断其重要程度了. 判断矩阵法就是由目标重要程度的两两比较开始，构造出一个判断矩阵，再由判断矩阵计算出各目标函数权系数的方法.

对第 i 个和第 j 个目标的重要程度进行比较，通常记比较结果为

$$a_{ij}=\begin{cases}1, & \text{第 } i \text{ 个目标与第 } j \text{ 个目标同等重要}\\ 3, & \text{第 } i \text{ 个目标比第 } j \text{ 个目标稍微重要}\\ 5, & \text{第 } i \text{ 个目标比第 } j \text{ 个目标明显重要}\\ 7, & \text{第 } i \text{ 个目标比第 } j \text{ 个目标非常重要}\\ 9, & \text{第 } i \text{ 个目标比第 } j \text{ 个目标极端重要}\end{cases}$$

并规定 $a_{ij}=\frac{1}{a_{ji}}(\forall i,j=1,2,\cdots,p)$，显然，$a_{ii}=1$，即人们通常对两个事物比较强度，判断为“相当”、“较强”、“强”、“很强”和“绝对强”5 个等级. 如果需要进一步细分，还可以在 $a_{ij}=1,3,5,7,9$ 每两数之间插入 2,4,6,8 这 4 个数，依次表示其相对重要程度介于上述 5 个等级之间的状况，至多分为 9 个等级，构造判断矩阵

$$\boldsymbol{A}=\begin{pmatrix}a_{11} & a_{12} & \cdots & a_{1p}\\ a_{21} & a_{22} & \cdots & a_{2p}\\ \vdots & \vdots & & \vdots\\ a_{p1} & a_{p2} & \cdots & a_{pp}\end{pmatrix}$$

判断矩阵的第 i 行代表了第 i 个目标相对于其他目标的重要程度，因此，第 i 个目标在整个问题中的重要程度可以用判断矩阵中的第 i 行元素的几何平均值表示，记

$$\beta_i=\sqrt[p]{a_{i1}a_{i2}\cdots a_{ip}},\quad i=1,2,\cdots,p$$

将其规范化就得到各目标函数的权系数 $\omega_i=\dfrac{\beta_i}{\sum\limits_{j=1}^{p}\beta_j}$.

判断矩阵法中首要的就是构造满意的判断矩阵 $\boldsymbol{A}$，一般要求 $\boldsymbol{A}$ 中的元素满足

传递性，即 $a_{ij}a_{jl}=a_{il}$. 当传递性不满足时，确定的权系数将失去意义. 因此，需对判断矩阵进行一致性检验，一致性检验指标为

$$c_p=\frac{\lambda_{\max}-p}{p-1}$$

其中 $\lambda_{\max}$ 为判断矩阵 $\boldsymbol{A}$ 的最大特征值，通常由

$$\lambda_{\max}=\sum_{i=1}^{p}\frac{\sum\limits_{j=1}^{p}a_{ij}\omega_j}{p\omega_i}$$

近似计算. 一般地，只要 $c_p\leqslant 0.1$，就可以认为判断矩阵 $\boldsymbol{A}$ 是满意的，所确定的权系数是有效的，否则就要对目标重要性进行重新分析，重新确定 a_{ij}.

多目标规划问题的求解还有许多方法，如分层求解法、目标规划法等，有兴趣的读者可参见相关文献.

习　题　7

7.1　利用理想点法求解多目标规划

$$\begin{aligned}&\max\ f_1(\boldsymbol{x})=-2x_1+x_2\\&\max\ f_2(\boldsymbol{x})=x_1+3x_2\\&\text{s.t.}\ \begin{cases}x_1+x_2\leqslant 12\\3x_1+2x_2\leqslant 20\\x_1,x_2\geqslant 0\end{cases}\end{aligned}$$

7.2　利用线性加权法求解如下问题：

$$\begin{aligned}&\max\ f_1(\boldsymbol{x})=3x_1+5x_2\\&\max\ f_2(\boldsymbol{x})=x_1+4x_2\\&\text{s.t.}\ \begin{cases}2x_1+6x_2\leqslant 24\\x_1+2x_2\leqslant 10\\x_1,x_2\geqslant 0\end{cases}\end{aligned}$$

7.3　利用极大极小法求解如下问题：

$$\begin{aligned}&\min\ f_1(\boldsymbol{x})=2x_1^2+(x_2-1)^2\\&\min\ f_2(\boldsymbol{x})=x_1^2+3x_2^2+11x_1x_2-4\\&\text{s.t.}\ \ x_1,x_2\geqslant 0\end{aligned}$$

7.4　利用乘除法求解如下多目标规划问题：

$$\begin{aligned}&\min\ f_1(\boldsymbol{x})=x_1+2x_2+5x_3\\&\max\ f_2(\boldsymbol{x})=3x_1+7x_2+9x_3\end{aligned}$$

$$
\text{s.t.}\quad\begin{cases}-x_1+x_2+2x_3\leqslant 10\\ x_1+6x_2+x_3\geqslant 25\\ x_1+x_2\leqslant 9\\ x_1,x_2,x_3\geqslant 0\end{cases}
$$

7.5　某企业拟生产 A 和 B 两种产品，其生产投资费用分别为 2100 元/t 和 4800 元/t. A，B 两种产品的利润分别为 3600 元/t 和 6500 元/t. A，B 产品每月的最大生产能力分别为 5t 和 8t，市场对这两种产品总量的需求每月不少于 9t. 试问该企业应该如何安排生产计划，才能既能满足市场需求，又节约投资，而且使生产利润达到最大？

五、动 态 规 划

动态规划(dynamic programming)是解决多阶段决策过程(multi-step decision process)最优化问题的一种方法. 1951 年,美国数学家 R. Bellman 等研究了一类多阶段决策问题的特征,提出了解决这类问题的最优性原理(principle of decision optimality),由此建立了数学规划的一个新分支——动态规划. 目前,动态规划已广泛应用于经济、生物、工程、军事等许多领域,并已取得了很好的效果.

动态规划把比较复杂的问题分成若干个阶段,通过逐段求解,最终求得全局最优解,这种“分而治之,逐步改善”的方法已在一些较难解决的问题中显示出优越性. 特别是离散性问题,用动态规划方法去处理,比用线性规划或非线性规划方法有时更为有效. 但动态规划不像线性规划或非线性规划那样有一个标准的表达式,而是一个具体的问题就有一个数学表达式,从而没有统一的处理格式,需根据问题本身的特性,灵活地利用数学技巧来处理. 本章主要介绍离散决策过程的动态规划.

第 8 章　动态规划简介

8.1　多阶段决策过程

8.1.1　多阶段决策问题

多阶段决策过程是指由于问题的特殊性，可依据时间或空间为标志，将问题划分为若干相互联系的阶段，每个阶段都需要作出一定的决策，即选择方案，各阶段的决策既依赖于当前面临的状态，又影响以后的发展. 当各阶段决策确定后，就组成一个决策序列，称之为策略. 使整个过程的总体效果达到最优，这类问题就是多阶段决策问题.

在上述过程中，依次分阶段地选择一些决策来解决整个过程的最优化问题，故有“动态”的含义，把处理它的方法称为动态规划方法. 有一些应用问题本身是与时间因素无关的静态规划问题，但可以人为地引入“时间因素”化为多阶段决策过程问题，即用动态规划方法来研究.

8.1.2　多阶段决策问题举例

例 8.1(最短路径问题)　图 8.1 中，A，B，C，D，E 代表城市，两个城市之间的连线代表道路，数字代表路程，求从城市 A 到城市 E 之间的最短路径.

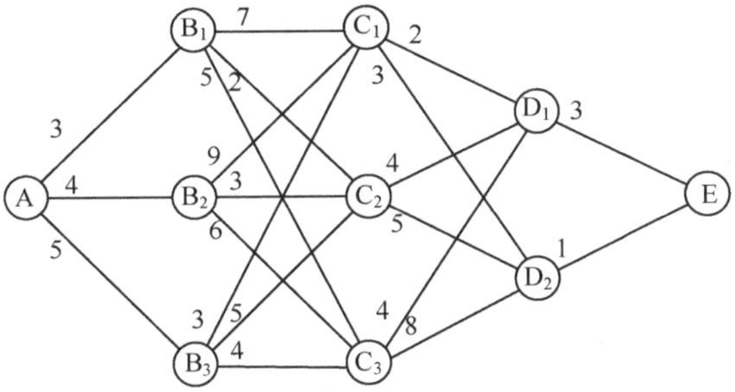

图 8.1

例 8.2(机器生产分配问题)　某工厂有 500 台机器生产 A，B 两种产品，投入 x 台机器生产 A 产品，纯收益为 $20x$ 万元；投入生产 B 产品，纯收益为 $15x$ 万元；不投入生产就没有收入. 其年折损率分别为 0.6 和 0.2. 问在 4 年内，应如何安排生产计划，使 4 年末仍有 160 台机器保持完好，并使收益最高.

例 8.3(背包问题)　旅行者带一个能装 7kg 的背包，有三种物品可供选择，第一种物品每件重 2kg,价值 45 元;第二种物品重 3kg,价值 70 元;第三种物品重 1kg,价值 15 元. 问各种物品应各取多少件放入背包,才能使背包中物品的价值最高?

8.1.3　最短路径问题的动态规划解法

最短路径问题是一个典型的多阶段决策问题,通过讨论例 8.1 的解法来说明动态规划的基本思想.

对例 8.1,若用穷举法从 A 到 E 共有 $3\times3\times2=18$ 条路线,每条路线需作 4 次加法,共 72 次加法,还要作 17 次比较运算,才能得到最短路径. 穷举法表面上很简单,但实施起来却很难,特别是当地点多,道路也多时,其计算量非常大.

用动态规划的方法求解,其关键在以下两个想法:

(1) 从 A 到 E 的最短路径中,其子路必是最短的,即若最短路在第 k 站通过点 P_k,则该路线从 P_k 开始到 E 的剩余路线必然是由 P_k 到 E 的最短路线;

(2) 逆序递推计算.

最短路径的上述特性,启发我们从终点开始,从后向前逐步递推,求出各点到 E 的最短子路,最后求得从 A 到 E 的最短路.

首先把问题分为 4 个阶段:A→B,B→C,C→D,D→E,用 $k=1,2,3,4$ 表示. 用 x_k 表示第 k 阶段之初所处的出发位置,如 x_2 可取为 B_1,B_2 或 B_3. 用 $f_k(x_k)$表示由点 x_k 到 E 的最短距离. 用 $d_k(x_k)$表示从 x_k 出发到下一个点的选择,即 $d_k(x_k)=x_{k+1}$. 用 $s_k(x_k,x_{k+1})$表示从 x_k 到 x_{k+1} 的距离,如 $s_2(B_2,C_2)=3$,逆序递推计算过程如下:

当 $k=4$ 时,从 D_1,D_2 到 E 只有一条路线,取

$$f_4(D_1)=3,\quad f_4(D_2)=1$$

当 $k=3$ 时,有 C_1,C_2,C_3 三个出发点,

$f_3(C_1)=\min\{s_3(C_1,D_1)+f_4(D_1),s_3(C_1,D_2)+f_4(D_2)\}=\min\{2+3,3+1\}=4$

$d_3(C_1)=D_2$,最短子路线为 $C_1\to D_2\to E$.

$f_3(C_2)=\min\{s_3(C_2,D_1)+f_4(D_1),s_3(C_2,D_2)+f_4(D_2)\}=\min\{4+3,5+1\}=6$

$d_3(C_2)=D_2$,最短子路线为 $C_2\to D_2\to E$.

$f_3(C_3)=\min\{s_3(C_3,D_1)+f_4(D_1),s_3(C_3,D_2)+f_4(D_2)\}=\min\{4+3,8+1\}=7$

$d_3(C_3)=D_1$,最短子路线为 $C_3\to D_1\to E$.

当 $k=2$ 时,有 B_1,B_2,B_3 三个出发点,

$$\begin{aligned}f_2(B_1)&=\min\{s_2(B_1,C_1)+f_3(C_1),s_2(B_1,C_2)+f_3(C_2),s_2(B_1,C_3)+f_3(C_3)\}\\&=\min\{7+4,2+6,5+7\}=8\end{aligned}$$

$d_2(B_1)=C_2$,最短子路线为 $B_1\to C_2\to D_2\to E$.

$f_2(B_2)=\min\{s_2(B_2,C_1)+f_3(C_1),s_2(B_2,C_2)+f_3(C_2),s_2(B_2,C_3)+f_3(C_3)\}$

$=\min\{9+4,3+6,6+7\}=9$

$d_2(\mathrm{B}_2)=\mathrm{C}_2$，最短子路线为 $\mathrm{B}_2\to\mathrm{C}_2\to\mathrm{D}_2\to\mathrm{E}$.

$$f_2(\mathrm{B}_3)=\min\{s_2(\mathrm{B}_3,\mathrm{C}_1)+f_3(\mathrm{C}_1),s_2(\mathrm{B}_3,\mathrm{C}_2)+f_3(\mathrm{C}_2),s_2(\mathrm{B}_3,\mathrm{C}_3)+f_3(\mathrm{C}_3)\}$$
$$=\min\{3+4,5+6,4+7\}=7$$

$d_2(\mathrm{B}_3)=\mathrm{C}_1$，最短子路线 $\mathrm{B}_3\to\mathrm{C}_1\to\mathrm{D}_2\to\mathrm{E}$.

当 $k=1$ 时，只有一个起点 A，此时，

$$f_1(\mathrm{A})=\min\{s_1(\mathrm{A},\mathrm{B}_1)+f_2(\mathrm{B}_1),s_1(\mathrm{A},\mathrm{B}_2)+f_2(\mathrm{B}_2),s_1(\mathrm{A},\mathrm{B}_3)+f_2(\mathrm{B}_3)\}$$
$$=\min\{3+8,4+9,5+7\}=11$$

$d_1(\mathrm{A})=\mathrm{B}_1$，最短路径 $\mathrm{A}\to\mathrm{B}_1\to\mathrm{C}_2\to\mathrm{D}_2\to\mathrm{E}$，如图 8.2 所示.

用动态规划方法求解例 8.1 只用了 18 次加法运算和 11 次比较，计算效率远高于穷举法，而且穷举法最后只能得到从起点到终点的最短路径一个结论，而动态规划方法能得到每个节点到终点的最短子路径.

若将 E 看成起点，A 看成终点，将上述各阶段次序颠倒，得到的结果相同，则称之为动态规划的顺推算法.

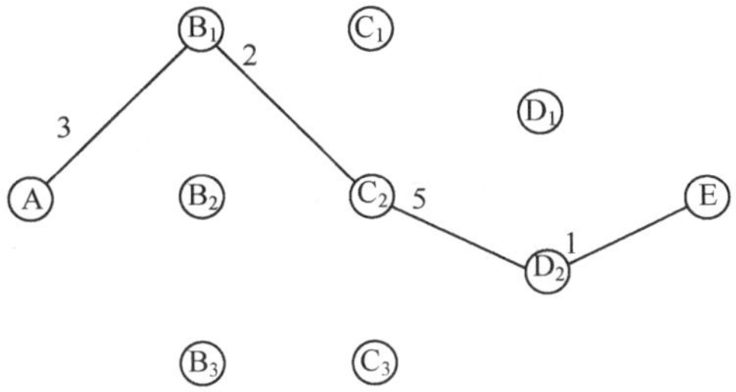

图 8.2

8.2 动态规划的基本概念和基本原理

8.2.1 动态规划模型的基本概念

8.1.3 小节最短路径问题的求解过程就是动态规划方法的具体体现，从例 8.1 的解法可以看出，一个多阶段决策过程优化问题的动态规划模型通常包含以下要素：

(1) 阶段(step). 把要处理的问题合理地划分为若干个相互联系的阶段，通常用 k 表示阶段变量，如例 8.1 的问题就分为 4 个阶段，$k=1,2,3,4$. 阶段是对整个过程的自然划分，通常根据时间顺序或空间特征来划分，以便按阶段的次序来求解最优化问题.

在多数情况下，阶段变量是离散的. 如果过程可以在任何时刻作出决策，并且在任意两个不同时刻之间允许有无穷多个决策，则阶段变量就是连续的.

(2) 状态(state). 状态表示每个阶段开始时过程所处的自然状况或客观条件，也即每个阶段的起点称为该阶段的状态，常用 x_k 表示第 k 阶段的某一状态. 状态通常用一个或一组变量来描述，称之为状态变量(state variable). 状态变量允许取值的范围称为允许状态集合(set of admissiable states)，如例 8.1 中，第二阶段的

允许状态集合为$\{B_1,B_2,B_3\}$.

根据过程演变的具体情况，状态变量可以是离散的或连续的. 为了计算的方便，有时将连续变量离散化；为了分析的方便，有时将离散变量视为连续的.

(3) 决策(decision). 决策就是在某一阶段给定初始状态的情况下，从该状态演变到下一阶段某状态的选择，即确定系统过程发展的方向，在最优控制问题中也称为控制(control). 描述决策的变量称为决策变量(desicision variable)，用$d_k(x_k)$表示第k阶段初始状态为x_k的决策变量. 决策变量允许取值的范围称为允许决策集合(set of admissible decisions)，用$D_k(x_k)$表示初始状态为x_k的允许决策集合，则$d_k\in D_k(x_k)$. 例如，例 8.1 中，$D_1=\{B_1,B_2,B_3\}$，并且最短路径中，$d_1(A)=B_1$.

(4) 策略(policy). 由每个阶段的决策$d_k(x_k)$组成的整个过程的决策变量序列称为策略. 由初始状态x_1开始的全过程策略记作$P_{1,n}(x_1)$，即$P_{1,n}(x_1)=\{d_1(x_1),d_2(x_2),\cdots,d_n(x_n)\}$. 由第$k$个阶段$x_k$开始到终止状态的后部子过程策略称为$k$子策略，记为$P_{k,n}(x_k)$，即$P_{k,n}(x_k)=\{d_k(x_k),d_{k+1}(x_{k+1}),\cdots,d_n(x_n)\}$.

从允许策略集中选出的具有最佳效果的策略称为最优策略(optimal policy). 例如，例 8.1 的最优策略为 $A\to B_1\to C_2\to D_2\to E$，而 $B_1\to C_2\to D_2\to E$，$C_2\to D_2\to E$ 都是最优子策略.

(5) 状态转移方程(equation of state). 系统在阶段k处于状态x_k，执行决策$d_k(x_k)$的结果是系统状态的转移，即由第k阶段的状态x_k转移到第$k+1$阶段的状态x_{k+1}. 适用于动态规划方法求解的是一类具有无后效性(without aftereffect)的多阶段决策过程，无后效性又称为马尔可夫性(Markov property)，指系统从某个阶段往后的发展完全由本阶段所处的状态及其以后的决策所确定，与系统以前的状态及决策无关. 对于具有无后效性的多阶段决策过程，系统由阶段k到阶段$k+1$的状态转移方程为$x_{k+1}=T_k(x_k,d_k(x_k))$，即$x_{k+1}$只与$x_k$和$d_k(x_k)$有关，与这之前的状态无关. $T_k(x_k,d_k)$称为变换函数或算子，分为确定型和随机型，由此形成确定型动态规划和随机型动态规划.

(6) 指标函数(idicial function). 指标函数也称为值函数(value function)，用一个数量指标来衡量多阶段决策中每一个阶段决策的效果，这就是指标函数，分为阶段指标函数和过程指标函数. 阶段指标函数$v(x_k,d_k)$表示在第k阶段处于x_k状态下执行决策d_k后产生的效果；过程指标函数是衡量全过程策略或k子过程策略优劣的数量指标，用$v_{1,n}$或$v_{k,n}$表示，即

$$v_{1,n}=v_{1,n}(x_1,d_1;x_2,d_2;\cdots;x_n,d_n;x_{n+1})$$

$$v_{k,n}=v_{k,n}(x_k,d_k;x_{k+1},d_{k+1};\cdots;x_n,d_n;x_{n+1}),\quad k=1,2,\cdots,n$$

一般来说，问题不同，其指标函数也不同. 指标函数可以是距离、利润、成本、产品的产量或资源的消耗等，如在例 8.1 中，指标函数$v_{k,n}$就是第k阶段由点x_k到达终点 E 的距离.

在实际问题中，常用的指标函数有以下两种形式：

(1) 过程或任一子过程指标是其所包含的各阶段指标之和，

$$v_{k,n}=\sum_{j=k}^{n}v_j(x_j,d_j),\quad k=1,2,\cdots,n$$

(2) 过程或任一子过程指标是其所含的各阶段指标之积，

$$v_{k,n}=\prod_{j=k}^{n}v_j(x_j,d_j),\quad k=1,2,\cdots,n$$

指标函数的最优值称为最优指标函数，记为 $f_1(x_1)$ 或 $f_k(x_k)$，其中 $f_1(x_1)$ 表示全过程的最优指标函数，$f_k(x_k)$ 为 k 子过程的最优指标函数. 对阶段指标为和函数形式的最优指标函数可表示为

$$\begin{cases}f_k(x_k)=\underset{d_k\in D_k(x_k)}{\mathrm{OPT}}\{v_k(x_k,d_k)+f_{k+1}(x_{k+1})\}\\ x_{k+1}=T_k(x_k,d_k)\end{cases}\tag{8.1}$$

可根据具体情况取 max 或 min. (8.1)称为动态规划基本方程，也称为 Bellman 方程.

8.2.2 动态规划的基本原理

建立动态规划模型的步骤一般如下：

(1) 根据时间或空间的自然特征，把实际问题恰当地划分为若干个阶段，使问题能够转化为一个多阶段决策问题；

(2) 正确地选择状态变量 x_k，确定状态集合，使状态变量既能描述过程的演变特征，又能满足无后效性及可知性，可知性是指各阶段的状态变量值可直接或间接地获得；

(3) 确定决策变量 d_k 及每个阶段的允许决策集合 $D_k(x_k)$；

(4) 写出状态转移方程 $x_{k+1}=T_k(x_k,d_k)$；

(5) 正确地写出指标函数 $v_{k,n}$；

(6) 写出动态规划函数的基本方程，即最优值函数满足的递推方程及端点条件；

(7) 逆序递推计算求解.

最优性原理　作为整个过程的最优策略具有如下性质：不管该最优策略某状态以前的状态和决策如何，对该状态而言，余下的诸决策必构成最优子策略.

也就是说，最优策略的任一后部子策略都是最优的. 对很多多阶段决策问题，在最优策略存在的前提下，根据最优性原理及具体问题可导出基本方程(8.1)，再由基本方程求解最优策略，从而得到该多阶段决策问题的圆满结果. 但是后来在动态规划的某些应用过程中发现，最优性原理不是对任何决策过程都成立，它与基本方程并不是无条件等价的，也即最优性原理只是动态规划方法的必要条件.

8.3 动态规划应用举例

8.3.1 动态规划问题求解举例

例 8.2 以前面给出的数据,利用动态规划方法求解机器生产分配问题.

解 阶段 k:运行年份,$k=1,2,\cdots,5$;

状态变量 x_k:第 k 年年初完好的机器数;

决策变量 d_k:第 k 年年初投入生产 A 产品的机器数;

状态转移方程:$x_{k+1}=0.4d_k+0.8(x_k-d_k)=-0.4d_k+0.8x_k$;

允许决策集合:$D_4(x_4)=\{d_4\mid 0.4d_4+0.8(x_4-d_4)\geqslant 160\}=\{d_4\mid 0\leqslant d_4\leqslant 2x_4-400\}$,

$$D_k(x_k)=\{d_k\mid 0\leqslant d_k\leqslant x_k\},k=3,2,1;$$

阶段指标:$v_k(x_k,d_k)=20d_k+15(x_k-d_k)=5d_k+15x_k$;

终端条件:$f_5(x_5)=0$;

递推方程:
$$\begin{aligned}f_k(x_k)&=\max_{d_k\in D_k(x_k)}\{v_k(x_k,d_k)+f_{k+1}(x_{k+1})\}\\&=\max_{0\leqslant d_k\leqslant x_k}\{5d_k+15x_k+f_{k+1}(-0.4d_k+0.8x_k)\},\quad k=3,2,1\end{aligned}$$

$$f_4(x_4)=\max_{0\leqslant d_4\leqslant 2x_4-400}\{5d_4+15x_4+f_5(x_5)\}=25x_4-2000,\quad d_4^*=2x_4-400$$

$$f_3(x_3)=\max_{0\leqslant d_3\leqslant x_3}\{5d_3+15x_3+f_4(x_4)\}=35x_3-2000,\quad d_3^*=0$$

$$f_2(x_2)=\max_{0\leqslant d_2\leqslant x_2}\{5d_2+15x_2+f_3(x_3)\}=43x_2-2000,\quad d_2^*=0$$

$$f_1(x_1)=\max_{0\leqslant d_1\leqslant x_1}\{5d_1+15x_1+f_2(x_2)\}=49.4x_1-2000,\quad d_1^*=0$$

由此可得

$$x_1=500,d_1^*=0;\quad x_2=400,d_2^*=0;\quad x_3=320,d_3^*=0;\quad x_4=256,d_4^*=112$$

4 年合计产值为 $f_1(x_1)=22700$,各阶段的产值为 $v_1=7500,v_2=6000,v_3=4800,v_4=4400$.

若例 8.2 中状态变量的终端值取消“4 年末仍有 160 台机器保持完好”的限制条件,则允许决策集合为 $D_k(x_k)=\{d_k\mid 0\leqslant d_k\leqslant x_k\}(k=4,3,2,1)$. 这时的结果为

$$x_1=500,d_1^*=0;\quad x_2=400,d_2^*=0;\quad x_3=320,d_3^*=0;\quad x_4=256,d_4^*=256$$

4 年合计产值为 $f_1(x_1)=23420$,各阶段产值为 $v_1=7500,v_2=6000,v_3=4800,v_4=5120$.

例 8.3(背包问题) 背包问题的一般提法如下:设有 n 种物品,每一种物品数量无限. 第 i 种物品的质量为 w_i,每件价值 c_i. 现有一个可装载质量为 w 的背包,问各种物品应取多少件放入背包,才能使背包中物品的价值最高?

该类问题也称为资源分配问题、投资问题,包括劳动力分配和设备使用问题

等.这类问题也可用线性规划模型来描述.设第 i 种物品取 x_i 件,则有

$$\max z=c_1x_1+c_2x_2+\cdots+c_nx_n$$

$$\text{s.t.}\quad\begin{cases}w_1x_1+w_2x_2+\cdots+w_nx_n\leqslant w\\x_i\geqslant 0,\quad i=1,2,\cdots,n\end{cases}$$

该类问题若用线性规划方法求解,则将产生很大的计算困难,而用动态规划方法求解就便利多了.下面以前面给出的数据为例,介绍动态规划方法的求解.

解 阶段 k:第 k 次装载第 k 种物品,$k=1,2,3$;

状态变量 x_k:第 k 次装载时背包还可以装载的重量;

决策 d_k:第 k 次装载第 k 种物品的件数;

允许决策集合:$D_k(x_k)=\left\{d_k\,\middle|\,0\leqslant d_k\leqslant\dfrac{x_k}{w_k},d_k\text{ 为整数}\right\}$, $k=1,2,3$;

状态转移方程:$x_{k+1}=x_k-w_kd_k(k=1,2,3)$;

阶段指标:$v_k=c_kd_k$;

递推方程:$f_k(x_k)=\max\{c_kd_k+f_{k+1}(x_{k+1})\}=\max\{c_kd_k+f_{k+1}(x_k-w_kd_k)\}$;

终端条件:$f_{n+1}(x_{n+1})=0$.

对 $k=3$,

$$f_3(x_3)=\max_{0\leqslant d_3\leqslant\frac{x_3}{w_3}}\{c_3d_3+f_4(x_4)\}=\max_{0\leqslant d_3\leqslant\frac{x_3}{w_3}}\{15d_3+f_4(x_4)\}$$

计算结果如表 8.1 所示.

表 8.1

x_3	0	1	2	3	4	5	6	7
d_3	0	1	2	3	4	5	6	7
$f_3(x_3)$	0	15	30	45	60	75	90	105

对 $k=2$,

$$f_2(x_2)=\max_{0\leqslant d_2\leqslant\frac{x_2}{w_2}}\{c_2d_2+f_3(x_3)\}=\max_{0\leqslant d_2\leqslant\frac{x_2}{w_2}}\{70d_2+f_3(x_2-3d_2)\}$$

计算结果如表 8.2 所示.

表 8.2

x_2	0	1	2	3	4	5	6	7
d_2	0	0	0	1	1	1	2	2
$f_2(x_2)$	0	15	30	70	85	100	140	155

对 $k=1$，

$$f_1(x_1)=\max_{0\leqslant d_1\leqslant\frac{x_1}{w_1}}\{c_1d_1+f_2(x_2)\}=\max_{0\leqslant d_1\leqslant\frac{x_1}{w_1}}\{45d_1+f_2(x_1-2d_1)\}$$

计算结果如表 8.3 所示.

表 8.3

x_1	0	1	2	3	4	5	6	7
d_1	0	0	1	0	2	1	0	2
$f_1(x_1)$	0	15	45	70	90	115	140	160

应取第一种物品 2 件，第二种物品 1 件，最高价值为 160 元，背包没有余量，而且从表 8.3 中 $f_1(x_1)$的数据可得出背包容量为 $w=6,5,4,3,2,1$ 时的最优值和最优解.

例 8.4　求解最优化问题

$$\max\ f=4d_1^2-d_2^2+2d_3^2$$

$$\text{s. t.}\quad \begin{cases}3d_1+2d_2+d_3\leqslant 9\\ d_i\geqslant 0,\quad i=1,2,3\end{cases}$$

解　这是一个静态的问题，为了应用动态规划方法求解，先人为地赋予“阶段”的概念. 设 x_1,x_2,x_3 为状态变量，d_1,d_2,d_3 为决策变量，它们之间满足如下关系式：

$$x_1=3d_1,\quad x_2=x_1+2d_2=3d_1+2d_2,\quad x_3=x_2+d_3=3d_1+2d_2+d_3\leqslant 9$$

则有 $d_1=\dfrac{x_1}{3}$，$0\leqslant d_2\leqslant\dfrac{x_2}{2}$，$0\leqslant d_3\leqslant x_3$. 下面用顺推方法从前向后依次递推计算.

当 $k=1$ 时，

$$f_1(x_1)=\max_{d_1=\frac{x_1}{3}}\{4d_1^2\}=\frac{4}{9}x_1^2,\quad d_1^*=\frac{x_1}{3}$$

当 $k=2$ 时

$$f_2(x_2)=\max_{0\leqslant d_2\leqslant\frac{x_2}{2}}\{-d_2^2+f_1(x_1)\}=\max_{0\leqslant d_2\leqslant\frac{x_2}{2}}\left\{-d_2^2+\frac{4}{9}(x_2-2d_2)^2\right\}$$

考察函数 $g_2(d_2)=-d_2^2+\dfrac{4}{9}(x_2-2d_2)^2$. 令 $g_2'(d_2)=0$ 得 $d_2=\dfrac{8}{7}x_2$. 该值不在允许决策集合内，因此，只需考察端点的值

$$f_2(x_2)=\max\left\{\frac{4}{9}x_2^2,-\frac{x_2^2}{4}\right\}=\frac{4}{9}x_2^2,\quad d_2^*=0$$

当 $k=3$ 时，

$$f_3(x_3)=\max_{0\leqslant d_3\leqslant x_3}\{2d_3^2+f_2(x_2)\}=\max_{0\leqslant d_3\leqslant x_3}\left\{2d_3^2+\frac{4}{9}(x_3-d_3)^2\right\}$$

考察函数 $g_3(d_3)=2d_3^2+\frac{4}{9}(x_3-d_3)^2$ 得 $g_3'(d_3)=0$，于是 $d_3=\frac{2}{11}x_3$. 此时，

$$f_3(x_3)=\max\left\{\frac{4}{9}x_3^2,\frac{44}{121}x_3^2,2x_3^2\right\}=2x_3^2,\quad d_3^*=x_3$$

函数 $f_3(x_3)=2x_3^2(0\leqslant x_3\leqslant 9)$ 在 $x_3=9$ 处取得最大值 162. 可以递推求出

$$x_3=9,d_3^*=x_3=9;\quad x_2=x_3-d_3^*=0,d_2^*=0;\quad x_1=x_2-2d_2^*=0,d_1^*=\frac{x_1}{3}=0$$

所以原问题的最优解为 $d_1^*=0,d_2^*=0,d_3^*=9$.

例 8.5 求解最优化问题

$$\max z=d_1d_2^2d_3$$

$$\text{s. t.}\quad\begin{cases}d_1+d_2+d_3\leqslant 2\\ d_1,d_2,d_3\geqslant 0\end{cases}$$

解 设 x_1,x_2,x_3 为状态变量，d_1,d_2,d_3 为决策变量，它们之间满足如下关系式：

$$x_1=d_1,\quad x_2=x_1+d_2=d_1+d_2,\quad x_3=x_2+d_3=d_1+d_2+d_3\leqslant 2$$

当 $k=1$ 时，

$$f_1(x_1)=\max_{d_1=x_1}\{d_1\}=x_1,\quad d_1^*=x_1$$

当 $k=2$ 时，

$$f_2(x_2)=\max_{0\leqslant d_2\leqslant x_2}\{d_2^2f_1(x_1)\}=\max_{0\leqslant d_2\leqslant x_2}\{d_2^2f_1(x_2-d_2)\}=\max_{0\leqslant d_2\leqslant x_2}\{d_2^2(x_2-d_2)\}$$

令 $g_2(d_2)=d_2^2(x_2-d_2)$，由 $g'_2(d_2)=0$ 得驻点 $d_2=\frac{2}{3}x_2$，所以

$$f_2(x_2)=\max\left\{0,\frac{4}{27}x_2^3,0\right\}=\frac{4}{27}x_2^3,\quad d_2^*=\frac{2}{3}x_2$$

当 $k=3$ 时，

$$f_3(x_3)=\max_{0\leqslant d_3\leqslant x_3}\{d_3f_2(x_2)\}=\max_{0\leqslant d_3\leqslant x_3}\{d_3f_2(x_3-d_3)\}=\max_{0\leqslant d_3\leqslant x_3}\left\{d_3\ \frac{4}{27}(x_3-d_3)^3\right\}$$

考察函数 $g_3(d_3)=d_3\ \frac{4}{27}(x_3-d_3)^3$ 得 $g'_3(d_3)=0$，于是 $d_3=\frac{x_3}{4}$. 此时，

$$f_3(x_3)=\max\left\{0,\frac{x_3^4}{64},0\right\}=\frac{x_3^4}{64},\quad d_3^*=\frac{x_3}{4}$$

由 $x_3\leqslant 2$ 得原问题的最优值为 $z^*=\frac{2^4}{64}=\frac{1}{4}$，可以递推求出

$$x_3=2,d_3^*=\frac{x_3}{4}=\frac{1}{2};\quad x_2=x_3-d_3^*=\frac{3}{2},d_2^*=\frac{2}{3}x_2=1;\quad x_1=x_2-d_2^*=\frac{1}{2},$$

$$d_1^*=x_1=\frac{1}{2}$$

所以原问题的最优解为 $d_1^*=\frac{1}{2}, d_2^*=1, d_3^*=\frac{1}{2}$.

8.3.2 动态规划的有关说明

动态规划方法的优越性如下：

(1) 易于确定全局最优解. 动态规划方法把优化问题化成一系列结构相似的优化子问题,每个子问题的变量个数比原问题少,约束集合也较简单,故较易确定全局最优解.

(2) 能得到一族解,有利于分析结果. 动态规划方法将求解分成多阶段进行,不仅能得到全过程的解,而且还包含了子过程的一族解,而这些解族有时正是实际问题所需要的.

(3) 能提高求解效率. 动态规划方法反映了过程逐渐演变的前后联系. 计算中,能有效地利用经验提高求解的效率.

动态规划方法的不足之处如下：

(1) 没有一个统一的标准模型可供使用.

(2) 应用的局限性,状态变量必须满足"无后效性的"条件,这是一个相当强的条件.

(3) 数值计算时存在"维数障碍". 当问题的变量个数(维数)太大时,受计算机存储量和计算速度的限制,求解非常困难.

说明 (1) 动态规划问题的求解方法还有函数迭代法和策略空间迭代法,有需要的读者可查阅相应的参考文献,本书在此就不作介绍了.

(2) 为了克服"维数障碍",已出现了许多新方法,如多项式逼近法、逐次逼近法、状态微增法、Lagrange 乘子法等.

习 题 8

8.1 利用动态规划方法求解如下问题：

(1) $\max z=9x_1+5x_2+3x_3^2$

$$\text{s.t.}\begin{cases}x_1+3x_2+x_3=10\\ x_i\geqslant 0,\quad i=1,2,3\end{cases}$$

(2) $\max z=3x_1^3-4x_1+2x_2^2-5x_2+2x_3$

$$\text{s.t.}\begin{cases}4x_1+2x_2+3x_3\leqslant 18\\ x_i\geqslant 0,\quad i=1,2,3\end{cases}$$

(3) $\max z=x_1x_2^2x_3$

$$\text{s.t.}\begin{cases}x_1+x_2+x_3=6\\ x_i\geqslant 0,\quad i=1,2,3\end{cases}$$

(4) $\max z=4x_1+5x_2+8x_3$

$$\text{s.t.}\begin{cases}x_1+x_2+x_3\leqslant 10\\ x_1+3x_2+6x_3\leqslant 13\\ x_i\geqslant 0\text{ 且为整数},\quad i=1,2,3\end{cases}$$

8.2 某工厂有 100 台机器,计划分 4 个周期使用,在每一周期有两种生产任务. 据经验,把机器 x 台投入第一种生产任务,则在一个生产周期中将有 $\frac{x}{3}$ 台机器作废，余下的机器全部投入第二种生产任务，则有$\frac{1}{10}$的机器作废. 如果第一、二种生产任务每台机器分别可收益 10 和 7，问怎样分配机器，使总收益最大？

8.3 某工厂生产三种产品，各产品重量与利润关系如表 8.4 所示，现将此三种产品运往市场销售，运输能力总重量不超过 6t，问如何安排运输，使总利润最大？

表 8.4

种类	A	B	C
重量	2	3	4
利润	80	130	180

8.4 设有 5 个节点连接成的一个线路网，节点 i 与节点 j 之间的距离 d_{ij} 如图 8.3 所示，求各节点到节点 E 的最短路线和最短距离.

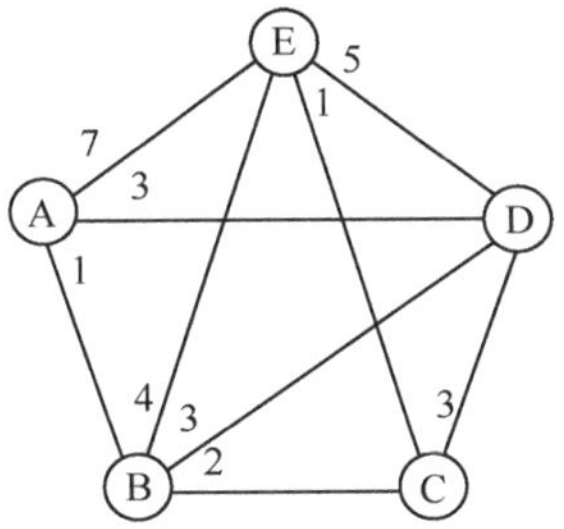

图 8.3

六、现代优化方法

前面几章主要介绍的是确定性优化问题的确定性算法. 这些问题和算法基本上都有较完善的数学理论,大多数方法都能找到问题的局部最优解. 但许多工程实际问题最终都归结为求全局最优解. 全局优化一直是最优化理论和算法的热点和难点之一,目前还没有一种通用的、能够解决各类问题的数学方法,还没出现对更多具体复杂问题广泛有效的软件.

本章将要介绍的现代优化方法是通过模拟某些自然现象或过程而得到的,为解决复杂优化问题提供了新思路和手段. 其特点如下:①对目标函数和约束条件不需附加解析条件,甚至不要求具体的解析表达式;②约束变量可取离散值;③在通常情况下,能求得问题的全局最优解或近似全局最优解.

本章只对这些方法作概念性和原理性的介绍,让读者对这些方法作初步的了解. 需要更深入细致研究的学者或工程技术人员,可查阅相应的参考文献.

第 9 章　现代优化方法简介

9.1　模拟退火算法

模拟退火算法(simulated annealing, SA)属于一种通用的随机探索算法，是1953 年由 Metropolis 等提出的，1983 年，Kirkpatrick 等成功地将其用于组合优化问题. 其基本思想是基于物理中固体物质的退火过程与一般组合优化问题之间的相似性，通过模拟高温物体的退火过程来找到优化问题的全局最优解或近似最优解，即在某一初温下，伴随温度的不断下降，结合概率的突跳性在解空间中寻找目标函数的全局最优解，也即在局部最优时能利用概率的突跳性跳出局部最优，最终趋于全局最优.

对数学规划问题(6.1)，把目标函数 $f(x)$ 看成定义在可行域 D 上的能量曲面，若让一个光滑的圆球在曲面上自由滚动，圆球最大可能的是在最近的低谷停止运动，但该低谷(局部最优解)不一定是最低的低谷(全局最优解). 模拟退火方法类似于沿水平方向给圆球一个水平方向的作用力，使其从该低谷滚出落入另一个低谷. 如此不断地滚动，如果水平力掌握恰当，则球很可能最终停留在最深的低谷处. 作用于小球上的水平力相应于模拟退火方法中的温度，水平作用的减小相应于温度的降低.

针对优化问题(6.1)，将其解与固体的微观状态，其目标函数值与固体的能量等价，算法进程中递减值的控制参数充当模拟退火中温度 T 的角色. 从初始解出发，使用随机数产生器在当前解的邻域内产生一个解. 根据 Metropolis 准则决定是否接受该解，这一过程由控制参数决定，类似于固体退火过程中的温度. 对初始值 T，算法持续进行“产生新解—判断—接受或舍弃”的迭代过程，这对应于固体在温度 T 下趋于热平衡的过程. 再根据一定的规则降低 T 值，使系统在该温度下达到热平衡状态. 按照以上步骤进行迭代，当 T 值趋于 0 时，整个系统趋于平衡状态，该系统状态对应于优化问题的全局最优解.

标准模拟退火算法的一般步骤如下：

(1) 给定初始点 x_0，足够大的初始温度 $T_0>0$，计算 $f(x_0)$，$k\leftarrow 0$；

(2) 若在该温度下达到内循环终止条件，则转(6)；否则，转(3)；

(3) 随机产生扰动 Δx，$x\leftarrow x_0+\Delta x$，计算 $\Delta f=f(x)-f(x_0)$；

(4) 若 $\Delta f\leqslant 0$，则接受新点为一下次模拟的初始点，$x_0\leftarrow x$，转(2)；

(5) 若 $\Delta f>0$，则计算新点接受概率 $P(\Delta f)=\mathrm{e}^{-\frac{\Delta f}{T_k}}$，产生[0,1]区间上均匀分

布的随机数 $r\in[0,1]$；若 $P(\Delta f)\geqslant r$，则接受新点为一下次模拟的初始点，$x_0\leftarrow x$，转(2)；否则，仍取原来的点作为一下次模拟的初始点，转(3)；

(6) 降温，$T_{k+1}\leftarrow d(T_k)$，$k\leftarrow k+1$，若满足终止条件，则算法结束；否则，转(3).

该算法中包含一个内循环和一个外循环. 内循环是步骤(2)→(5)，表示在同一温度时，在一些状态间的随机搜索；外循环主要包括步骤(6)的温度下降变化，迭代步数的增加和终止条件.

目前，关于模拟退火算法的研究分为两类：一类是基于有限状态 Markov 链的有关理论，给出模拟退火算法的一些关于理想收敛模型的充分条件或充分必要条件. 在这些条件下，理论上证明了当退火三原则(初始温度足够高、降温速度足够慢、终止温度足够低)满足，即初始点足够好、Markov 链足够长、计算时间足够长时，模拟退火算法依概率 1 达到全局最优解. 另一类是将模拟退火算法与其他优化方法相结合，提出各种改进的模拟退火算法，如混沌模拟退火法、遗传模拟退火法等，并将这些方法应用于某一具体问题.

根据求解问题的不同，模拟退火法也分为两类：一类是求解离散问题的模拟退火算法；另一类是求解连续问题的模拟退火算法. 求解离散问题，一般分为时齐和非时齐的模拟退火算法. 时齐算法是指内循环过程中，计算对应的 Markov 链变化时，达到一个稳定状态，然后再使温度降低；非时齐算法是指在相邻解的转移中，温度是下降的.

模拟退火算法的不足之处如下：首先，计算时间足够长，Markov 链长度无限，导致模拟退火算法难以保证收敛到全局最优解；其次，在每一温度下很难判断是否达到平衡态，即 Markov 链长度不易控制，体现在算法上就是 Metropolis 过程的次数不易控制.

9.2 遗传算法

遗传算法(genetic algorithm，GA)是由美国 Michigan 大学的 J. Holland 教授于 1975 年首先提出的，主要借用生物进化中“适者生存”的规律，即最适合自然环境的群体往往产生更多的后代群体. 遗传算法通过计算机模拟实现生物进化的群体竞争、自然选择、基因遗传与变异等特征. 是一种全新的全局优化算法，简单实用，适合于并行计算，已在优化调度、运输问题、组合优化等领域得到了广泛的应用.

9.2.1 遗传算法常用术语

(1) 基因. 基因是组成染色体的单元，可以表示为一个二进制位、一个整数或一个字符等.

(2) 染色体或个体.染色体或个体表示优化问题(6.1)的一个可能解,由若干基因组成,是遗传算法操作的基本对象,每个染色体都可以看成搜索空间中的一个点,代表了一个候选解.

(3) 群体.一定数量的个体组成了群体,表示遗传算法的遗传搜索空间.

(4) 适应度或适应函数.适应度或适应函数代表一个个体所对应解的优劣,通常由某一适应函数表示.

(5) 选择.选择是遗传算法的基本操作之一,即根据个体的适应度,在群体中按照一定的概率选择可以作为父本的个体.适应度大的个体被选中的概率高,体现了适者生存、优胜劣汰的进化规则.

(6) 交叉.交叉是遗传算法的基本操作之一,将父本个体按照一定的概率随机地交换基因,形成新的个体.

(7) 变异.变异是遗传算法的基本操作之一,按一定的概率改变个体的基因值.

9.2.2 遗传算法的基本操作

遗传算法包括三个基本操作:选择、交叉、变异,这些基本操作又有许多不同的方法.本章不作介绍,可查阅相关的参考文献.

(1) 选择(selection).选择是以一定的概率从群体中选择若干个体的操作.一般来说,选择的过程是一个基于优胜劣汰的过程.在进行选择之前,先计算适应度,然后按适应度进行父代个体的选择.

(2) 交叉或基因重组(crossover/recombination).交叉或基因重组是遗传算法的核心,指把两个父代个体的部分加以替换、重组而生成新个体的操作.通过交叉,遗传算法的搜索能力得以显著提高.

(3) 变异(mutation).变异是对群体中个体串某些基因位上的基因值作变动.其目的一是使遗传算法具有局部的随机搜索能力;二是使遗传算法可维护群体多样性,以防止出现未成熟的收敛现象.

9.2.3 遗传算法

不同的编码方案、选择策略和遗传算子相结合构成了不同的遗传算法,但基本结构相同.

(1) 随机产生初始种群:$x(0)=\{x_1(0),x_2(0),\cdots,x_n(0)\}$作为父代种群,$k\leftarrow 0$;

(2) 计算种群 $x(k)$ 中每一个个体的适应值,并对个体进行编码;

(3) 从种群 $x(k)$ 中选择$\frac{n}{2}$对个体进入交配池;

(4) 对交配池中的每对个体进行交叉，产生两个新个体；

(5) 对每个新个体依变异概率 p_m 进行变异，并把变异后的个体作为下一代种群 $x(k+1)$ 的个体，$k \leftarrow k+1$；

(6) 判断是否满足终止准则，若满足，则计算结束；否则，转(2).

9.2.4 遗传算法的说明

遗传算法在以下几个方面有着广泛的应用：

(1) 优化，既包括函数优化问题，也可以是其他组合优化问题，如线路设计、任务调度等；既可用于确定性优化问题，也可用于随机规划问题.

(2) 程序设计，可用于某些特殊任务的计算机程序设计，如元胞自动机等.

(3) 神经网络学习，用于网络学习时，可以优化学习规则，也可以对网络权系数进行优化.

(4) 网络结构设计，用于网络设计时，首先对网络结构进行编码，然后通过选择、交叉、变异等操作得出最优结构.

(5) 机器学习，可用于许多机器学习，包括分类问题和预测问题等，如预测天气、预测蛋白质结构.

(6) 经济学，可对经济创新过程建立模型，可研究投标策略、建立市场竞争模型.

从理论上，遗传算法能解决任意维函数的组合优化问题，但在具体应用时将受到超大规模优化问题的限制. 主要原因是遗传算法在进化搜索过程中，每代须维持一定的群体规模. 群体规模小，包含的信息量就少，算法不能得到充分的发挥；群体规模太大，虽然包含的信息量多，但计算量的增加限制了算法的使用.

遗传算法的另一个不足之处是易“早熟”，其原因如下：一方面，算法中的交叉运算使群体中的染色体具有局部的相似性，父代染色体信息交换量小使搜索停滞不前；另一方面，变异概率太小导致搜索不能转向其他解空间进行，也会引起算法“爬山”能力差.

9.3 粒子群优化算法

粒子群优化(particle swarm optimization，PSO)算法是一种基于群体智能(swarm intelligence)方法的演化计算(evolutionary computation)技术，是美国的Kennedy 和 Eberhar 受鸟群觅食行为的启发于 1995 年提出的. 目前，多种粒子群优化改进算法已广泛应用于函数优化、神经网络训练、模式识别、模糊控制等领域.

一群鸟在随机地搜寻食物，若该区域只有一块食物，那么找到该食物最简单且有效的策略就是搜寻目前离食物最近的鸟附近的区域. 粒子群优化算法是从中得到启示而产生并发展起来的.

在粒子群优化算法中,最优化问题(6.1)中的每个解都是搜索空间中的一只鸟,称之为"粒子".所有的粒子看成搜索空间中没有质量、没有体积的点,都有一个适应值.该适应值由被优化的函数确定,每个粒子都有自己的位置和速度,以决定其飞行的方向和距离.

粒子群优化算法通过将解空间初始化为一群随机粒子,即随机解,再经过迭代找到最优解.在每次迭代中,粒子通过自己的飞行经验和同伴的飞行经验来更新自己.自己的飞行经验是粒子经历过的最好位置,即最好的适应值,也就是本身所找到的最优解,称之为个体极值;同伴的飞行经验就是群体所有粒子经历过的最后位置,即整个种群目前找到的最优解,称为全局极值.有时,也可不用整个群体而只用其中一部分作为粒子的邻居,在所有邻居中的极值称为局部极值.

粒子群优化算法是一个新的基于群体智能的进化算法,目前,其研究没有遗传算法和模拟退火算法那样深入,在理论上并不能保证能得到最优解.粒子群优化算法在进行优化问题求解时应用范围有限,尤其是对离散的组合优化问题,其理论建模还处于起步阶段.

9.4 蚁群优化算法

蚁群算法(ant colony optimization, ACO)是受蚁群集体行为的启发而提出的、基于种群的模拟进化算法,属于随机搜索算法.由意大利学者 M. Dorio 等首先提出,并用该方法求解旅行商问题、指派问题、工作调度问题,取得了一系列较好的实验效果.

蚂蚁在寻找食物或寻找回巢路径的行动中,会在它们经过的地方留下一些"信息素",该种物质使后到的蚂蚁最大可能地选择具有该物质的路径,而且后到者留下的"信息素"会对原有"信息素"加强,如此循环下去,经过蚂蚁越多的路径,在后到蚂蚁的选择中被选中的可能性就越大.由于在一定的时间内,越短的路径会被越多的蚂蚁访问,积累的"信息素"就越多,在下一个时间内被其他蚂蚁选中的可能性也就越大,该过程一直持续到所有蚂蚁都走最短路径为止.

蚁群算法主要用于解决组合优化问题,具有广阔的研究空间.理论研究主要在扩展现有理论成果的范围和确定一个完整的理论框架上,如确定算法的参数值、证明算法的收敛性等;实践方面则着重于扩展蚁群算法所能解决问题的范围,以解决连续优化、动态优化等一些现实问题.

蚁群算法是一种较好的模拟进化算法,其优点表现如下:采用了正反馈机制,有很强的发现较好解的能力,具有很强的并行性和鲁棒性.但它毕竟是一种新兴的算法,存在着一些缺陷,如收敛速度慢、计算时间长、易于过早地陷入局部最优、在求解连续优化问题上相对较弱等. 针对这些问题,研究工作者提出了一些改进的蚁群算法,有兴趣的读者可查阅相应的参考文献.

9.5 神经网络算法

人工神经网络算法(artificial neural networks,ANN)是基于生物学神经元网络的基本原理而建成的,实质上是模仿大脑的结构和功能,借助于计算机处理大规模信息的一种信息处理系统.

人工神经网络已被广泛应用于函数逼近、模式识别、图像处理与计算机视觉、信号处理、时间序列、专家系统、动力系统、人工智能以及最优化等方面.

用于优化计算的神经网络模型是 Tank 和 Hopfield 于 1986 年首次提出的,并用于求解内容可寻址记忆(CAM)和旅行商问题. 其基本思想如下:首先,构造出与原优化问题(6.1)相对应的合适的能量函数,使得能量函数的最优解与原优化问题的最优解相对应. 然后,根据能量函数构造出相应的神经网络. 神经网络输出的稳定点就是所求的原优化问题的最优解.

人工神经网络虽然有许多诱人的特点,但也有其局限性. 首先,人工神经网络不适合高精度的计算,如不能把人工神经网络用于计算资金方面的问题. 其次,它不能做类似顺序计数的工作,因为人工神经网络是以并行方式工作的. 人工神经网络必须克服在时间域顺序处理方面的困难,只有真正的并行处理,才能体现出人工神经网络高速、高效的特点,但目前这种硬件还没有完善解决.

9.6 禁忌搜索算法

禁忌搜索(tabu search 或 taboo search,TS)算法的思想最早是由 Glover 于 1986 年提出的,是局部邻域搜索算法的推广,模拟人类具有记忆功能的最优特征,属于确定性的迭代优化算法,主要是针对一般的下降算法的缺点而提出来的. 一般的下降算法在搜索到某个局部最优解时容易自动停止,而禁忌搜索采用禁忌策略或称为禁忌准则,尽量避免已搜索过的对象,从而保证了对不同搜索路径的探索. 禁忌搜索算法不是搜索到局部最优解就停止搜索,而是引导算法跳出局部最优解,进而转向全局最优解.

其基本思想如下:给定一个初始解和一个邻域,然后在当前解的邻域中确定若干候选解. 若最佳候选解对应的目标函数值优于“Best so far”状态,则忽视其禁忌特性,用其代替当前解和“Best so far”状态,并将相应的对象加入禁忌表,同时修改禁忌表中各对象的任期;若不存在上述候选解,则在候选解中选择非禁忌的最佳状态为新的当前解,而无视它与当前解的优劣,同时将相应的对象加入禁忌表,并修改禁忌表中各对象的任期,如此重复上述迭代搜索过程,直到满足终止条件.

禁忌搜索算法具有灵活的记忆功能和藐视准则,并且在搜索中可以接收劣解,搜索时能够跳出局部最优解,转向解空间的其他邻域,从而增强获得更好最优解的概率.其不足之处是禁忌搜索对初始解具有较强的依赖性,较好的初始解可以使禁忌搜索在解空间中搜索到更好的解,较差的初始解将会降低禁忌搜索的收敛速度.在搜索过程中,一个初始解只能迭代一次,也只能把一个解移动到另一个解.

七、MATLAB 在优化中的应用

伴随着计算机技术的高速发展、最优化理论与方法的迅速进步，为解决实际最优化问题的软件也在飞速发展，其中 MATLAB(Matrix Laboratory)软件已成为在最优化领域应用最广的软件之一.

MATLAB 是一个集数值计算、符号分析、图像显示、文字处理于一体的大型集成化软件. 它最初由美国的 Cleve Moler 博士于 1980 年所研制，其目的是为“线性代数”等课程中的矩阵运算提供一种方便、可行的实验手段. 经过几十年的市场竞争和发展，MATLAB 已发展成为在自动控制、生物医学工程、信号分析处理、语言处理、图像信号处理、雷达工程、统计分析、计算机技术、金融界和数学界等各行各业中都有着极其广泛应用的数学软件.

自 20 世纪 90 年代以来，美国和欧洲的各大学陆续将 MATLAB 正式列入研究生和本科生的教学计划，MATLAB 软件已成为“最优化”、“数值计算”、“数理统计”、“信号处理”、“时间序列分析”、“动态系统仿真”等课程的基本教学工具，成为学生必须掌握的基本软件之一.

有了 MATLAB 这个强大的计算平台，既可以利用 MATLAB 优化工具箱(Optimization Toolbox)中的函数，又可以通过对算法编程实现相应的最优化计算. 利用 MATLAB 的优化工具箱，可以求解线性规划、非线性规划和多目标规划等最优化问题.

第 10 章　MATLAB 初步

10.1　MATLAB 界面

10.1.1　MATLAB 的视窗环境

双击 MATLAB 图标即可进入 MATLAB 系统. 进入 MATLAB 系统之后,会看到一个视窗 MATLAB Command Window,称为指令视窗,它是键入指令的地方,也是 MATLAB 将计算结果显示的地方. 具体如图 10.1 所示.

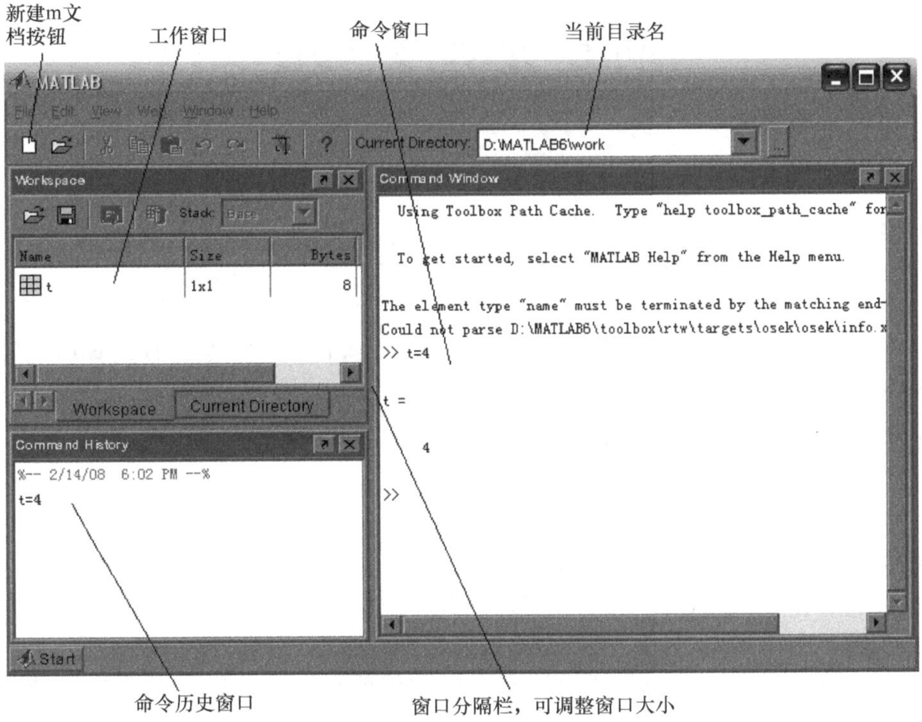

图 10.1　MATLAB 界面

(1) 命令窗口(Command Window):“>>”为命令提示符,表示 MATLAB 已经准备好,可以接受用户在此输入命令,命令执行的结果也显示在这个窗口中.

(2) 命令历史窗口(Command History):已经执行过的命令依次显示在这个窗口中,可以备查.

(3) 工作区窗口(Workspace):显示当前计算机内存中有哪些变量及相关

信息.

(4) 新建 m 文档按钮：点此按钮会出现 m 文件窗口，为了解决某个问题，可以在此窗口中编写程序，命名，保存后让计算机运行，这样的文档叫 m 文件.

10.1.2 MATLAB 的查询命令

若对 MATLAB 函数的用法有疑问，可随时使用如下命令：

(1) help：用来查询已知命令的用法. 例如，已知 inv 是用来计算反矩阵的，键入 help inv 即可得知有关 inv 命令的用法.

(2) lookfor：用来寻找未知的命令. 例如，要寻找计算反矩阵的命令，可键入 lookfor inverse，MATLAB 即会列出所有和关键字 inverse 相关的指令. 找到所需的命令后，即可用 help 进一步找出其用法.

10.2 基本运算与函数

10.2.1 基本数学运算

在 MATLAB 下进行基本数学运算，只需将运算式直接打入提示号(>>)之后，并按 Enter 键即可. 例如，

```
>> (5*2+1.3-0.8)*10/25
ans= 4.2000
```

MATLAB 会将运算结果直接存入一变量 ans，代表 MATLAB 运算后的答案(Answer)并将其数值显示于屏幕上.

也可将上述运算式的结果设定给另一个变量 x 如下：

```
>> x=(5*2+1.3-0.8)*10^2/25
x=42
```

此时，MATLAB 会直接显示 x 的值.

变量命名的规则如下：由字母、数字和下划线组成，最多 31 个字符，区分大小写字母，第一个字符必须是字母. 不必说明类型和维数，自动分配内存空间.

由上例可知，MATLAB 认识所有一般常用的加(+)、减(−)、乘(*)、除(/)的数学运算符号以及幂次运算(^).

若不想让 MATLAB 每次都显示运算结果，则只需在运算式最后加上分号(;)即可，如下例：

```
>> y=sin(10)*exp(-0.3*4^2);
```

若要显示变量 y 的值，直接键入 y 即可，即

```
>> y
y=-0.0045
```

10.2.2 常用函数及常数

在上例中，sin 是正弦函数，exp 是指数函数，这些都是 MATLAB 常用到的数学函数.

前面已介绍了加、减、乘、除等代数运算，除此之外，MATLAB 还提供了许多内建函数，如对数函数、三角函数、求和函数等. 表 10.1 列出了 MATLAB 常用的基本数学函数.

表 10.1 MATLAB 常用的基本数学函数

函数	名称	函数	名称
sin(x)	正弦函数	asin(x)	反正弦函数
cos(x)	余弦函数	acos(x)	反余弦函数
tan(x)	正切函数	atan(x)	反正切函数
abs(x)	绝对值	max(x)	最大值
min(x)	最小值	sum(x)	元素的总和
sqrt(x)	开平方	exp(x)	以 e 为底的指数
log(x)	自然对数	log_{10}(x)	以 10 为底的对数
sign(x)	符号函数	fix(x)	取整

MATLAB 有些永久常数，虽然在工作空间中看不到，但使用者可直接取用. 例如，

```
>> pi
ans=
3.1416
```

MATLAB 常用到的永久常数如表 10.2 所示.

表 10.2 MATLAB 常用到的永久常数

永久常数	意义	永久常数	意义
i 或 j	基本虚数单位	eps:	系统的浮点精确度
inf	无限大，如 1/0	nan 或 NaN	非数值，如 0/0
pi	圆周率		

MATLAB 可在一行同时执行数个命令，只要以逗号或分号将命令隔开即可. 例如，

```
>>x=sin(pi/3);y=x^2;z=y*10
>>z=
7.5000
```

若一个数学运算式太长，则可用三个句点将其延伸到下一行. 例如，

```
>>z=10*sin(pi/3)*...
sin(pi/3);
```

10.3 矩阵和数组的运算

MATLAB 的运算是以数组及矩阵方式在做运算，而两者在 MATLAB 中的基本运算性质不同，数组强调元素对元素的运算，而矩阵则采用线性代数的运算方式. MATLAB 能处理数、向量和矩阵. 但一个数事实上是一个 1×1 的矩阵，一个 n 维向量也不过是一个 $1\times n$ 或 $n\times 1$ 的矩阵. 从这个角度上来讲，MATLAB 处理的所有数据都是矩阵. MATLAB 的矩阵处理能力是非常灵活、强大的. 以下将从矩阵的产生、基本运算、矩阵函数等几个方面来说明.

下面先从输入简单的矩阵开始掌握 MATLAB 的功能.

10.3.1 输入简单的矩阵

输入一个小矩阵最简单的方法是用直接排列的形式. 矩阵用方括号括起，元素之间用空格或逗号分隔，矩阵行与行之间用分号分开. 例如，输入

```
>> A=[1  2  3;  4  5  6;  7  8  0]
```

系统会回答

```
A=
    1  2  3
    4  5  6
    7  8  0
```

这表示系统已经接收并处理了命令，在当前工作区内建立了矩阵 **A**.

大的矩阵可以分行输入，用回车键代替分号. 例如，

```
> > A=[1  2  3
       4  5  6
       7  8  0]
```

结果和上式一样，也是

```
A=
    1  2  3
    4  5  6
    7  8  0
```

10.3.2 向量及矩阵的生成

除了在 10.3.1 小节中介绍的直接列出矩阵元素的输入方法，矩阵还可以通过几种不同的方式输入到 MATLAB 中.

1. 向量的产生

除了直接列出向量的元素(即所谓的“穷举法”)外,最常用的用来产生相同增量的向量的方法是利用“:”算符(即所谓的“描述法”). 在 MATLAB 中,它是一个很重要的字符. 例如,

```
>>z=1:5
  z=
     1    2    3    4    5
```

即产生一个 1~5 的单位增量是 1 的行向量,此为默认情况.

用“:”号也可以产生单位增量不等于 1 的行向量,语法是把增量放在起始量和结尾量的中间. 例如,

```
>>x=0:pi/4:pi
```

即产生一个由 0~pi 的行向量,单位增量是 pi/4=3.1416/4=0.7854.

```
x=
  0    0.7854  1.5708  2.3562  3.1416
```

也可以产生单位增量为负数的行向量. 例如,

```
>>y=6:-1:1
  y=
     6    5    4    3    2    1
>> x= linspace(0,1,100);
```

%0 到 1 之间等间隔地取 100 个点,产生一个行向量.

需要说明的是,MATLAB 会忽略所有在百分比符号(%)之后的文字,因此,百分比之后的文字均可视为程序的注解.

2. 矩阵的产生

MATLAB 提供了一批产生矩阵的函数,如表 10.3 所示.

表 10.3 常用矩阵函数

命令	意义	命令	意义
zeros	产生一个零矩阵	diag	产生一个对角矩阵
ones	生成全 1 矩阵	randn	生成正态分布随机矩阵
eye	生成单位矩阵	rand	生成均匀分布随机矩阵

例如,

```
>>ones(3)
ans=
```

```
    1  1  1
    1  1  1
    1  1  1
>>eye(3)
ans=
    1  0  0
    0  1  0
    0  0  1
```

10.3.3 矩阵操作

在 MATLAB 中可以对矩阵进行任意操作,包括改变它的形式、取出子矩阵、扩充矩阵、旋转矩阵等,其中最重要的操作符为“:”,其作用是取出选定的行与列.例如,

A(:,:)代表 A 的所有元素;试比较 A(:),将 A 按列的方向拉成长长的一列(向量);

A(:,J)代表 A 的第 J 列;

A(J:K)代表 A(J),A(J+1),…,A(K),如同 A(:)的第 J 到第 K 个元素;

A(:,J:K)代表 A(:,J),A(:,J+1),…,A(:,K),如此类推.

10.3.4 数组及矩阵元素的存取

可以随意更改、增加或删除向量及矩阵的元素.例如,

```
>>y=[5 6 7 8];
>>y(4)=9% 更改第四个元素
y=
  5    6    7    9
>>y(5)=20% 加入第五个元素
y=
  5    6    7    9    20
>>y(5)=[]% 删除第五个元素
y=
  5    6    7    9
>>y(2:4)-9  % 取出 y 的第二至第四个元素来做运算
ans=
     -3    -2    0
>> a=[1 2 3;4 5 6;7 8 9];
```

```
>> a(1,:)   % 取出 a 的第一行
ans=
    1    2    3
>>a(:,2)     % 取出 a 的第二列
ans=
    2
    5
    8
>>a(2,3)   % 取出 a 的第二行,第三列的元素
ans=
    6
>>b=[a ones(3,3);zeros(3,6)]  % MATLAB 中很容易实现矩阵的拼接
b=
   1    2    3    1    1    1
   4    5    6    1    1    1
   7    8    9    1    1    1
   0    0    0    0    0    0
   0    0    0    0    0    0
   0    0    0    0    0    0
```

10.3.5 矩阵的运算

经典的 MATLAB 算术运算符如表 10.4 所示.

表 10.4 MATLAB 矩阵运算符

运算符	MATLAB 表达式	意义
加	+	a+b
减	−	a−b
乘	*	a * b
右除	/	inv(a) * b
左除	\	a * inv(b)
幂	^	a^b

MATLAB 的数组运算如表 10.5 所示.

表 10.5 MATLAB 的数组运算

运算式	意义
a. * b	a 后加了个“.”，表示数组相乘，是元素对元素的乘积
a. /b	数组右除，数组中对应元素相除， a(i,j)/b(i,j)
a. \b	数组左除，数组中对应元素相除， b(i,j)/a(i,j)
a. ^b	数组乘方，a 和 b 中对应元素的乘方，即 a(i,j)的 b(i,j)次方

说明 在这里特别要注意一下有没有加点“.”之间的区别，这些算术运算符所运算的两个阵列是否需要长度一致. 表 10.6 是 MATLAB 常用的矩阵函数.

表 10.6 MATLAB 常用的矩阵函数

函数	名称	函数	名称
size(x)	矩阵维数	length(x)	矩阵行列维数的最大值
inv(x)	逆矩阵	eig(x)	矩阵特征值及特征向量
norm(x)	矩阵范数	det(x)	矩阵行列式

10.4 MATLAB 作图

10.4.1 基本二维绘图命令

MATLAB 不仅擅长于矩阵相关的数值运算，也适合用在各种科学可视化(scientific visualization). 下面介绍 MATLAB 基本二维和三维的各项绘图命令，包含一维曲线及二维曲面的绘制.

1. plot 命令

plot 是绘制一维曲线的基本函数，但在使用此函数之前，需先定义曲线上每一点的 x 及 y 坐标. 下例可画出一条正弦曲线，如图 10.2 所示.

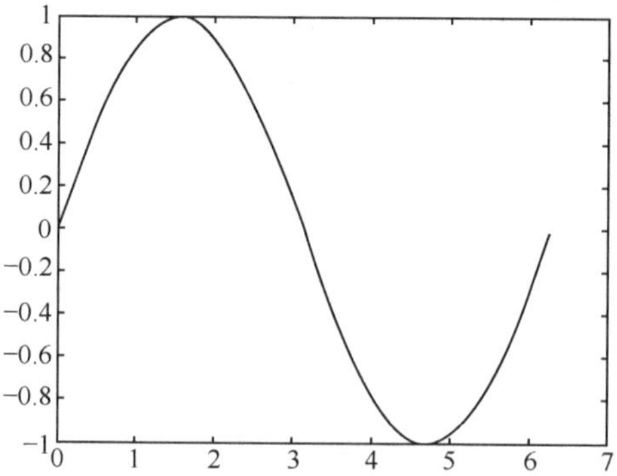

图 10.2 单条曲线

```
x=linspace(0,2*pi,30);        % 0 到 2π 之间等间隔取 30 个点
```

```
y= sin(x);                    % 对应的 y 坐标
plot(x,y);
```

2. 多曲线作图

若要画出多条曲线，则只需将坐标对依次放入 plot 函数即可.

```
plot(x,sin(x),x,cos(x));
```

多条曲线的另一种画法是利用 hold 命令. 在已经画好的图形上，若设置 hold on，则 MATLAB 将把新的 plot 命令产生的图形画在原来的图形上，命令 hold off 将结束这个过程. 例如，

```
x= linspace(0,2*pi,30);
y= sin(x);
plot(x,y)
```

先画好图 10.2，然后用下述命令增加 cos(x)的图形，也可得到图 10.3：

```
hold on
z=cos(x);
plot(x,z)
hold off
```

3. 颜色、线型和数据点设置

在调用 plot 时可以指定颜色、线型和数据点图标，基本的调用格式为

```
plot(x,y,'color-linestyle-marker')
```

例如，

```
x=0:pi/15:2*pi;
plot(x,sin(x),'b:+',x,cos(x),'g-.*');
```

由此可得图 10.4

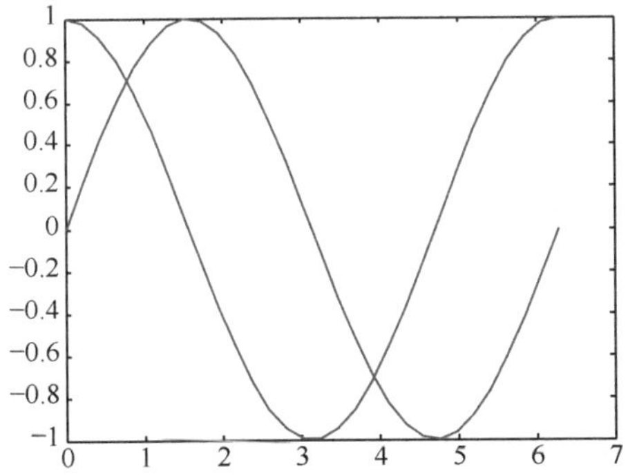

图 10.3 多条曲线

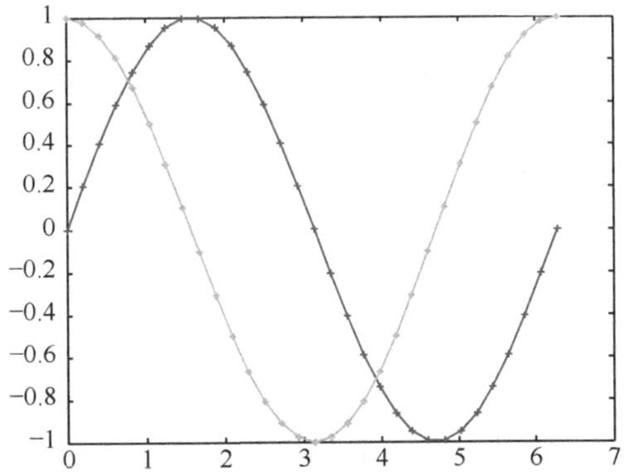

图 10.4 曲线线型、数据点图标示意

表 10.7 是常用的 plot 绘图函数的参数.

表 10.7 plot 绘图函数的参数

字符	颜色	字符	图线型态
y	黄色	.	点
k	黑色	o	圆
w	白色	x	x
b	蓝色	+	+
g	绿色	*	*
r	红色	—	实线
c	亮青色	:	点线
m	锰紫色	—.	点虚线
		——	虚线

4. 坐标系的控制

在缺省情况下,MATLAB 自动选择图形的横、纵坐标的比例,如果对这个比例不满意,则可以用 axis 命令控制,常用的有如下几个:

```
axis([xmin xmax ymin ymax])      % [ ]中分别给出 x 轴和 y 轴的最大值,最小值
axis equal 或 axis('equal')      % x 轴和 y 轴的单位长度相同
axis square 或 axis('square')    % 图框呈方形
axis off 或 axis('off')          % 清除坐标刻度
```

5. 图形注解

MATLAB 也可对图形加上各种注解与处理.例如,

```
x=0:pi/15:2*pi;
plot(x,sin(x),'b:+',x,cos(x),'g-.*');
xlabel('Input Value');                          % x 轴注解
ylabel('Function Value');                       % y 轴注解
title('Two Trigonometric Functions');           % 图形标题
legend('y= sin(x)','y= cos(x)');                % 图形注解
grid on;                                        % 显示格线
```

由此可得图 10.5.

也可以在图形的任何位置加上一个字符串,如用

```
>> text(2.5,0.7,'sinx')
```

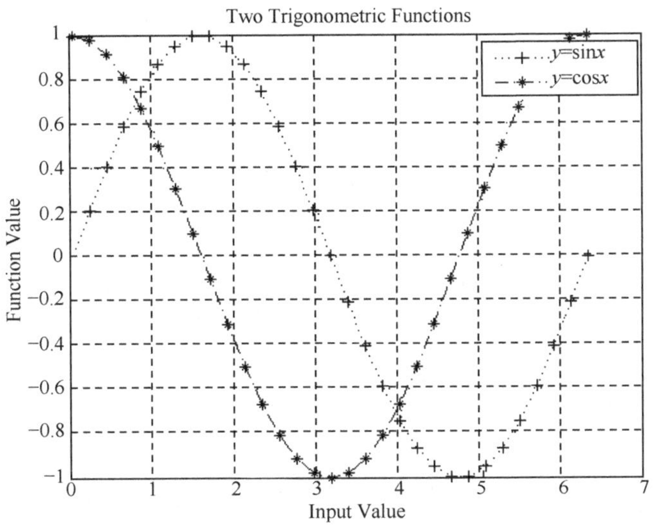

图 10.5 图形注解示意

表示在坐标 $x=2.5$, $y=0.7$ 处加上字符串 sinx. 更方便的是用鼠标来确定字符串的位置，方法是输入如下命令:

```
>> gtext('sinx')
```

在图形窗口十字线的交点是字符串的位置，用鼠标点一下就可以将字符串放在那里.

6. 子图

可以在同一个窗口上画出多个图形，用 subplot(m,n,p)命令;把一个窗口分成 $m\times n$ 个图形区域，p 代表当前的区域号，在每个区域中分别画一个图，如

```
x= linspace(0,2*pi,30);y= sin(x);z= cos(x);
u= 2*sin(x).*cos(x);v= sin(x)./cos(x);
subplot(2,2,1),plot(x,y),axis([0 2*pi -1 1]),title('sin(x)')
subplot(2,2,2),plot(x,z),axis([0 2*pi -1 1]),title('cos(x)')
subplot(2,2,3),plot(x,u),axis([0 2*pi -1 1]),title('2sin(x)cos(x)')
subplot(2,2,4),plot(x,v),axis([0 2*pi -20 20]),title('sin(x)/cos(x)')
```

共得到 4 个图形，如图 10.6 所示.

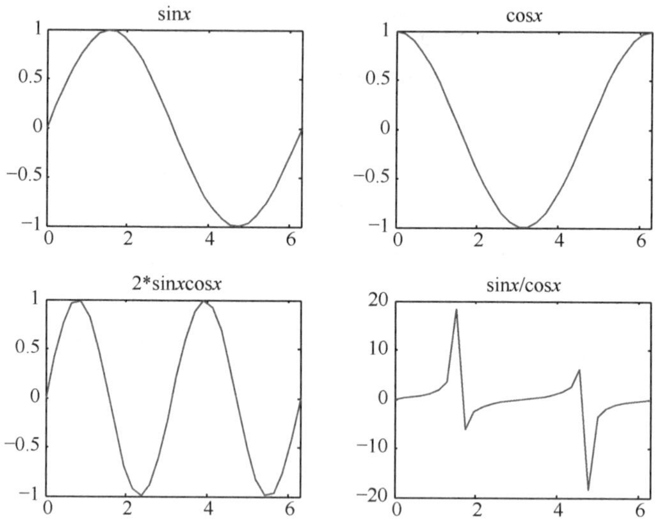

图 10.6　子图

10.4.2　基本三维绘图命令

在科学可视化中,三维空间的立体图是一个非常重要的技巧.下面介绍 MATLAB 基本三维空间的各项绘图命令.

1. 三维曲面

mesh 和 plot 是三维空间立体绘图的基本命令,mesh 可画出立体网状图,surf 则可画出立体曲面图,两者产生的图形都会依高度而有不同的颜色.下列命令可画出由函数形成的立体网状图:

例 10.1　作曲面 $z=f(x,y)$ 的图形,其中 $z=xe^{(-x^2-y^2)}$ $(-2\leqslant x\leqslant 2,-2\leqslant y\leqslant 2)$.

```
x=linspace(-2,2,25);                % 在 x 轴上取 25 点
y=linspace(-2,2,25);                % 在 y 轴上取 25 点
[xx,yy]=meshgrid(x,y);              % xx 和 yy 都是 25×25 的矩阵
zz=xx.*exp(-xx.^2-yy.^2);           % 计算函数值,zz 也是 25×25 的矩阵
mesh(xx,yy,zz);                     % 画出立体网状图
```

由程序可得到图 10.7.

surf 和 mesh 的用法类似.

```
x= linspace(- 2,2,25);            % 在 x 轴上取 25 点
y= linspace(- 2,2,25);            % 在 y 轴上取 25 点
```

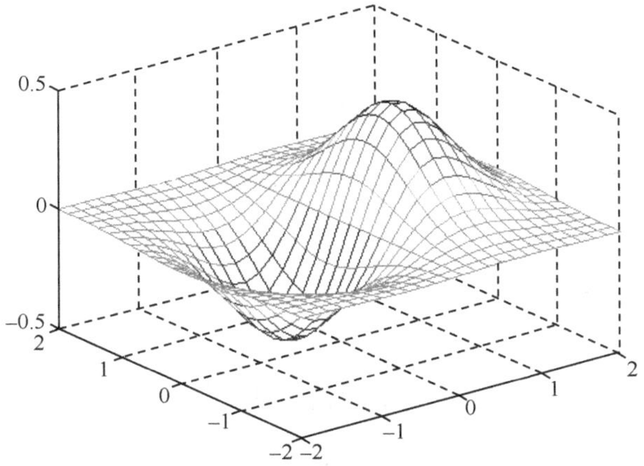

图 10.7 立体网状图

```
[xx,yy]= meshgrid(x,y);         % xx 和 yy 都是 25×25 的矩阵
zz= xx.* exp(- xx.^2- yy.^2);  % 计算函数值,zz 也是 25×25 的矩阵
surf(xx,yy,zz);                 % 画出立体曲面图
```

由程序可画出图 10.8

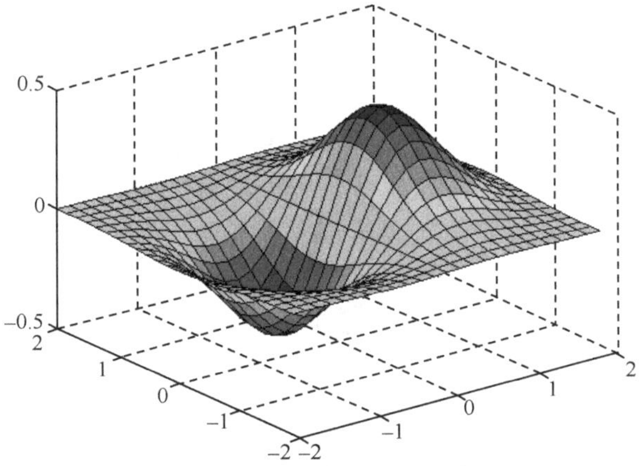

图 10.8 立体曲面图

2. 三维曲线

plot3 可画出三维空间中的曲线,也可同时画出两条三维空间中的曲线.

例 10.2 作空间曲线 $x=t\sin t, y=t\cos t, z=t$,用以下程序实现:

```
t= linspace(0,20*pi,501);
plot3(t.*sin(t),t.*cos(t),t);
```

由程序可得图 10.9.

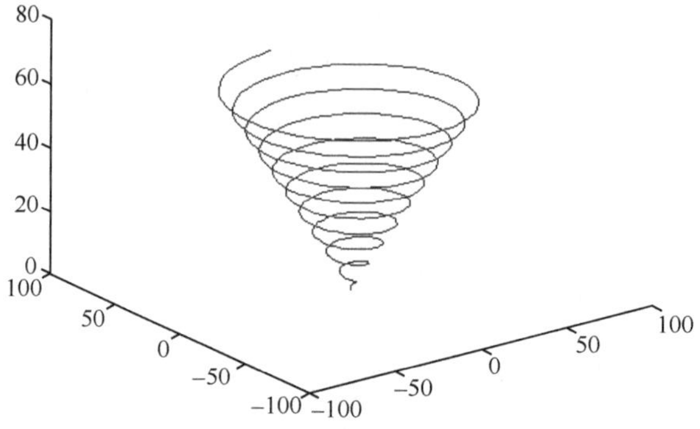

图 10.9　单条三维曲线

可以同时画出两条三维空间中的曲线,程序如下:

```
t= linspace(0,10 * pi,501);
plot3(t. * sin(t),t. * cos(t),t,t. * sin(t),t. * cos(t),- t);
```

由程序可得图 10.10.

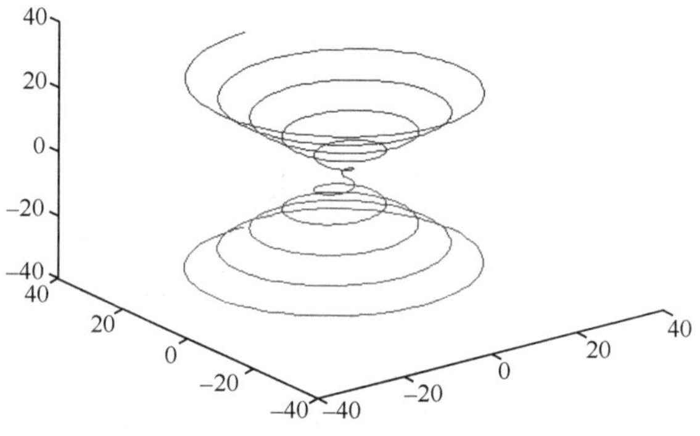

图 10.10　两条三维曲线

10.5　程 序 设 计

10.5.1　M 文件

若要一次执行大量的 MATLAB 命令,则可将这些命令存放于一个扩展名为. m 的程序文件中,并在 MATLAB 提示号下键入此文件的文件名即可. 此种包含 MATLAB 命令的文件都以. m 为扩展名,因此,通称 M 文件(M-files). M 文件可再细分为命令(Scripts)M 文件及函数(Functions)M 文件.

1. M 文件的建立方法

(1) 在 MATLAB 中,点击 File->New->M-file;
(2) 在编辑窗口中输入程序内容;
(3) 点击 File->Save,存盘.

命令 M 文件没有输入参数. 若要一次执行大量的 MATLAB 命令,则可将这些命令编写在一个扩展名为. m 的文件中,并在 MATLAB 命令输入窗口中键入此文件的名字即可. 例如,假设 test. m 文件为

```
x= 0;
y= 2*pi;
z= sin(x:pi/4:y)
```

在命令窗口中输入 test 即可得到变量 z 的结果. 值得注意的是,test. m 文件必须存放在 MATLAB 的搜索路径(设置搜索路径):点击选择"File"下的"Set Path"或当前目录中.

2. 函数 M 文件及其执行

函数 M 文件可带输入参数和输出参数. 函数 M 文件的一般格式为

```
function[输出表]= 函数名(输入表)
注释行
函数体
```

函数文件的第一行必须以关键字 function 开始,这表明该文件是函数文件. 输入表是以逗号相分隔的形式参数. 输出表是函数的返回值. 如果返回值只有一个,则方括号可以省略;当返回值不止一个时,输出表中的各个变量要以逗号隔开.

例 10.3 计算矩阵乘方的函数文件 fact. m 为

```
function output= fact(a)
output= a^2;
```

其中 fact 为函数名,a 为输入参数,output 为输出参数.

注意:文件在保存时,函数名必须相应的是 fact. m. 要使用此函数,直接键入函数名及适当的输入参数值即可.

在命令窗口调用该函数文件如下:

```
>> fact(ones(3))
ans=
      3     3     3
      3     3     3
      3     3     3
```

10.5.2 循环语句

1. for 循环

for 循环的格式如下：

```
for v= s1:s2:s3 % s1-循环变量初值，s2-循环变量增量，s3-循环变量终值
执行语句
end
```

例 10.4 求 1+2+…+100.

程序如下：

```
mysum= 0;
for i= 1:1:100
mysum= mysum+ i;
end
mysum
```

2. while 循环

while 循环的格式如下：

```
while 逻辑变量
循环体语句
end
```

例 10.5 求 1+2+…+100.

程序如下：

```
mysum=0;
i=1;
while(i<=100)
mysum=mysum+ i;
i=i+ 1;
end
mysum
```

10.5.3 运算符

1. 关系运算符

MATLAB 提供了 6 个关系运算符，如表 10.8 所示.

表 10.8　关系运算符

关系运算符	描述
<	小于
<=	小于或等于
>	大于
>=	大于或等于
==	等于
~	不等于

关系运算符对于程序流程控制非常有用,在循环和条件控制语句中经常用到.

2. 逻辑运算符

MATLAB 提供了 4 个逻辑运算符,如表 10.9 所示.

表 10.9　逻辑运算符

逻辑运算符	描述
&	逻辑与
|	逻辑或
~	逻辑非
xor	逻辑异或

10.5.4　选择语句

最简单的逻辑命令是 if…end 语句,其基本格式为:

```
if 逻辑变量
   条件语句组
end
```

if 结构的另一种形式为

```
if 逻辑变量
   条件语句组 1
else
   条件语句组 2
end
```

当有三个或更多的选择时,if-else-end 结构采用如下形式:

```
if 逻辑变量 1
   条件语句组 1
```

```
elseif 逻辑变量 2
        条件语句组 2
...
elseif 逻辑变量 n
        条件语句组 n
else
        条件语句组 n+ 1
end
```

该语句在执行时,先判断条件表达式 1 的值. 若为真,则执行条件块语句组 1,执行完语句组 1 后,跳出该选择结构,继续执行 end 后的命令;当条件表达式 1 为假时,跳过语句组 1,进而判断条件表达式 2,若为真,则执行语句组 2,并跳出选择结构. 如此下去,若所有条件表达式都为假,则执行 else 后的语句组 n+1. 最后的 else 命令也可有可无.

例 10.6　编写符号函数的 M 文件(fhfun. m)如下:

$$\text{sign}=\begin{cases}1, & x>0\\ 0, & x=0\\ -1, & x<0\end{cases}$$

```
function f=fhfun(x)
            if x>0
                 f=1;
elseif x==0
         f=0;
else
         f=-1;
end
      f
```

第 11 章　MATLAB 优化工具箱

11.1　线 性 规 划

11.1.1　一般线性规划

【数学模型】

$$\min_{x} \quad \boldsymbol{f}^{\mathrm{T}}\boldsymbol{x}$$

$$\text{s. t.} \quad \begin{cases} \boldsymbol{Ax} \leqslant \boldsymbol{b} \\ \mathbf{Aeq} \cdot \boldsymbol{x} = \mathbf{beq} \\ \mathbf{lb} \leqslant x \leqslant \mathbf{ub} \end{cases}$$

其中 $\boldsymbol{f}, \boldsymbol{x}, \boldsymbol{b}$, **beq**, **lb** 和 **ub** 为向量, $\boldsymbol{A}$ 和 **Aeq** 为矩阵.

【函数】

linprog.

【功能】

求解线性规划问题.

【语法】

```
x= linprog(f,A,b)
x= linprog(f,A,b,Aeq,beq)
x= linprog(f,A,b,Aeq,beq,lb,ub)
x= linprog(f,A,b,Aeq,beq,lb,ub,x0)
x= linprog(f,A,b,Aeq,beq,lb,ub,x0,options)
[x,fval]= linprog(…)
[x,fval,exitflag]= linprog(…)
[x,fval,exitflag,output]= linprog(…)
[x,fval,exitflag,output,lambda]= linprog(…)
```

【描述】

x= linprog(f,A,b)

　% 求解问题 min f^{T} · x,约束条件为 A · x≤b.

x= linprog(f,A,b,Aeq,beq)

　% 求解上面的问题,但增加等式约束,即 Aeq · x= beq.若没有不等式存在则令 A= [],b= [].

x= linprog(f,A,b,Aeq,beq,lb,ub)

% 定义设计变量 x 的下界 lb 和上界 ub,使得 x 始终在该范围内.若没有等式约束,令 Aeq= [],beq= [].

x= linprog(f,A,b,Aeq,beq,lb,ub,x0)

% 设置初值为 x0. 该选项只适用于中型问题,缺省时大型算法将忽略初值.

x= linprog(f,A,b,Aeq,beq,lb,ub,x0,options)

% 用 options 指定的优化参数进行最小化.

[x,fval]= linprog(…)

% 返回解 x 处的目标函数值 fval.

[x,lambda,exitflag]= linprog(…)

% 返回 exitflag 值,描述函数计算的退出条件.

[x,lambda,exitflag,output]= linprog(…)

% 返回包含优化信息的输出变量 output.

[x,fval,exitflag,output,lambda]= linprog(…)

% 将解 x 处的拉格朗日乘子返回到 lambda 参数中.

【算法】

可用的算法有以下三种:大规模算法(large scale)、中等规模——单纯形算法(medium scale-simplex)、中等规模——有效集算法(medium scale-active set).

【说明】

exitflag>0 表示函数收敛于解 x;exitflag=0 表示超过函数估值或迭代的最大数字;exitflag<0 表示函数不收敛于解 x.

lambda=lower 表示下界 lb;lambda=upper 表示上界 ub;lambda=ineqlin 表示不等式约束;lambda=eqlin 表示等式约束;lambda 中的非 0 元素表示对应的约束是有效约束.

output=iterations 表示迭代次数;output=algorithm 表示使用的运算规则;output=cgiterations 表示 PCG 迭代次数.

【实例】

例 11.1 求解例 1.5 的线性规划问题.

解 由于优化工具箱中只能求目标函数的最小值,所以先将目标函数改为求最小值形式,这样目标函数等价为:$\min\{-2x_1-3x_2-x_3\}$,求解的 MATLAB 代码如下:

```
f= [-2;-3;-1];
A= [1 2 2;1 4 7];
b= [4;9];
```

```
lb=[0;0;0];
[x,fval,exitflag,output,lambda]=linprog(f,A,b,[],[],lb)
```

【输出】

```
x=
    4.0000
    0.0000
    0.0000
fval=
    -8.0000
```

从运行结果可知,原问题的最优解为 $x_1=4, x_2=x_3=0$,最优值为 8.

例 11.2 求解例 1.6 的线性规划问题.

解 先将目标函数改为求最小值,求解的 MATLAB 代码如下:

```
f=[5/2;-13/2;-5/2;-1;1];
Aeq=[-1 1 1 0 0;1 2 0 1 0;3 1 0 0 1];
beq=[2;10;15];
lb=[0;0;0;0;0];
options=optimset('LargeScale','off','Simplex','on')  % 使用中等规模-单纯形算法
[x,fval,exitflag,output,lambda]=linprog(f,[],[],Aeq,beq,lb)
```

【输出】

```
x=
    4.0000
    3.0000
    3.0000
    0.0000
    0.0000
fval=
    -17.0000
```

从运行结果可知,原问题的最优解为 $x_1=3, x_2=x_3=3, x_4=x_5=0$,最优值为 17.

例 11.3 求解例 1.7 的线性规划问题.

解 求解的 MATLAB 代码如下:

```
f=[-2;2];
A=[1 -3;1 -2];
b=[5;6];
```

```
lb=[0;0];
options=optimset('LargeScale','off','Simplex','on')  % 使用中等规模-单纯形算法
[x,fval,exitflag,output,lambda]=linprog(f,A,b,[],[],lb)
```

【输出】

```
x=
  1.0e+009*
    6.0066
    3.0033
fval=
    -6.0066e+009
exitflag=
    -3          % 负数说明该线性规划问题无最优解
```

从运行结果可知,本问题用 linprog 计算的结果为无最优解,与教材的结果一致.

例 11.4 求解例 1.8 的线性规划问题.

解 首先将目标函数改为求最小值,求解的 MATLAB 代码如下:

```
f=[-3;1;2];
Aeq=[3 2  -3;1 -2 1];
beq=[6;4];
lb=[0;0;0];
options=optimset('LargeScale','off','Simplex','on')  % 使用中等规模-单纯形算法
[x,fval,exitflag,output,lambda]=linprog(f,Aeq,beq,[],[],lb)
```

【输出】

```
x=
    3.0000
    0.0000
    1.0000
fval=
     -7.0000
```

从运行结果可知,原问题的最优解为 $x_1=3, x_2=0, x_3=1$,最优值为 7.

例 11.5 求解例 1.9 的线性规划问题.

解 将目标函数改为求最小值,$x_1+x_2\geqslant 4$ 更改为 $-x_1-x_2\leqslant -4$,求解的 MATLAB 代码如下:

```
f=[-2;-1];
A=[-1 -1;1 1];
b=[-4;3];
lb=[0;0];
options=optimset('LargeScale','off','Simplex','on')  % 使用中等规模-单纯形算法
[x,fval,exitflag,output,lambda]=linprog(f,[],[],A,b,lb)
```

【输出】

```
x=
    4.0000
    0.0000
fval=
      -8.0000
exitflag=
      -2        % 无最优解
```

从运行结果可知,本问题用 linprog 计算的结果为无最优解,与教材的结果一致.

例 11.6 求解例 1.10 的线性规划问题.

解 将目标函数改为求最小值,约束条件改为"≤"约束形式,求解的 MATLAB 代码如下:

```
f=[5;0;21];
A=[-1 1 -6;-1 -1 -2];
b=[-2;-1];
lb=[0;0;0];
options=optimset('LargeScale','off','Simplex','on')  % 使用中等规模-单纯形算法
[x,fval,exitflag,output,lambda]=linprog(f,[],[],A,b,lb)
```

【输出】

```
x=
    0.5000
    0.0000
    0.2500
fval=
    7.7500
```

从运行结果可知,原问题的最优解为 $x_1=0.5,x_2=0,x_3=0.25$,最大值为-7.75.

例 11.7 求解例 1.12 的线性规划问题.

解 将目标函数改为求最小值,求解的 MATLAB 代码如下:

```
f=[-4;-2;-5];
A=[3 1 4;2 1 4];
b=[8;3];
lb=[0;0;0];
options=optimset('LargeScale','off','Simplex','on')
[x,fval,exitflag]=linprog(f,A,b,[],[],lb)
```

【输出】

```
x=
    0.2279
    2.5443
    0.0000
fval=
    -6.0000
```

从运行结果可以得到,原问题的最优解为 $x_1=0.2279, x_2=2.5443, x_3=0$,最大值为 6. 本问题为多重解,虽然这里得到的解与例 1.12 不同,但最优值相同.

11.1.2 0-1 线性规划

【数学模型】

$$\min_{x} \boldsymbol{f}^{\mathrm{T}}\boldsymbol{x}$$

$$\text{s. t.} \begin{cases} \mathbf{A}\ \boldsymbol{x} \leqslant \boldsymbol{b} \\ \mathbf{Aeq} \cdot \boldsymbol{x} = \mathbf{beq} \\ \mathbf{lb} \leqslant \boldsymbol{x} \leqslant \mathbf{ub} \\ x_i = 0 \text{ 或 } 1 \end{cases}$$

其中 $\boldsymbol{f}, \boldsymbol{x}, \boldsymbol{b}$, **beq**, **lb** 和 **ub** 为向量, **A** 和 **Aeq** 为矩阵.

【函数】

bintprog.

【功能】

求解 0-1 线性规划问题.

【语法】

```
x=bintprog(f)
x=bintprog(f,A,b)
x=bintprog(f,A,b,Aeq,beq)
```

```
x= bintprog(f,A,b,Aeq,beq,x0)
x= bintprog(f,A,b,Aeq,beq,x0,options)
[x,fval]= bintprog(…)
[x,fval,exitflag]= bintprog(…)
[x,fval,exitflag,output]= bintprog(…)
```

【算法】

分支定界法.

【说明】

参数意义同上.

【实例】

例 11.8 求解 0-1 线性规划,其中每个变量取值为 0 或 1.

$$\max\ 193x_1+191x_2+187x_3+186x_4+180x_5+185x_6$$

$$\text{s. t.}\quad \begin{cases} x_5+x_6\geqslant 1 \\ x_3+x_5\geqslant 1 \\ x_1+x_2\leqslant 1 \\ x_6+x_2\leqslant 1 \\ x_6+x_4\leqslant 1 \\ x_1+x_2+x_3+x_4+x_5+x_6=3 \end{cases}$$

解 将目标函数转化为求最小值,不等式约束转化为"≤"约束形式,求解的 MATLAB 代码如下:

```
f= [-193;-191;-187;-186;-180;-185];
A= [0 0 0 0 -1 -1;0 -1 0 0 -1 0;1 1 0 0 0 0;0 1 0 0 0 1;0 0 0 1 0 1];
b= [-1;-1;1;1;1];
Aeq= [1 1 1 1 1 1];
beq= [3];
x= bintprog(f,A,b,Aeq,beq)
```

【输出】

```
x=
    1
    0
    1
    0
    1
    0
```

由此可知,原 0-1 线性规划问题的最优解为 $x_1=x_3=x_5=1, x_2=x_4=x_6=0$.

例 11.9 求解例 3.6 的 0-1 规划问题.

解 将目标函数改为求最小值,求解的 MATLAB 代码如下:

```
f=[-1;-27];
A=[-1 1;24 4];
b=[1;25];
[x,fval]=bintprog(f,A,b)
```

【输出】

```
x=
    0
    1
fval=
    -27
```

从运行结果可知,原问题的最优解为 $x_1=0, x_2=1$,最大值为 27.

例 11.10 求解例 4.9 的指派问题.

解 求解的 MATLAB 代码如下:

```
f=[10;9;7;8;5;8;7;7;5;4;6;5;2;3;4;5];
Aeq=[1 1 1 1 0 0 0 0 0 0 0 0 0 0 0 0
     0 0 0 0 1 1 1 1 0 0 0 0 0 0 0 0
     0 0 0 0 0 0 0 0 1 1 1 1 0 0 0 0
     0 0 0 0 0 0 0 0 0 0 0 0 1 1 1 1
     1 0 0 0 1 0 0 0 1 0 0 0 1 0 0 0
     0 1 0 0 0 1 0 0 0 1 0 0 0 1 0 0
     0 0 1 0 0 0 1 0 0 0 1 0 0 0 1 0
     0 0 0 1 0 0 0 1 0 0 0 1 0 0 0 1];
beq=ones(8,1);
[x,fval]=bintprog(f,[],[],Aeq,beq)
```

【输出】

```
x'=     % x转置
  0    0    1    0    0    0    0    1    0    1    0    0    1
  0    0    0
fval=
    20
```

从运行结果可知,这里得到的最优解与例 4.9 不同,但最优值相同,该指派问题存在多个最优解.

11.1.3 整数线性规划

【数学模型】

$$\min_{x} \boldsymbol{f}^{\mathrm{T}}\boldsymbol{x}$$

$$\text{s. t.} \begin{cases} \boldsymbol{A}\cdot\boldsymbol{x}\leqslant\boldsymbol{b} \\ \mathbf{Aeq}\cdot\boldsymbol{x}=\mathbf{beq} \\ \mathbf{lb}\leqslant\boldsymbol{x}\leqslant\mathbf{ub} \\ x_i\ \text{取值为整数} \end{cases}$$

其中 $\boldsymbol{f},\boldsymbol{x},\boldsymbol{b}$,**beq**,**lb** 和 **ub** 为向量,**A** 和 **Aeq** 为矩阵.

【函数】

intprog.

【说明】

在 MATLAB 中,无求解整数线性规划的现成函数,利用 MATLAB 的线性规划函数 linprog 来编写整数线性规划函数,输入与输出与 linprog 类似,采用分支定界法来实现.

MATLAB 的主程序 intprog 如下:

```
function [x,fval,status]= intprog(f,A,B,I,Aeq,Beq,lb,ub,e)
% 整数规划求解函数 intprog()
% 其中 f 为目标函数向量
% A 和 B 为不等式约束 Aeq 与 Beq 为等式约束
% I 为整数约束
% lb 与 ub 分别为变量下界与上界
% x 为最优解,fval 为最优值
% 控制输入参数
if nargin <9,e= 0.00001;
  if nargin <8,ub=[];
      if nargin <7,lb=[];
          if nargin <6,Beq=[];
              if nargin <5,Aeq=[];
                  if nargin <4,I=[1:length(f)];
                  end,end,end,end,end,end
% 求解整数规划对应的线性规划,判断是否有解
options= optimset('display','off');
[x0, fval0, exitflag]= linprog (f, A, B, Aeq, Beq, lb, ub, [], op-
```

```
tions);
    if exitflag<0
            disp('没有合适整数解');
            x=x0;
            fval=fval0;
            status=exitflag;
            return;
    else
          % 采用分支定界法求解
          bound= inf;
          [x,fval,status]= branchbound(f,A,B,I,x0,fval0,bound,
Aeq,Beq,lb,ub,e);
    end
```

其中分支定界函数 branchbound 程序如下：

```
    function        [newx,newfval,status,newbound]          =
branchbound(f,A,B,I,x,fval,bound,Aeq,Beq,lb,ub,e)
    % 分支定界法求解整数规划
    % f,A,B,Aeq,Beq,lb,ub 与线性规划相同
    % I 为整数限制变量的向量
    % x 为初始解,fval 为初始值
    options= optimset('display','off');
    [x0, fval0, status0]= linprog (f, A, B, Aeq, Beq, lb, ub, [], op-
tions);
    % 递归中的最终退出条件
    % 无解或者解比现有上界大则返回原解
    if status0<=0||fval0> =bound
           newx=x;
           newfval=fval;
           newbound=bound;
           status=status0;
           return;
    end
    % 是否为整数解,如果是整数解则返回
    intindex=find(abs(x0(I)-round(x0(I)))> e);
    if isempty(intindex)
```

```
            newx(I)= round(x0(I));
            newfval= fval0;
            newbound= fval0;
            status= 1;
            return;
    end
    % 当有非整可行解时,则进行分支求解
    % 此时必定会有整数解或空解
    % 找到第一个不满足整数要求的变量
    n=I(intindex(1));
    addA=zeros(1,length(f));
    addA(n)=1;
    % 构造第一个分支 x<=floor(x(n))
    A=[A;addA];
    B=[B,floor(x(n))];
    [x1, fval1, status1, bound1]= branchbound (f, A, B, I, x0, fval0,
bound,Aeq,Beq,lb,ub,e);
    A(end,:)=[];
    B(:,end)=[];
    % 解得第一个分支,若为更优解则替换,若不是则保持原状
    status=status1;
    if status1>0 && bound1<bound
            newx=x1;
            newfval=fval1;
            bound=fval1;
            newbound=bound1;
    else
            newx=x0;
            newfval=fval0;
            newbound=bound;
    end
    % 构造第二分支
    A= [A;-addA];
    B= [B,-ceil(x(n))];
    [x2, fval2, status2, bound2]= branchbound (f, A, B, I, x0, fval0,
```

```
bound,Aeq,Beq,lb,ub,e);
    A(end,:)=[];
    B(:,end)=[];
    % 解得第二分支,并与第一分支做比较,如果更优则替换
    if status2>0 && bound2<bound
            status=status2;
            newx=x2;
            newfval=fval2;
            newbound=bound2;
    end
```

【实例】

例 11.11 汽车厂生产三种类型的汽车,已知各类型每辆车对钢材、劳动时间的需求,利润及工厂每月的现有量如表 11.1 所示,若每月生产的汽车必须为整车,试制订月生产计划,使工厂的利润最大.

表 11.1 汽车厂相关参数

	小型	中型	大型	现有量
钢材/t	1.5	3	5	600
劳动时间/h	280	250	400	60000
利润/万元	2	3	4	

设每月生产小、中、大型汽车的数量分别为 x_1, x_2, x_3,工厂的月利润为 z,在题目所给参数均不随生产数量变化的假设下,可得整数线性规划模型为

$$\max z = 2x_1 + 3x_2 + 4x_3$$

$$\text{s. t.} \quad \begin{cases} 1.5x_1 + 3x_2 + 5x_3 \leqslant 600 \\ 280x_1 + 250x_2 + 400x_3 \leqslant 60000 \\ x_1, x_2, x_3 \geqslant 0 \text{ 且为整数} \end{cases}$$

将目标函数改为求最小值,求解的 MATLAB 代码如下:

```
    f=[-2 -3 -4];
    A=[1.5 3 5;280 250 400];
    B=[600 60000];
    I=[1:length(f)];
    lb=[0 0 0];
    [x,fval,status]=intprog(f,A,B,I,[],[],lb)
```

【输出】

```
    x=
        64   168    0
    fval=
```

```
    -632.0000
status=
        1
```

由此可知,汽车厂的最优月生产计划为生产小型车 64 辆,中型车 168 辆,不生产大型车,最大利润为 632 万元.

例 11.12 求解例 3.4 的整数线性规划问题.

解 将求目标函数最大值改为求最小值,求解的 MATLAB 代码如下:

```
f=[-6 -4];
A=[2 4;2 1];
B=[13 7];
I=[1:length(f)];
lb=[0 0];
[x,fval,status]= intprog(f,A,B,I,[],[],lb)
```

【输出】

```
x=
    3    1
fval=
    - 22.0000
status=
      1
```

从运行结果可知,原问题的最优解为 $x_1=3,x_2=1$,最大值为 22,与例 3.4 的结果一致.

例 11.13 求解例 4.1 的运输问题.

解 首先将变量 x_{ij} 用一维变量 $y_k(k=1,2,\cdots,12)$来表示. 原问题等价于

$$\min z=(2y_1+9y_2+10y_3+7y_4)+(y_5+3y_6+4y_7+2y_8)+(8y_9+4y_{10}+2y_{11}+5y_{12})$$

$$\text{s. t.}\begin{cases}y_1+y_2+y_3+y_4=9\\ y_5+y_6+y_7+y_8=5\\ y_9+y_{10}+y_{11}+y_{12}=7\\ y_1+y_5+y_9=3\\ y_2+y_6+y_{10}=8\\ y_3+y_7+y_{11}=4\\ y_4+y_8+y_{12}=6\\ y_k\geqslant 0 \text{ 且为整数}, \quad k=1,\cdots,12\end{cases}$$

求解的MATLAB代码如下：

```
f= [2;9;10;7;1;3;4;2;8;4;2;5];
Aeq= [1 1 1 1 0 0 0 0 0 0 0 0
      0 0 0 0 1 1 1 1 0 0 0 0
      0 0 0 0 0 0 0 0 1 1 1 1
      1 0 0 0 1 0 0 0 1 0 0 0
      0 1 0 0 0 1 0 0 0 1 0 0
      0 0 1 0 0 0 1 0 0 0 1 0
      0 0 0 1 0 0 0 1 0 0 0 1];
      beq= [9;5;7;3;8;4;6];
I= [1:length(f)];
lb= zeros(12,1);
[x,fval]= intprog(f,[],[],I,Aeq,beq,lb)
```

【输出】

```
x=
   3   0   0   6   0   5   0   0   0   3   4   0
fval=
   83.0000
```

从运行结果可知，原问题的最优值为83，结果与例4.6一致。

11.2 非线性规划

11.2.1 无约束非线性规划

1. 单变量优化

【数学模型】

$$\min_{x} f(x), \quad x_1 < x < x_2$$

其中 x, x_1 和 x_2 为标量，$f(x)$为函数，返回标量.

【函数】

fminbnd.

【功能】

找到固定区间内单变量函数的最小值.

【语法】

```
x=fminbnd(fun,x1,x2)
x=fminbnd(fun,x1,x2,options)
```

```
x=fminbnd(fun,x1,x2,options,P1,P2,…)
[x,fval]=fminbnd(…)
[x,fval,exitflag]=fminbnd(…)
[x,fval,exitflag,output]=fminbnd(…)
```

【描述】

返回区间$[x_1,x_2]$上 fun 参数描述的标量函数的最小值 x,同时返回解 x 处目标函数 fval 的值.

【算法】

黄金分割法和二次插值法.

【说明】

fminbnd 函数只用于实数变量,目标函数必须是连续的,可能只给出局部最优解. 当问题的解位于区间边界上时,fminbnd 函数的收敛速度较慢.

【实例】

例 11.14 在区间[0,1]上求函数 $f(x)=x^5+x^3-7x+1$ 的最小值.

解 求解的 MATLAB 代码如下:

```
% 先定义函数 f(x)的 M 文件 f1114.m
function f=f1114(x)
f=x^5+ x^3- 7 * x+ 1;
%主程序
%调用 fminbnd 函数
  [x,fval]=fminbnd('f1114',0,1)
```

【输出】

```
x=
  0.9595
fval=
   -4.0199
```

从运行结果可以得到,原问题在 $x=0.9595$ 处取得最小值-4.0199.

例 11.15 求解例 5.4 的单变量优化问题.

解 (1) 二分法. 先编写二分法的 M 程序 erfen.m 如下:

```
function y=erfen(fun,a,b,esp)
if nargin<4 esp=1e-4;end
if feval(fun,a) * feval(fun,b)<0
n=1;
c= (a+ b)/2;
while c>esp
```

```
if feval(fun,a) * feval(fun,c)<0
b=c;c= (a+ b)/2;
elseif feval(fun,c) * feval(fun,b)<0
a=c;c= (a+ b)/2;
else y=c;esp=10000;
end
n=n+1;
end
format long
y=c;
elseif feval(fun,a)==0
y=a;
elseif feval(fun,b)==0
y=b;
else disp('no');
end
n
% 再编写φ'(t)=12(t^3-4t^2+ 5t-2)的 M 文件 f1114.m
function y=f1114(x)
y=12 * (x^3-4 * x^2+5 * x-2);
% 主程序
% 最后在 MATLAB 命令窗口输入:
format long;   % 数据显示长格式方式,默认为 short
erfen('f1114',0,3,0.01)
```

【输出】

```
n=
    51
ans=
    2.000000000000001
```

50 次迭代计算结果为 2.000000000000001,精度已经非常高.

(2) Newton 法. 程序如下:

```
% 建立目标函数 M 文件
function y= f1116a(t)
y= 3*t^4-16*t^3+30*t^2-24*t+8;
% 建立 newton 法的 M 文件
```

```
function y= newton(x0)
    x1= x0-f1114a(x0)/ f1114(x0);% f1114 为φ′(t)的 M 文件名
    n= 1;
while(abs(x1-x0)> = 1.0e-6)&(n<=100000000)
x0=x1;
x1=x0-f1114a(x0)/ f1114(x0);n=n+1;
end
x1
n
% 主程序
% 假设初值为 2.25,则调用
newton(2.25)
```

【输出】

```
x1=
   2.000000639630931
n=
   19
```

只用较少的迭代次数得到了和二分法相近的计算结果.

(3) 黄金分割法. M 文件 goldmin.m 为

```
function [x,y]= goldmin(f,a,b,tol,maxsearch)
if nargin<5,maxsearch=500;end
if nargin<4,tol=1e-6;end;
golden=0.61803398874989490252573;% golden=(sqrt(5)-1)/2
x=b-(b-a)*golden;% x 是离端点 a 较近的试探点
y=feval(f,x);        % 求 x 的函数值 y
for k=1:maxsearch   % 作最大叠代次数为 maxsearch 的循环
      h= b-a;           % h 是区间长(当 b< a 时是负的)
      if abs(h)< tol,return;end   % 区间长度小于 tol 时退出
      d=a+h*golden;yd=feval(f,d);% d 是离 d 较近的试探点,求 d 的函数值 yd
      if y> =yd   % 当离 a 较近点 x 的函数值 y 大于等于离 a 较远的点 d 的函数值 yd 时,去掉含 a 的一段区间,以离 a 较近点 x 作为新区间的端点 a
            a=x;
            x=d;% 将 d 作为离新区间的点 a 端点较近的点
            y=yd;% 其函数值 yd 作为 x 点的函数值
```

```
            else     % 当离 a 较近点 x 的函数值 y 小于离 b 较近的点 d 的函数值 yd 时,去掉含端点 b 的一段区间,得区间[a,d], 由于现在 x 离 d 点较近,所以令 a 为端点 b
                b= a;
                a= d;  % 令 d 为端点 a
            end
        end
        error('iteration exceeds the limitation');
        % 主程序
        [x,y]= goldmin('f1116a',0,3,0.01,50)   % f1116a 为目标函数 M 文件名
```

【输出】

```
    x=
      2.000453103853785
    y=
      1.232562937047987e- 006
```

黄金分割法得到的最优解为 $x=2.0004531$.

(4) Fibonacci 法. Fibonacci 法的 M 文件 Fibo.m 为

```
function [x,y]= Fibo(f,a,b,n)
% F2=round(sqrt(5) * (0.5 * (1+sqrt(5)))^(n+1) * 0.2);F1=round(sqrt(5) * (0.5 * (1+ sqrt(5)))^(n) * 0.2);
F1 = .4472135954999579392 8 * 1.6180339887498949025 ^ n; F2 = F1 * 1.6180339887498949025;
    F1= round(F1);F2= round(F2);
    h= (b- a)/F2;  % 均分区间
    x= b- h * F1;     % x 是离端点 a 较近的试探点
    y= feval(f,x);     % 求 x 的函数值 y
    for k= 1:n-2   % 循环
        F0=F1;F1=F2-F0;F2=F0;
          d=b-h * F1;yd=feval(f,d);% d 是离 b 较近的试探点,求 d 的函数值 yd
        if y>=yd  % 当离 a 较近点 x 的函数值 y 大于等于离 a 较远的点 d 的函数值 yd 时,去掉含端点 a 的一段区间,以离 a 较近点 x 作为新区间的端点 a
            a= x;
            x= d;     % 将 d 作为离新区间的端点 a 较近的点.
```

```
        y= yd;    % 其函数值 yd 作为 x 点的函数值.
    else  % 当离 a 较近的点 x 的函数值 y 小于离 b 较近的点 d 的函数值
yd 时,去掉含端点 b 的一段区间,得区间[a,d],由于现在 x 离 d 点较近,所以令 a
为端点 b
        b=a;
        a=d;     % 令 d 为端点 a
        h=-h;    % 因交换端点,步长应改号.
      end
      end
    % 主程序
    [x,y]= Fibo('f1115a',0,3,50)
```

【输出】

```
x=
  1.999999968426239
y=
  -1.421085471520200e-014
```

从运行结果可知,Fibonacci 方法的最优解为 $x=1.999999968426239$.

(5) 黄金分割法和二次插值法相结合.求解的 MATLAB 代码为:

```
% 调用 fminbnd 函数
[x,fval]=fminbnd('f1115a',0,3)
```

【输出】

```
x=
   2.000009090192330
fval=
   4.958025101586827e-010
```

从运行结果可知,该方法得到的最优解为 $x=2.000009090192330$.

2. 多变量优化

【数学模型】

$$\min_{x} f(\boldsymbol{x})$$

其中 $\boldsymbol{x}$ 为向量,$f(\boldsymbol{x})$为一个函数,返回标量.

【函数】

fminunc,fminsearch.

【功能】

求多变量无约束函数的最小值.

【语法】

```
[x,fval]= fminunc(fun,x0)
[x,fval]= fminsearch(fun,x0)
```

【描述】

给定初值 x0,求 fun 函数的局部极小点 x,x0 可以是标量、向量或矩阵.

【算法】

fminunc:大型优化算法,该算法是基于内部映射牛顿法的子空间置信域法;中型优化算法,基于二次和三次混合插值一维搜索法的 BFGS 拟牛顿法;DFP 和最速下降法也是可选项.

fminsearch 使用单纯形法进行计算.

【说明】

只对实数进行优化,即 x 必须为实数,可能会得到局部最优解. 对于求解二次以上的问题,fminsearch 函数比 fminunc 函数有效. 当问题为高度非线性时,fminsearch 函数更具稳健性.

【实例】

例 11.16 求函数 $f(x)=x_1^4+x_2^2+x_1^2x_2^2+1$ 的最小值.

解 该问题的 MATLAB 代码为

```
% 先定义函数 f(x)的 M 文件 f1116.m
  function f= f1116(x)
  f= x(1)^4+ x(2)^2+ x(1)^2 * x(2)^2+ 1;
% 主程序
% 然后分别调用 fminunc 和 fminsearch
  [x,fval]= fminunc('f1116',[5,5])
  [x2,fval2]= fminsearch('f1116',[5,5])
```

【输出】

```
x=
   -0.052859301789171   0.000176734466408
fval=
     1.000007838349487
x2=
     1.0e-003 *
     0.576802895314599   -0.000220524892963
fval2=
     1.000000000000159
```

从运行结果可知,命令 fminsearch 得出的结果更准确一些.

例 11.17 用最速下降法求解例 5.6 的无约束优化问题.

解 该问题的 MATLAB 代码如下:

```
% 先定义函数 f(x)的 M 文件 f1117.m
  function f=f1117(x)
  f=x(1)^2+25*x(2)^2;
% 主程序
% 调用 fminunc 函数
  options=optimset('HessUpdate','steepdesc');  % 最速下降法
  [x,fval]=fminunc('f1117',[2,2])
```

【输出】

```
x=
   1.0e-005*
   -0.135673149967213   0.005707812679379
fval=
   1.922168176159797e-012
```

从运行结果可知,最速下降法求解该问题是成功的.

例 11.18 用 DFP 方法和 BFGS 方法求解例 5.9 的无约束优化问题.

解 该问题的 MATLAB 代码如下:

```
% 先定义函数 f(x)的 M 文件 f1118.m
  function f= f1118(x)
  f= x(1)^2+ 2*x(2)^2- 4*x(1)- 2*x(1)*x(2);
% 主程序
% 调用 fminunc 函数
  options= optimset('HessUpdate','dfp');  % 拟牛顿法的 DFP
公式
  [x1,f1]= fminunc('f1118',[1,1])
  options= optimset('HessUpdate','bfgs');  % 拟牛顿法的 BFGS
公式
  [x2,f2]= fminunc('f1118',[1,1])
```

【输出】

```
x1=
   4.000000204642658   2.000000123182959
f1=
   -7.999999999999979
x2=
```

```
    4.000000204642658  2.000000123182959
f2=
    -7.999999999999979
```

从运行结果可以看出,对本问题,这两种方法计算的结果相同.

11.2.2 约束非线性规划

1. 二次规划

【数学模型】

$$\min_{x} \frac{1}{2}\boldsymbol{x}^{\mathrm{T}}\boldsymbol{H}\boldsymbol{x}+\boldsymbol{c}^{\mathrm{T}}\boldsymbol{x}$$

$$\text{s. t.} \quad \begin{cases} \boldsymbol{A}\cdot\boldsymbol{x}\leqslant\boldsymbol{b} \\ \mathbf{Aeq}\cdot\boldsymbol{x}=\mathbf{beq} \\ \mathbf{lb}\leqslant\boldsymbol{x}\leqslant\mathbf{ub} \end{cases}$$

其中 $\boldsymbol{H}$,$\boldsymbol{A}$ 和 **Aeq** 为矩阵,$\boldsymbol{c}$,$\boldsymbol{b}$,**beq**,**lb**,**ub** 和 $\boldsymbol{x}$ 为向量.

【函数】

quadprog.

【功能】

求解二次规划问题.

【语法】

```
x=quadprog(H,f,A,b)
x=quadprog(H,f,A,b,Aeq,beq)
x=quadprog(H,f,A,b,Aeq,beq,lb,ub)
x=quadprog(H,f,A,b,Aeq,beq,lb,ub,x0)
x=quadprog(H,f,A,b,Aeq,beq,lb,ub,x0,options)
[x,fval]=quadprog(…)
[x,fval,exitflag]=quadprog(…)
[x,fval,exitflag,output]=quadprog(…)
[x,fval,exitflag,output,lambda]=quadprog(…)
```

【算法】

大型优化算法是基于内部映射牛顿法的子空间置信域法,中型优化算法使用有效集法,它也是一种投影法.

【说明】

一般地,如果问题不是严格凸性的,则用 quadprog 函数得到的可能是局部最优解.

【实例】

例 11.19 求解例 6.14 的二次规划问题.

解 将目标函数改写成如下的矩阵形式：

$$f(\boldsymbol{x})=\frac{1}{2}\boldsymbol{x}^{\mathrm{T}}\boldsymbol{H}\boldsymbol{x}+\boldsymbol{c}^{\mathrm{T}}\boldsymbol{x}$$

其中

$$\boldsymbol{H}=\begin{pmatrix}2 & -2 & 0\\ -2 & 4 & 0\\ 0 & 0 & 2\end{pmatrix},\quad \boldsymbol{c}=\begin{pmatrix}0\\0\\1\end{pmatrix},\quad \boldsymbol{x}=\begin{pmatrix}x_1\\x_2\\x_3\end{pmatrix}$$

求解的 MATLAB 代码为

```
format short;          % 数据显示为短格式方式
H= [2 -2 0;-2 4 0;0 0 2];
c= [0;0;1];
Aeq= [1 1 1;2 -1 1];
beq= [4;2];
[x,fval]= quadprog(H,c,[],[],Aeq,beq)
```

【输出】

```
x=
  1.9091
  1.9545
  0.1364
fval=
  3.9773
```

从运行结果可以看出，用 quadprog 计算与例 6.14 的结果一致.

例 11.20 用有效集方法求解例 6.15 的不等式约束二次规划.

解 将目标函数改写成如下的矩阵形式：

$$f(\boldsymbol{x})=\frac{1}{2}\boldsymbol{x}^{\mathrm{T}}\boldsymbol{H}\boldsymbol{x}+\boldsymbol{c}^{\mathrm{T}}\boldsymbol{x}$$

其中

$$\boldsymbol{H}=\begin{pmatrix}2 & 0\\ 0 & 2\end{pmatrix},\quad \boldsymbol{c}=\begin{pmatrix}-2\\-4\end{pmatrix},\quad \boldsymbol{x}=\begin{pmatrix}x_1\\x_2\end{pmatrix}$$

求解的 MATLAB 代码如下：

```
H= [2 0;0 2];
c= [-2;-4];
A= [1 1];
b= [1];
options= optimset('LargeScale','off');% 使用中型算法即有效
```

集法

```
[x,fval]= quadprog(H,c,A,b)
```

【输出】

```
x=
  0.0000
  1.0000
fval=
   -3
```

从运行结果可以看出,用 quadprog 计算与例 6.15 的结果一致.

2. 约束非线性规划

【数学模型】

$$\min_{x} f(\boldsymbol{x})$$

$$\text{s. t.} \begin{cases} \boldsymbol{c}(\boldsymbol{x}) \leqslant 0 \\ \mathbf{ceq}(\boldsymbol{x}) = 0 \\ \boldsymbol{A} \cdot \boldsymbol{x} \leqslant \boldsymbol{b} \\ \mathbf{Aeq} \cdot \boldsymbol{x} = \mathbf{beq} \\ \mathbf{lb} \leqslant \boldsymbol{x} \leqslant \mathbf{ub} \end{cases}$$

其中 $\boldsymbol{x}, \boldsymbol{b}, \mathbf{beq}, \mathbf{lb}$ 和 $\mathbf{ub}$ 为向量,$\boldsymbol{A}$ 和 $\mathbf{Aeq}$ 为矩阵,$f(\boldsymbol{x})$,$c(\boldsymbol{x})$ 和 $\mathrm{ceq}(\boldsymbol{x})$ 可以是非线性函数.

【函数】

fmincon.

【功能】

求多变量有约束非线性函数的最小值.

【语法】

```
x=fmincon(fun,x0,A,b)
x=fmincon(fun,x0,A,b,Aeq,beq)
x=fmincon(fun,x0,A,b,Aeq,beq,lb,ub)
x=fmincon(fun,x0,A,b,Aeq,beq,lb,ub,nonlcon)
x=fmincon(fun,x0,A,b,Aeq,beq,lb,ub,nonlcon,options)
x=fmincon(fun,x0,A,b,Aeq,beq,lb,ub,nonlcon,options,P1,P2,…)
[x,fval]=fmincon(…)
[x,fval,exitflag]=fmincon(…)
[x,fval,exitflag,output]=fmincon(…)
```

```
[x,fval,exitflag,output,lambda]=fmincon(…)
[x,fval,exitflag,output,lambda,grad]=fmincon(…)
[x,fval,exitflag,output,lambda,grad,hessian]=fmincon(…)
```

【描述】

x=fmincon(fun,x0,A,b,Aeq,beq,lb,ub,nonlcon,options,P1,P2,…)

% 在 nonlcon 参数中提供非线性不等式 c(x)或等式 ceq(x).将问题参数 P1,P2 等直接传递给函数 fun 和 nonlin.若不需要这些变量,则传递空矩阵到 A,b,Aeq,beq,lb,ub,nonlcon 和 options.

【算法】

大型优化采用信赖域反射算法(trust region reflective),中等优化采用序列二次规划法(SQP).

【说明】

nonlcon 参数是一个包含函数名的字符串.该函数可以是 M 文件、内部文件或 MEX 文件.它要求输入一个向量 $\boldsymbol{x}$,返回两个变量——解 $\boldsymbol{x}$ 处的非线性不等式向量 $\boldsymbol{c}$ 和非线性等式向量 **ceq**.例如,若 nonlcon='mycon',则 M 文件 mycon.m 具有下面的形式:

```
function [c,ceq]= mycon(x)
c=…       % 计算 x 处的非线性不等式.
ceq=…     % 计算 x 处的非线性等式.
```

【实例】

例 11.21 求解下面约束非线性规划问题,令

$$y=\sqrt{1+\frac{\sqrt{x_1x_2+x_3+x_4^2}}{x_5+x_3^2}},\quad f(x)=\frac{\partial y}{\partial x_1}x_1+\frac{\partial y}{\partial x_2}x_2+\frac{\partial y}{\partial x_3}x_3+\frac{\partial y}{\partial x_4}x_4+\frac{\partial y}{\partial x_5}x_5$$

优化问题如下:

$$\min f(\boldsymbol{x})$$

$$\text{s.t.}\quad\begin{cases}1\leqslant x_1+x_2^2\leqslant 10\\0.5\leqslant x_1,x_2,x_3\leqslant 5\\1\leqslant x_4\leqslant 3\\1\leqslant x_5\leqslant 4\end{cases}$$

解 该问题的 MATLAB 代码如下:

```
% 原函数 f(x)
function RES=f1121(x)
RES=(-(x(3)*(3*x(3)^2+2*x(3)*x(4)^2+2*x(1)*x(2)*
x(3)+x(5))))/(4*((x(5)+(x(4)^2+x(3)+x(1)*x(2))^(1/2)+x(3)^
```

```
2)/(x(3)^2+ x(5)))^(1/2) * (x(3)^2+ x(5))^2 * (x(4)^2+ x(3)+ x(1)
*x(2))^(1/2)));
    % 非线性约束条件
    function [c,ceq]= f1121a(x)
        c(1)=x(1)+ x(2)^2-10;
        c(2)=1-x(1)-x(2)^2;
        ceq=[];% 无非线性等式约束
    % 主程序
    lb= [0.5 0.5 0.5 1 1];
    ub= [5 5 5 3 4];
    % 使用@(函数句柄)函数进行函数调用,以下程序也可改为
    % [x,fval]= fmincon('f1121',[1 1 1 1 1],[],[],[],[],lb,ub,
'f1121a'),运行结果相同.
    [x,fval]= fmincon(@f1121,[1 1 1 1 1],[],[],[],[],lb,ub,@
f1121a)
```

【输出】

```
    x=
        5.0000    2.2361    1.2359    3.0000    1.0000
    fval=
        -0.3445
```

从运行结果可知,最优解为 $x_1=5,x_2=2.2361,x_3=1.2359,x_4=3,x_5=1$,最优值为 $f(\boldsymbol{x})=-0.3445$.

例 11.22 求解例 6.8 的约束优化问题.

解 利用 fmincon 函数来计算,MATLAB 代码如下:

```
% 原函数 f(x)
function RES=f1122(x)
RES=x(1)^2/2+ x(2)^2/6;
% 主程序
Aeq=[1 1];
beq=[1];
[x,fval]=fmincon('f1122',[1 1],[],[],Aeq,beq)
```

【输出】

```
x=
    0.2500    0.7500
fval=
```

```
    0.1250
```

运行的结果与例 6.8 一致.

例 11.23 求解例 6.9 的约束优化问题.

解 MATLAB代码如下：

```
% 原函数 f(x)
function RES=f1123(x)
RES=1/3*(x(1)+1)^3+x(2);
% 主程序
lb=[1 0];
[x,fval]=fmincon('f1123',[1 1],[],[],[],[],lb)
```

【输出】

```
x=
    1    0
fval=
    2.6667
```

运行的结果与例 6.9 一致.

11.3 多目标规划

【数学模型】

$$\min_{\boldsymbol{x}} \boldsymbol{F}(\boldsymbol{x})$$

$$\text{s. t.} \begin{cases} \boldsymbol{c}(\boldsymbol{x}) \leqslant 0 \\ \mathbf{ceq}(\boldsymbol{x}) = 0 \\ \mathbf{A} \cdot \boldsymbol{x} \leqslant \boldsymbol{b} \\ \mathbf{Aeq} \cdot \boldsymbol{x} = \mathbf{beq} \\ \mathbf{lb} \leqslant \boldsymbol{x} \leqslant \mathbf{ub} \end{cases}$$

其中 $\boldsymbol{x}$，$\boldsymbol{F}(\boldsymbol{x})$，$\boldsymbol{b}$，**beq**，**lb** 和 **ub** 为向量，**A** 和 **Aeq** 为矩阵，$\boldsymbol{c}(\boldsymbol{x})$和 $\mathbf{ceq}(\boldsymbol{x})$可以是非线性函数.

11.3.1 理想点法

【实例】

例 11.24 利用理想点法求解例 7.6 的多目标规划.

解 先分别对单目标求解.

(1) 求解 $f_1(\boldsymbol{x})$最优解的 MATLAB 程序为

```
f= [3;- 2];      % 目标函数转化为求最小值
A= [2,3;2,1];
b= [18;10];
lb= [0;0];
[x,fval]= linprog(f,A,b,[],[],lb)
```

【输出】

```
x=
   0.0000
   6.0000
fval=
   -12.000
```

从运行结果可知,该单目标规划问题的最优解为 $x_1=0, x_2=6$,最优值为 12.

(2) 求解 $f_2(\boldsymbol{x})$最优解的 MATLAB 程序为

```
f= [- 4;- 3];  % 目标函数转化为求最小值
A= [2,3;2,1];
b= [18;10];
lb= [0;0];
[x,fval]= linprog(f,A,b,[],[],lb)
```

【输出】

```
x=
  3.0000
  4.0000
fval=
  -24.0000
```

从运行结果可知,该单目标规化问题的最优解为 $x_1=3, x_2=4$,最优值为 24.

于是得到理想点(12,24),MATLAB 程序为:

```
A= [2,3;2,1];
b= [18;10];
x0= [1;1];
lb= [0;0];
[x,fval]= fmincon('(- 3 * x(1)+ 2 * x(2)- 12)^2+ (4 * x(1)+ 3 *
x(2)- 24)^2',x0,A,b,[],[],lb,[])
```

【输出】

```
x=
  0.5268
```

```
  5.6488
```

从运行结果可知，原问题的最优解为 $x_1=0.5268$，$x_2=5.6488$，对应的目标值分别为 $f_1(\boldsymbol{x})=9.7172$，$f_2(\boldsymbol{x})=19.0536$，与例 7.6 的结果一致.

11.3.2 线性加权法

【实例】

例 11.25 对例 11.24 进行线性加权法求解(权系数分别取 $\omega_1=0.5$，$\omega_2=0.5$).

解 构造如下评价函数，得到单目标线性规划问题：

$$\min 0.5(3x_1-2x_2)+0.5(-4x_1-3x_2)$$

$$\text{s.t.}\quad \begin{cases} 2x_1+3x_2\leqslant 18 \\ 2x_1+x_2\leqslant 10 \\ x_1,x_2\geqslant 0 \end{cases}$$

MATLAB 程序如下：

```
f=[-0.5;-2.5];
A=[2,3;2,1];
b=[18;10];
lb=[0;0];
x=linprog(f,A,b,[],[],lb)
```

【输出】

```
x=
  0.0000
  6.0000
```

从运行结果可知，最优解为 $x_1=0$，$x_2=6$，则对应的目标值分别为 $f_1(x)=12$，$f_2(x)=18$.

例 11.26 利用线性加权法求解例 7.4 的多目标规划问题.

解 MATLAB 程序如下：

```
% 原函数 f(x)
function RES=f1126(x)
RES=0.3*x(1)*x(2)-0.7*x(1)*x(2)^2;
% 非线性约束条件
function [c,ceq]=f1126a(x)
  c=[];
  ceq=[x(1)^2+ x(2)^2- 1];% 非线性等式约束
% 主程序
```

```
lb=[0 0];
[x,fval]=fmincon('f1126',[1 1],[],[],[],[],lb,[],'f1126a')
```

【输出】

```
x=
   0.5012    0.8653
fval=
   -0.1326
```

运行结果与例 7.14 一致.

11.3.3 极大极小法

【数学模型】

$$\min_{\boldsymbol{x}} \max_{\{F_i\}} \quad \{F_i(\boldsymbol{x})\}$$

$$\text{s.t.} \quad \begin{cases} \boldsymbol{c}(\boldsymbol{x}) \leqslant 0 \\ \mathbf{ceq}(\boldsymbol{x}) = 0 \\ \boldsymbol{A} \cdot \boldsymbol{x} \leqslant \boldsymbol{b} \\ \mathbf{Aeq} \cdot \boldsymbol{x} = \mathbf{beq} \\ \mathbf{lb} \leqslant \boldsymbol{x} \leqslant \mathbf{ub} \end{cases}$$

其中 $\boldsymbol{x}, \boldsymbol{b}, \mathbf{beq}, \mathbf{lb}$ 和 $\mathbf{ub}$ 为向量,$\boldsymbol{A}$ 和 $\mathbf{Aeq}$ 为矩阵,$\boldsymbol{F}(\boldsymbol{x}), \boldsymbol{c}(\boldsymbol{x})$ 和 $\mathbf{ceq}(\boldsymbol{x})$ 可以是非线性函数.

【函数】

fminimax.

【功能】

求解最大最小化问题.

【语法】

```
x=fminimax(fun,x0)
x=fminimax(fun,x0,A,b)
x=fminimax(fun,x0,A,b,Aeq,beq)
x=fminimax(fun,x0,A,b,Aeq,beq,lb,ub)
x=fminimax(fun,x0,A,b,Aeq,beq,lb,ub,nonlcon)
x=fminimax(fun,x0,A,b,Aeq,beq,lb,ub,nonlcon,options)
x=fminimax(fun,x0,A,b,Aeq,beq,lb,ub,nonlcon,options,P1,P2,…)
[x,fval]=fminimax(…)
[x,fval,maxfval]=fminimax(…)
[x,fval,maxfval,exitflag]=fminimax(…)
```

```
[x,fval,maxfval,exitflag,output]=fminimax(…)
[x,fval,maxfval,exitflag,output,lambda]=fminimax(…)
```

【描述】

fminimax 使多目标函数中的最好情况达到最小化. 给定初值估计，该值必须服从一定的约束条件.

【算法】

fminimax 函数使用序列二次规划法(SQP)进行计算.

【说明】

maxfval 变量为解 ***x*** 处函数值的最大值，即 maxfval＝max{fun(x)}. 目标函数必须连续，否则 fminimax 函数有可能给出局部最优解.

【实例】

例 11.27　利用极大极小法求解例 7.6.

解　MATLAB 程序如下：

```
% 首先编写目标函数的 M 文件:
function f=f1127(x)
f(1)=3*x(1)- 2*x(2);
f(2)=-4*x(1)-3*x(2);
% 主程序
x0=[1;1];
A=[2,3;2,1];
b=[18;10];
lb=zeros(2,1);
[x,fval]=fminimax('f1127',x0,A,b,[],[],lb,[])
```

【输出】

```
x=
  -0.0000
  6.0000
fval=
  -12  -18
```

从运行结果可知，最优解为 $x_1=0$，$x_2=6$，对应的目标值分别为 $f_1(x)=12$，$f_2(x)=18$.

例 11.28　利用极大极小法求解例 7.5.

解　MATLAB 程序如下：

```
% 首先编写目标函数的 M 文件:
function f=f1128(x)
```

```
f(1)=x(1)^2+ x(2)^2+ 1;
f(2)=x(1)^2+ (x(2)- 2)^2;
% 主程序
x0=[1;1];
lb=zeros(2,1);
[x,fval]=fminimax('f1128',x0,[],[],[],[],lb)
```

【输出】

```
x=
  0.0000
  0.7500
fval=
  1.5625    1.5625
```

该结果与例 7.5 有所不同,但都是问题的弱有效解.

11.3.4 乘除法

【实例】

例 11.29 利用乘除法求解例 7.7 的多目标规划问题.

解 MATLAB 程序如下:

```
% 原函数 f(x)
function RES=f1129(x)
RES=(4*x(1)+ 2.8*x(2)+ 2.4*x(3))/(x(1)+ x(2)+ x(3));
% 主程序
A=[4 2.8 2.4;-1 -1 -1;-1 -1 0];
b=[20;-6;-3];
lb=[0 0 0];
[x,fval]= fmincon('f1129',[1 1 1],A,b,[],[],lb)
```

【输出】

```
x=
    0    3.0000    4.8333
fval=
    2.5532
```

该结果与例 7.7 有所不同,但都是问题的弱有效解.

11.3.5 目标达到法

【数学模型】

$$\min_{x,\gamma} \gamma$$

$$\text{s. t.} \begin{cases} \boldsymbol{F}(\boldsymbol{x}) - \textbf{weight} \cdot \gamma \leqslant \textbf{goal} \\ \boldsymbol{c}(\boldsymbol{x}) \leqslant 0 \\ \textbf{ceq}(\boldsymbol{x}) = 0 \\ \boldsymbol{A} \cdot \boldsymbol{x} \leqslant \boldsymbol{b} \\ \textbf{Aeq} \cdot \boldsymbol{x} = \textbf{beq} \\ \textbf{lb} \leqslant \boldsymbol{x} \leqslant \textbf{ub} \end{cases}$$

其中 $\boldsymbol{x}$,**weight**,**goal**,$\boldsymbol{b}$,**beq**,**lb** 和 **ub** 为向量,$\boldsymbol{A}$ 和 **Aeq** 为矩阵,$\boldsymbol{F}(\boldsymbol{x})$,$\boldsymbol{c}(\boldsymbol{x})$和 $\textbf{ceq}(\boldsymbol{x})$可以是非线性函数.

【函数】

fgoalattain.

【功能】

求解多目标达到问题.

【语法】

```
x=fgoalattain(fun,x0,goal,weight)
x=fgoalattain(fun,x0,goal,weight,A,b)
x=fgoalattain(fun,x0,goal,weight,A,b,Aeq,beq)
x=fgoalattain(fun,x0,goal,weight,A,b,Aeq,beq,lb,ub)
x=fgoalattain(fun,x0,goal,weight,A,b,Aeq,beq,lb,ub,nonlcon)
x=fgoalattain(fun,x0,goal,weight,A,b,Aeq,beq,lb,ub,nonlcon,options)
x=fgoalattain(fun,x0,goal,weight,A,b,Aeq,beq,lb,ub,nonlcon,options,P1,P2,…)
[x,fval]=fgoalattain(…)
[x,fval,attainfactor]=fgoalattain(…)
[x,fval,attainfactor,exitflag]=fgoalattain(…)
[x,fval,attainfactor,exitflag,output]=fgoalattain(…)
[x,fval,attainfactor,exitflag,output,lambda]=fgoalattain(…)
```

【描述】

```
x= fgoalattain(fun,x0,goal,weight)
% 试图通过变化 x 来使目标函数 fun 达到 goal 指定的目标.初值为 x0,weight 参数指定权重.
```

【算法】

fgoalattain 函数使用序列二次规划法(SQP).

【说明】

goal 变量目标希望达到的向量值. 向量的长度与 fun 函数返回的目标数 F 相等. 当加权函数 weight 为正时, fgoalattain 函数试图使对象小于目标值. 为了使目标函数大于目标值, 将权重 weight 设置为负.

【实例】

例 11.30 对例 7.6 进行目标达到法求解.

解 MATLAB 程序如下:

```
% 首先编写目标函数的 M 文件
function f= f1130(x)
f(1)= 3*x(1)-2*x(2);
f(2)=-4*x(1)-3*x(2);
% 主程序
% 给定目标,权重按目标比例确定,给出初值
goal=[18,10];
weight=[18,10];
x0=[1,1];
% 给出约束条件的系数
A=[2,3;2,1];
b=[18,10];
lb=zeros(2,1);
[x,fval]=fgoalattain('f1130',x0,goal,weight,A,b,[],[],lb,[])
```

【输出】

```
x=
  0.0000    6.0000
fval=
  -12.0000  -18.0000
```

从运行结果可知, 最优解为 $x_1=0, x_2=6$, 对应的目标值分别为 $f_1(x)=12$, $f_2(x)=18$.

11.4 动态规划

动态规划在 MATLAB 中无直接函数实现, 针对自由始端和终端的动态规划, 如下是利用 MATLAB 编写的求指标函数最小值的逆序算法递归计算程序 dynprog.m:

```
function [p_opt,fval]= dynprog(x,DecisFun,SubObjFun,Trans-
```

```
Fun,ObjFun)
    % x 为状态变量,一列代表一个阶段的状态
    % M_函数 DecisFun(k,x)表示由阶段 k 的状态值 x 求出相应的允许决策集合
    % M_函数 SubObjFun(k,x,u)表示阶段 k 的指标函数
    % M_函数 TransFun(k,x,u)是状态转移函数,其中 x 是阶段 k 的状态值,u 是其决策集合
    % M_函数 ObjFun(v,f)是第 k 阶段到最后阶段的指标函数,当 ObjFun(v,f)= v+ f 时,输入 ObjFun(v,f)可以省略
    % 输出 p_opt 由 4 列组成,p_opt= [序号组,最优轨线组,最优策略组,指标函数值组];
    % 输出 fval 是列向量,各元素分别表示 p_opt 各最优策略组对应始端状态 x 的最优函数值
    k= length(x(1,:));% k 为阶段数
    x_isnan= ~ isnan(x);
    t_vubm= inf * ones(size(x));% t_vubm 为指标函数值的上限
    f_opt= nan * ones(size(x));
    % f_opt 为不同阶段,状态下的最优值矩阵,初值为非数
    d_opt= f_opt;% d_opt 为不同阶段不同状态下的决策矩阵,初值为非数
    tmp1= find(x_isnan(:,k));% 找出第 k 阶段状态值(不是非数)的下标
    tmp2= length(tmp1);
    fori= 1:tmp2
    u= feval(DecisFun,k,x(tmp1(i),k));
    % 求出相应的允许决策向量
    tmp3= length(u);
    forj= 1:tmp3% 该 for 语句是为了求出相应的最优函数值以及最优决策
tmp= feval(SubObjFun,k,x(tmp1(i),k),u(j));
    if tmp< = t_vubm(i,k)
    f_opt(tmp1(i),k)= tmp;
    d_opt(tmp1(i),k)= u(j);
    t_vubm(i,k)= tmp;
    end
    end
    end
    for ii= k-1:-1:1
```

```
% 从后往前面递推求出 f_opt 以及 d_opt
tmp10= find(x_isnan(:,ii));tmp20= length(tmp10);
for i= 1:tmp20
u= feval(DecisFun,ii,x(tmp10(i),ii));
tmp30= length(u);
for j= 1:tmp30
tmp00= feval(SubObjFun,ii,x(tmp10(i),ii),u(j));
tmp40= feval(TransFun,ii,x(tmp10(i),ii),u(j));
% 由该状态值及相应的决策值求出下一阶段的状态值
tmp50=x(:,ii+ 1)-tmp40;
tmp60=find(tmp50==0);
% 找出下一阶段的状态值在 x(:,ii+1)的下标
if~ isempty(tmp60)
if nargin<5
tmp00=tmp00+f_opt(tmp60(1),ii+1);
else
tmp00=feval(ObjFun,tmp00,f_opt(tmp60(1),ii+1));
end
if tmp00<=t_vubm(i,ii)
f_opt(tmp10(i),ii)=tmp00;d_opt(i,ii)=u(j);
t_vubm(tmp10(i),ii)=tmp00;
end
end
end
end
end
fval=f_opt(find(x_isnan(:,1)),1);
% fval 即为最有函数值矩阵
p_opt= [];tmpx= [];tmpd= [];tmpf= [];
tmp0=find(x_isnan(:,1));tmp01=length(tmp0);
for i=1:tmp01
tmpd(i)=d_opt(tmp0(i),1);
% 求出第一阶段的决策值
tmpx(i)=x(tmp0(i),1);
% 求出第一阶段的状态值
```

```
tmpf(i)=feval(SubObjFun,1,tmpx(i),tmpd(i));
% 求出第一阶段的指标函数值
p_opt(k* (i- 1)+ 1,[1 2 3 4])= [1,tmpx(i),tmpd(i),tmpf(i)];
for ii=2:k % 按顺序求出各阶段的决策值,状态值以及指标函数值
tmpx(i)=feval(TransFun,ii-1,tmpx(i),tmpd(i));
tmp1=x(:,ii)-tmpx(i);tmp2=find(tmp1==0);
if~ isempty(tmp2)
tmpd(i)=d_opt(tmp2(1),ii);
end
tmpf(i)=feval(SubObjFun,ii,tmpx(i),tmpd(i));
p_opt(k* (i-1)+ii,[1 2 3 4])=[ii,tmpx(i),tmpd(i),tmpf(i)];
end
end
```

【实例】

例 11.31 某工厂要对一种产品制订今后 4 个时期的生产计划,据估计在今后 4 个时期内,市场对于该产品的需求量如表 11.2 所示.

表 11.2 不同时期产品的需求量

时期(k)	1	2	3	4
需求量(q_k)	2	3	2	4

假定该厂生产每批产品的固定成本为 3kg,若不生产就为 0;每单位产品成本为 1 千元;每个时期生产能力所允许的最大生产量不超过 6 个单位;每个时期末未能售出的产品,每单位需付存储费 0.5 千元.还假定在第一个时期的初始库存量为 0,第 4 个期末的库存量也为 0.试问该厂应如何安排各个时期的生产与库存,才能在满足市场需要的条件下,使总成本最小.

解 用动态规划方法求解,按 4 个时期将该问题分为 4 个阶段,记 x_k 为状态变量,它表示第 k 阶段开始时的库存量;记 d_k 为决策变量,它表示第 k 阶段的生产量.于是可得状态转移方程

$$x_{k+1}=x_k+d_k-q_k,\quad k=1,2,3,4$$

由题意知,在第 k 时期内的生产成本为

$$c_k(d_k)=\begin{cases}0, & d_k=0\\ 3+d_k, & d_k=1,2,\cdots,6\\ \infty, & d_k>6\end{cases}$$

在第 k 时期末库存量为 x_{k+1} 时的存储费为 $h_k(x_k)=0.5(x_k+d_k-q_k)$,故第 k 时期内的总成本为 $c_k(d_k)+h_k(x_k)$,则阶段指标函数为 $v_k(x_k)=c_k(d_k)+h_k(x_k)$.

最优值函数 $f_k(x_k)$ 表示从第 k 阶段初始库存量为 x_k 时到第 4 阶段末库存量为 0 时的最小总费用，则有递推关系式

$$\begin{cases} f_k(x_k)=\min\limits_{\max[0,q_k-x_k]\leqslant d_k\leqslant 6}[v_k(x_k)+f_{k+1}(x_{k+1})] \\ f_5(x_5)=0, \quad d_4=q_4-x_4 \end{cases}$$

其中 $d_k\geqslant\max\{0,q_k-x_k\}$，这是因为，一方面，每阶段生产的下限为 0；另一方面，由于要保证供应，故第 k 阶段末的库存量 x_{k+1} 必须非负，即 $x_k+d_k-q_k\geqslant 0$，所以 $x_k\geqslant q_k-d_k$. x_k 的取值范围为

$$\left[0,\min\left\{\sum_{j=k}q_j,m-q_k\right\}\right]$$

其中 $m=6,x_1=0,x_5=0$. 为了求出该问题的最优值，利用上面的计算程序 dynprog. m. 根据上面所述的阶段指标函数、状态转移函数和递推关系式，编写出所需的三个 M 函数，以备主程序调用.

求解的 MATLAB 代码如下：

% M_函数 DecisFun(k,x)表示由阶段 k 的状态值 x 求出相应的允许决策集合

```
% DecisFun.m
function d=DecisFun(k,x)
q=[2 3 2 4];
m=6;
if k==4
d=q(k)-x;
else
d=max(0,q(k)-x):m;
end
% M_函数 SubObjFun(k,x,d)表示阶段 k 的指标函数
% SubObjFun.m
function f=SubObjFun(k,x,d)
q=[2 3 2 4];
if d==0
f=0.5*(x+d-q(k));
else if d>6
f=10^6;
else
f=3+d+0.5*(x+d-q(k));
end
```

```
end
% M_函数 TransFun(k,x,d)是状态转移函数,其中 x 是阶段 k 的状态值,d
是其决策集合
% TransFun.m
function s=TransFun(k,x,d)
q=[2 3 2 4];
s=x+d-q(k);
% 主程序
% 在 MATLAB 命令空间调用 dynprog 函数:
x1=0:4;
s=nan*ones(5,1);
s(1)=0;
x=[s x1' x1' x1'];
[p_opt,fval]=dynprog(x,'DecisFun','SubObjFun','TransFun')
```

【输出】

```
p_opt=
    1.0000         0    5.0000    9.5000
    2.0000    3.0000         0         0
    3.0000         0    6.0000   11.0000
    4.0000    4.0000         0         0
fval=
    20.5000
```

从上面的运行结果可知,每个时期的最优决策为 $d_1=5,d_2=0,d_3=6,d_4=0$,其相应的最小总成本为 20.5 千元.从上面的结果中还可以看出,各个时期初的库存量分别为 $x_1=0,x_2=2,x_3=0,x_4=4$.

例 11.32 求解例 8.1 的最短路径.

解 令节点 A 的编号为 1;点 B_1,B_2,B_3 的编号为 2,3,4;节点 C_1,C_2,C_3 的编号为 5,6,7;节点 D_1,D_2 的编号为 8,9;节点 E 的编号为 10. 首先编写三个 M 函数,以供计算时调用.由图 8.1 可知,状态变量有 5 个. MATLAB 代码如下:

```
% M 函数 DecisFun1.m
function d= DecisFun1(k,x)
% 这里求出了在阶段 k 所有状态 x 对应的决策变量值 d
if x==1,
d= [2;3;4];
elseif (x==2)|(x==3)|(x==4),
```

```
d= [5;6;7];
elseif(x==5)|(x==6)|(x==7),
d= [8;9];
elseif(x==8)|(x==9),
d=10;
elseif x==10,
d=10;
end
% M 函数 SubObjFun1.m
function v=SubObjFun1(k,x,d)
% 各阶段指标函数值,如 x=1,d=2 时,v=3.
tt=[3;4;5;7;2;5;9;3;6;3;5;4;2;3;4;5;4;8;3;1];
tmp=[x==1&d==2,x==1&d==3,x==1&d==4,x==2&d==5,x==2&d==6,...
x==2&d==7,x==3 & d==5,x==3 & d==6,x==3 & d==7,x==4 & d==5,...
x==4 & d==6,x==4 & d==7,x==5 & d==8,x==5 & d==9,x==6 & d==8,...
x==6 & d==9,x==7 & d==8,x==7 & d==9,x==8 & d==10,x==9 & d==10];
v=tmp*tt;
% M 函数 TransFun1.m
function y=TransFun1(k,x,d)
y=d;  % 状态转移方程
% 主程序
clear;
x=nan*ones(3,5);  % 初始化,nan 为无意义元素,5 个状态变量,每个最多 3 种取值
x(1,1)=1;x(1:3,2)=[2;3;4];% 逐列定义 x,其值为顶点的序号
x(1:3,3)=[5;6;7];x(1:2,4)=[8;9];x(1,5)=10;
[p,f]=dynprog(x,'DecisFun1','SubObjFun1','TransFun1')
```

【输出】

```
p=
  1    1    2    3
  2    2    6    2
  3    6    9    5
  4    9    10   1
  5    10   10   0
```

```
f=
  11
```

由此可得最短路的距离为 11,最短路径为 1→2→6→9→10,与例 8.1 的结果一致.

例 11.33 求解例 8.3 的背包问题.

解 MATLAB 程序如下:

```
% M_函数 DecisFun2(k,x)表示由阶段 k 的状态值 x 求出相应的允许决策集合
% DecisFun2.m
function d= DecisFun2(k,x)
w= [2 3 1];
d= 0:1:x/w(k);
% M_函数 SubObjFun2(k,x,d)表示阶段 k 的指标函数
% SubObjFun2.m
function f= SubObjFun2(k,x,d)
c= [45 70 15];
f= -c(k) * d;% 求最大值转化为求最小值
% M_函数 TransFun(k,x,d)是状态转移函数,其中 x 是阶段 k 的状态值,d 是其决策集合
% TransFun2.m
function s=TransFun2(k,x,d)
w= [2 3 1];
s=x-d*w(k);
% 主程序
% 在 MATLAB 命令空间输入):
a=0:7;
s=nan*ones(8,1);
s(1)=7;
x= [s a' a'];
[p_opt,fval]=dynprog(x,'DecisFun2','SubObjFun2','TransFun2')
```

【输出】

```
p_opt=
     1     7     2   -90
     2     3     1   -70
     3     0     0     0
fval=
     -160
```

从上面的运行结果可知,最优装入方案为 $d_1=2, d_2=1, d_3=0$,也即各种物品分别装入 2 件、1 件、0 件,此时产生的最大效益值为 160,此程序得出的结果与例 8.3一致.

11.5 遗传算法

【数学模型】

$$\min_{x} f(\boldsymbol{x})$$
$$\text{s. t.} \begin{cases} \boldsymbol{c}(\boldsymbol{x}) \leqslant 0 \\ \mathbf{ceq}(\boldsymbol{x}) = 0 \\ \boldsymbol{A} \cdot \boldsymbol{x} \leqslant \boldsymbol{b} \\ \mathbf{Aeq} \cdot \boldsymbol{x} \leqslant \mathbf{beq} \\ \mathbf{lb} \leqslant \boldsymbol{x} \leqslant \mathbf{ub} \end{cases}$$

其中 $\boldsymbol{x}, \boldsymbol{b}, \mathbf{beq}, \mathbf{lb}$ 和 $\mathbf{ub}$ 为向量,$\boldsymbol{A}$ 和 $\mathbf{Aeq}$ 为矩阵,$f(\boldsymbol{x}), \boldsymbol{c}(\boldsymbol{x})$ 和 $\mathbf{ceq}(\boldsymbol{x})$ 可以是非线性函数.

【函数】

ga.

【语法】

```
x=ga(fitnessfun,nvars,A,b)
x=ga(fitnessfun,nvars,A,b,Aeq,beq)
x=ga(fitnessfun,nvars,A,b,Aeq,beq,lb,ub)
x=ga(fitnessfun,nvars,A,b,Aeq,beq,lb,ub,nonlcon)
x=ga(fitnessfun,nvars,A,b,Aeq,beq,lb,ub,nonlcon,options)
[x,fval]=ga(…)
[x,fval,reason]=ga(…)
[x,fval,reason,output]=ga(…)
[x,fval,reason,output,population]=ga(…)
[x,fval,reason,output,population,scores]=ga(…)
```

【描述】

```
x=ga(fitnessfun,nvars,A,b)
% fitnessfun 为适应度函数,nvars 为变量数目.
[x,fval,reason,output,population,scores]=ga(…)
```

% fval 为返回的适应度函数值,reason 为程序终止的原因,output 返回遗传算法的结构信息,population 为算法结束时的种群,scores 为最后得到的种群的得分.

【实例】

例 11.34 用遗传算法求解

$$\min f(\boldsymbol{x})=100(x_1^2-x_2)^2+(1-x_1)^2$$

$$\text{s. t.}\begin{cases}x_1x_2+x_1-x_2+1.5\leqslant 0\\10-x_1x_2\leqslant 0\\0\leqslant x_1\leqslant 1\\0\leqslant x_2\leqslant 13\end{cases}$$

解 采用遗传算法函数 ga 来求解，MATLAB 代码如下：

```
% 首先,编写目标函数 M 文件 f1134.m
function y=f1134(x)
y=100*(x(1)^2-x(2))^2+(1-x(1))^2;
% 由于约束条件中无线性约束,可编写出如下的非线性约束 M 文件
function [c,ceq]=f1134a(x)
    c=[1.5+x(1)*x(2)+x(1)-x(2);-x(1)*x(2)+10];
    ceq=[];  % 无等式约束
% 主程序):
% 适应度函数 fitness 和约束条件 constraint 必须用函数句柄调用;
ObjectiveFunction=@f1134;
ConstraintFunction=@f1134a;
      nvars=2;
      lb=[0 0];
      ub=[1 13];
      [x,fval]=ga(ObjectiveFunction,nvars,[],[],[],[],lb,ub,
ConstraintFunction)
```

【输出】

```
x=
    0.8122   12.3122
fval=
    1.3578e+004
```

从运行结果可知，原问题的最优解为 $x_1=0.8122$，$x_2=12.3122$，最优值为 $f(\boldsymbol{x})=13578$.

例 11.35 Ackley 函数是指数函数叠加上适度放大的余弦而得到的连续型实验函数，其特征是一个几乎平坦的区域由余弦波调制形成一个个孔或峰，从而使曲面起伏不平，其函数为

$$f(\boldsymbol{x})=-20\mathrm{e}^{-0.2\sqrt{\frac{1}{n}\sum_{j=1}^{n}x_j^2}}-\mathrm{e}^{\frac{1}{n}\sum_{j=1}^{n}\cos(2\pi x_j)}+22.71282$$

在$-5\leqslant x_j\leqslant 5(j=1,2)$区间内求解$\min f(x_1,x_2)$.

解 采用 ga 函数来计算,MATLAB 代码如下:

```
% 编写目标函数
function  f= f1135(x)
f= -20 * exp((-0.2) * sqrt(1/2 * x(1)^2+1/2 * x(2)^2))-exp(1/2
* cos(2 * pi * x(1))+1/2 * cos(2 * pi * x(2)))+22.71282;
% 主程序
ObjectiveFunction=@f1135;
nvars=2;
lb=[-5,-5];
ub=[5,5];
[x,fval]=ga(ObjectiveFunction,nvars,[],[],[],[],lb,ub)
```

【输出】

```
x=
    -0.0002    0.0015
fval=
    -0.0010
```

从运行结果可知,原问题的最优解为$x_1=-0.0002$,$x_2=0.0015$,最优值为$f(\boldsymbol{x})=-0.001$.

例 11.36 求函数$f(x)=|x^2-3x+2|$的最小值.

解 采用 ga 函数来计算,MATLAB 代码如下:

```
% 编写目标函数 M 文件
function f=f1136(x)
f= abs(x^2 -3 * x+2);
% 主程序
ObjectiveFunction=@f1136;
nvars=1;
[x,fval]=ga(ObjectiveFunction,nvars)
```

【输出】

```
x=
   1.9964
fval=
   0.0036
```

从运行结果可知,原问题的最优解为 $x=1.9964$,最优值为 $f(x)=0.0036$.

例 11.37 求解无约束极值问题

$$\min f(\boldsymbol{x})=x_1^4+x_2^4-14x_1^2-38x_2^2-24x_1+120x_2$$

解 采用 ga 函数来计算,MATLAB 代码如下:

```
% 编写目标函数 M 文件
function f=f1137(x)
f=x(1)^4+x(2)^4-14*x(1)^2-38*x(2)^2-24*x(1)+120*x(2);
% 主程序
ObjectiveFunction=@f1137;
nvars=2;
[x,fval]=ga(ObjectiveFunction,nvars)
```

【输出】

```
x=
  3.0166  -4.9982
fval=
  -1.0420e+003
```

从运行结果可知,原问题的最优解为 $x_1=3.0166, x_2=-4.9982$,最优值为 $f(\boldsymbol{x})=-1042$.

例 11.38 求解如下优化问题:

$$\min f(\boldsymbol{x})=\frac{x_1+x_2+x_3}{x_1^2+x_2\cdot x_3}$$

$$\text{s. t.}\begin{cases}3x_1+4x_2+5x_3\leqslant 30\\x_1^2+x_2^2+x_3^2=25\\x_1,x_2,x_3\geqslant 0\end{cases}$$

解 采用遗传算法函数 ga 来求解,MATLAB 代码如下:

```
% 首先,编写目标函数 M 文件 f1138.m
function y= f1138(x)
y= (x(1)+ x(2)+ x(3))/(x(1)^2+ x(2)*x(3));
% 非线性约束 M 文件
function [c,ceq]= f1138a(x)
      c= [];  % 无非线性不等式约束
      ceq= [x(1)^2+ x(2)^2+ x(3)^2- 25];
% 主程序):
% 适应度函数 fitness 和约束条件 constraint 必须用函数句柄调用;
ObjectiveFunction= @f1138;
```

```
ConstraintFunction= @f1138a;
    nvars=3;
    A=[3 4 5];
    b=[30];
    lb=[0 0 0];
    [x,fval]= ga(ObjectiveFunction,nvars,A,b,[],[],lb,[],
ConstraintFunction)
```

【输出】

```
x=
   4.7660    1.5116    0.0021
fval=
   0.2764
```

从运行结果可知,原问题的最优解为 $x_1=4.7660, x_2=1.5116, x_3=0.0021$,最优值为 $f(\boldsymbol{x})=0.2764$.

例 11.39　求解

$$\min f(\boldsymbol{x})=x_1^4+x_2^4-14x_1^2-38x_2^2-24x_1+120x_2$$

$$\text{s. t.}\quad \begin{cases} x_1^2+x_2^2-18\leqslant 0 \\ x_1-x_2\leqslant 5 \end{cases}$$

解　采用遗传算法函数 ga 来求解,MATLAB 代码如下:

```
% 首先,编写目标函数 M 文件 f1139.m
function f=f1139(x)
f=x(1)^4+ x(2)^4-14*x(1)^2-38*x(2)^2- 24*x(1)+ 120*x(2);
% 非线性约束 M 文件
function [c,ceq]=f1139a(x)
   c= [x(1)^2+ x(2)^2- 18];
   ceq= [];  % 无等式约束
% 主程序):
% 适应度函数 fitness 和约束条件 constraint 必须用函数句柄调用;
ObjectiveFunction= @f1139;
ConstraintFunction= @f1139a;
  A=[1 -1];
  b=[5];
  nvars= 2;
  [x,fval]=ga(ObjectiveFunction,nvars,A,b,[],[],[],[],Con-
straintFunction)
```

【输出】

```
x=
   0.8421  -4.1578
fval=
   -886.6454
```

从运行结果可知，原问题的最优解为 $x_1=0.8421, x_2=-4.1578$，最优值为 $f(\boldsymbol{x})=-886.6454$.

11.6 GUI 优化工具

优化工具(optimtool)是 2006 年 9 月在 MATLAB 7.2 版本的优化工具箱 3.1 版本中推出的，所有 MATLAB 最优化工具箱中的函数在 optimtool 中都能调用，它是执行下列常见优化任务的图形用户界面：选择求解器并定义优化问题；设置和检查优化选项；运行问题并将结果可视化；在 MATLAB 工作空间和优化工具之间导入和导出问题定义、算法选项和结果；自动生成 M 文件代码，以获取工作并自动执行任务；带有图形选项，用来显示对求解器执行期间进度的预定义或自定义测量标准.

11.6.1 GUI 优化工具的启动

有以下两种方式可以启动 GUI 优化工具：

(1) 在命令行上输入 optimtool；

(2) 在 MATLAB 主界面单击左下角的"Start"按钮，然后依次选择 Toolboxes->Optimization->Optimization tool(optimtool).

11.6.2 GUI 优化工具的界面

GUI 优化工具的界面主要分为三大块，左边为优化问题的描述及结果，中间为优化选项的设置，右边为帮助，界面如图 11.1 所示.

使用 GUI 优化工具求解，需要经历如下 8 个步骤：

(1) 选择求解器 solver；

(2) 选择优化算法 algorithm；

(3) 选定目标函数(objective function)；

(4) 设定优化函数的相关参数；

(5) 设置优化选项(options)；

(6) 单击"start"按钮，运行求解；

(7) 查看求解器的状态和求解结果；

(8) 将目标函数，选项和结果导入\导出.

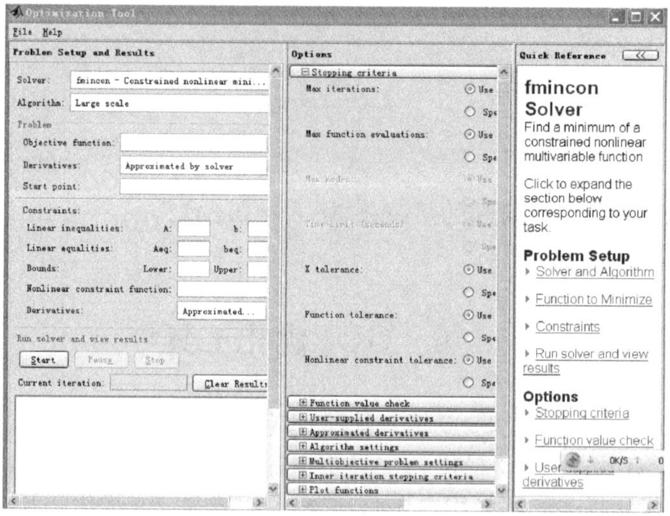

图 11.1　GUI 优化工具界面

11.6.3　GUI 优化工具应用实例

1. 线性规划

例 11.40　求解

$$\max\ 72x_1+64x_2$$

$$\text{s. t.}\quad \begin{cases} x_1+x_2\leqslant 50 \\ 12x_1+8x_2\leqslant 480 \\ x_1\geqslant 10, x_2\geqslant 0 \end{cases}$$

解　问题的相关参数值取为

f=[−72;−64];　A=[11;128];　b=[50;480];　lb=[10;0].

选择用 GUI 优化工具来计算，结果如图 11.2 所示.

线性规划问题的最优解为 $x_1=20$, $x_2=30$，最优值为 3360，与调用 linprog 函数计算的结果一致.

2. 无约束非线性优化

例 11.41　求解例 11.36 的单变量优化问题.

解　首先建立目标函数文件 fun2. m 如下：

```
% 先定义函数 f(x)的 M 文件 fun2.m
function f= fun2(x)
f= abs(x^2 -3 * x+2);
```

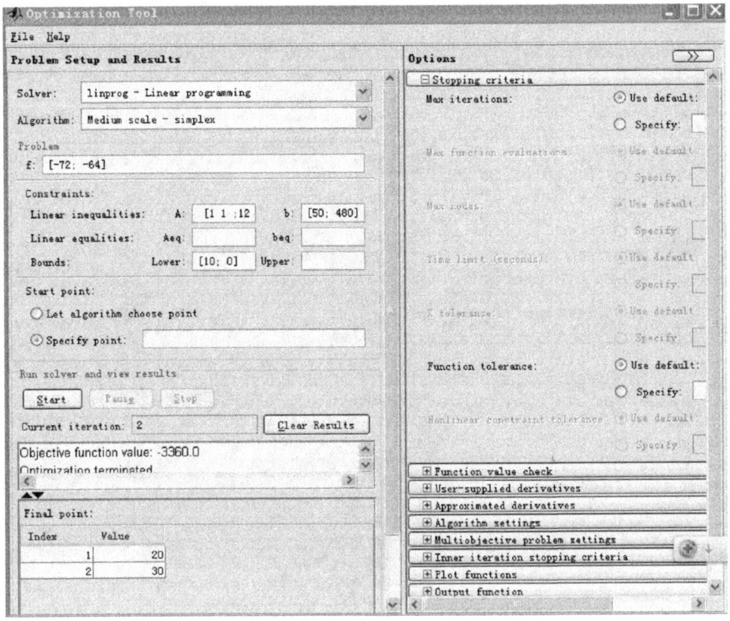

图 11.2　线性规划计算界面

启动优化工具 optimtool,在“Solver”下拉框中选择“Medium scale”,目标函数栏输入@ fun2,初始点输入−7,其余参数默认,单击 start 按钮运行.

当采用的求解器为 fminunc 时,得到的结果如图 11.3 所示.

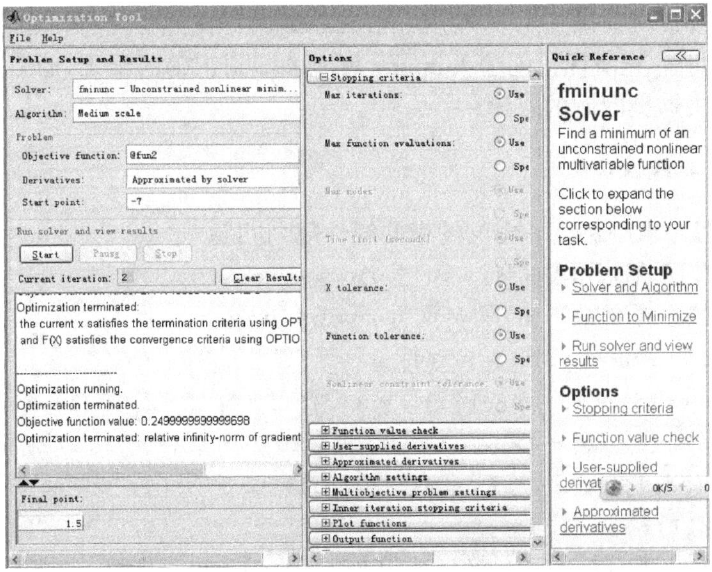

图 11.3　fminunc 计算界面

当采用的求解器为 fminsearch 时，得到的结果如图 11.4 所示.

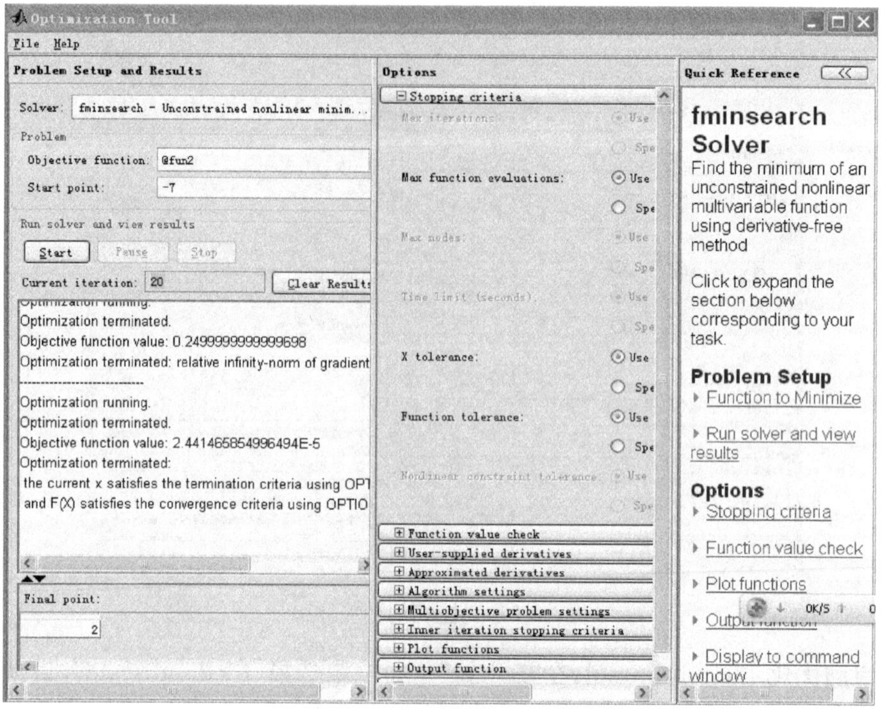

图 11.4　fminsearch 计算界面

用 fminunc 时结果是 1.5，而用 fminsearch 时结果是 2. 计算原问题得极小点为 2，由此对于非光滑优化问题 fminunc 可能求不到正确的结果，而 fminsearch 却能很好地解决这类问题的求解.

3. 约束非线性优化

例 11.42　求解例 11.21 的约束非线性规划问题.

解　MATLAB 代码如下：

```
% 首先建立原函数 f(x)的 M 文件 myobjfunc.m
function RES=myobjfunc(x)
RES=(-(x(3)*(3*x(3)^2+2*x(3)*x(4)^2+2*x(1)*x(2)*x(3)
+x(5)))/(4*((x(5)+(x(4)^2+x(3)+x(1)*x(2))^(1/2)+x(3)^2)/
(x(3)^2+x(5)))^(1/2)*(x(3)^2+x(5))^2*(x(4)^2+ x(3)+ x(1)*
x(2))^(1/2)));
% 其次建立非线性约束函数的 M 文件 mymodelcons.m
function [c,ceq]=mymodelcons(x)
```

```
c(1)= x(1)+ x(2)^2- 10;
c(2)= 1-x(1)-x(2)^2;
ceq= [];% 无非线性等式约束
```

采用 GUI 优化工具来计算,结果如图 11.5 所示.

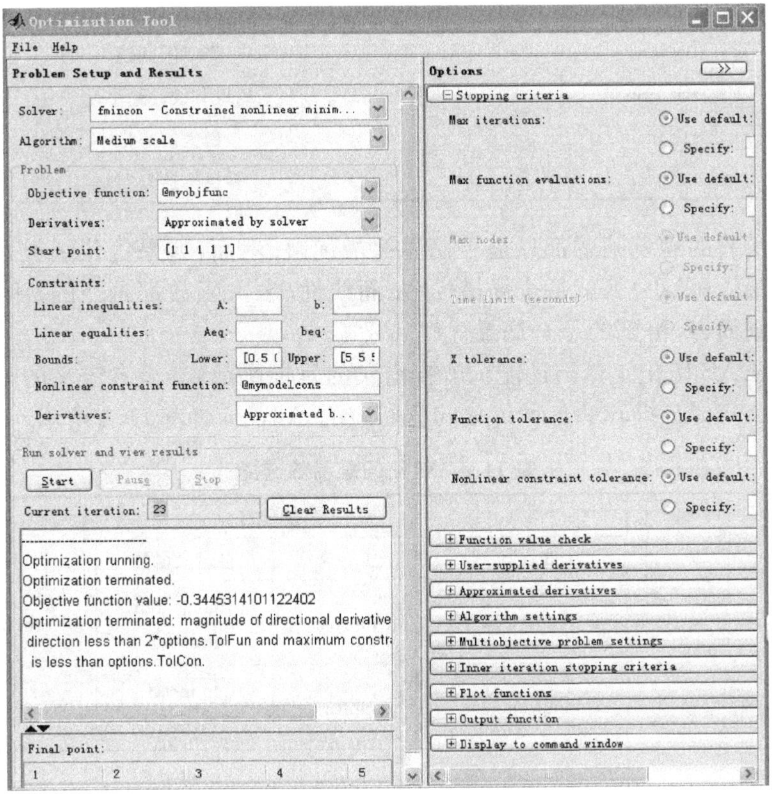

图 11.5 fmincon 计算界面

从结果可以看出,最优值与单独用 fmincon 计算的结果一致.

11.7 优化工具箱函数

优化工具箱中的最小化函数主要包括下面几类,如表 11.3 所示.

表 11.3 最小化函数表

函　数	描　述
linprog	线性规划
bintprog	0-1 线性规划

续表

函　数	描　述
fminbnd	有边界的标量非线性最小化
fminsearch,fminunc	无约束非线性最小化
quadprog	二次规划
fseminf	半无限问题
fmincon	约束非线性最小化
fminimax	最大最小化
fgoalattain	多目标达到问题

以上所有的规划问题都只是寻找局部最优解. 然而,如果优化函数是凸函数,那么局部最优(最小)解就是全局最优解. 而线性、二次函数都是凸的,所以对线性和二次规划而言,得到的是全局最优解.

MATLAB 优化工具箱还能求解自定义的目标函数,甚至自定义的限制条件. 以下是 MATLAB 推荐的各种优化问题对应的 Solver,如表 11.4 所示.

表 11.4　优化问题函数选择

限制条件	优化目标			
	线性	二次(正定)	自定义函数	不光滑
无	*	quadprog	fminsearch fminunc	fminsearch
线性	linprog	quadprog	fmincon fseminf	*
自定义函数	fmincon	fmincon	fmincon fseminf	*
整数	bintprog	*	*	*

注 * 号表明该项缺.

习题参考答案或提示

习　题　1

1.1　图略. (1) $(5,0)^{\mathrm{T}}$, 5; (2) $(0,1)^{\mathrm{T}}$, -6; (3) 问题为无界解; (4) 问题无可行解.

1.2　(1) 基解为 $\boldsymbol{x}^{(1)}=\left(-\frac{1}{3},\frac{11}{3},0,0\right)^{\mathrm{T}}$, $\boldsymbol{x}^{(2)}=\left(\frac{2}{5},0,\frac{11}{5},0\right)^{\mathrm{T}}$, $\boldsymbol{x}^{(3)}=\left(-\frac{1}{3},0,0,\frac{11}{6}\right)^{\mathrm{T}}$, $\boldsymbol{x}^{(4)}=(0,2,1,0)^{\mathrm{T}}$, $\boldsymbol{x}^{(5)}=(0,0,1,1)^{\mathrm{T}}$, 基可行解为 $\boldsymbol{x}^{(2)}$, $\boldsymbol{x}^{(4)}$, $\boldsymbol{x}^{(5)}$, 最优解为 $\boldsymbol{x}^{(5)}$, 最优值为 -3.

(2) 基解为 $\boldsymbol{x}^{(1)}=\left(-\frac{2}{3},\frac{5}{3},0,0,0\right)^{\mathrm{T}}$, $\boldsymbol{x}^{(2)}=(-4,0,5,0,0)^{\mathrm{T}}$, $\boldsymbol{x}^{(3)}=(-4,0,0,5,0)^{\mathrm{T}}$, $\boldsymbol{x}^{(4)}=(1,0,0,0,5)^{\mathrm{T}}$, $\boldsymbol{x}^{(5)}=(0,2,-1,0,0)^{\mathrm{T}}$, $\boldsymbol{x}^{(6)}=(0,2,0,-1,0)^{\mathrm{T}}$, $\boldsymbol{x}^{(7)}=(0,1,0,0,2)^{\mathrm{T}}$, $\boldsymbol{x}^{(8)}=(0,0,1,0,4)^{\mathrm{T}}$, $\boldsymbol{x}^{(9)}=(0,0,0,1,4)^{\mathrm{T}}$, 基可行解为 $\boldsymbol{x}^{(4)}$, $\boldsymbol{x}^{(7)}$, $\boldsymbol{x}^{(8)}$, $\boldsymbol{x}^{(9)}$, 最优解为 $\boldsymbol{x}^{(7)}$, 最优值为 -1.

1.3　(1) $\boldsymbol{x}=(5,0,0.3)^{\mathrm{T}}$, $\max z=10$; (2) $\boldsymbol{x}=(3,0,4)^{\mathrm{T}}$, $\max z=-5$; (3) 有无穷多最优解, 最优解之一为 $\boldsymbol{x}=\left(\frac{4}{5},\frac{9}{5},0\right)^{\mathrm{T}}$, $\min z=7$; (4) 无可行解.

1.4　(1) 当 $b_1\geqslant 0, c_1, c_2<0$ 时为唯一最优解;

(2) 当 $b_1\geqslant 0, c_1=0, c_2\leqslant 0$ 或 $c_1\leqslant 0, c_2=0$ 时为多重解;

(3) 当 $b_1\geqslant 0, a_2\leqslant 0, c_1\leqslant 0, c_2>0$ 时具有无界解;

(4) 当 $b_1=0, c_1>0$ 或 $a_2>0, c_2>0$ 时为退化的可行解.

1.5　4 月份 400 件, 600 件; 5 月份 600 件, 600 件; 6 月份 600 件, 600 件; 最大利润为 6100 元.

1.6　设每人每天需要第 j 种食品的数量为 x_j $(j=1,2,\cdots,n)$, 建立数学模型为

$$\min z=\sum_{j=1}^{n}c_jx_j$$

$$\text{s.t.}\quad\begin{cases}\sum_{j=1}^{n}a_{ij}x_j\geqslant b_i, & i=1,2,\cdots,m\\ x_j\geqslant 0, & j=1,2,\cdots,n\end{cases}$$

1.7　设 x_1,x_2 分别为产品 A,B 的产量,x_3 为副产品 C 的销售量,x_4 为副产品 C 的销毁量,于是有 $x_3+x_4=2x_2$,z 为总利润,则数学模型为

$$\max z=3x_1+7x_2+2x_3-x_4$$
$$\text{s. t.}\begin{cases}x_1+2x_2\leqslant 11\\2x_1+3x_2\leqslant 17\\-2x_2+x_3+x_4=0\\x_3\leqslant 13\\x_j\geqslant 0,\quad j=1,2,3,4\end{cases}$$

习　题　2

2.1 (1) $\max w=10y_1+2y_2+y_3+y_4$
$$\text{s. t.}\begin{cases}y_1+y_2\leqslant 10\\2y_1+6y_2-y_3+y_4=-5\\4y_1-5y_2\leqslant 1\\y_1\geqslant 0,y_2,y_3,y_4\leqslant 0\end{cases}$$

(2) $\min w=6y_1+13y_2+5y_3$
$$\text{s. t.}\begin{cases}y_1+2y_2+4y_3\geqslant 1\\5y_1+y_2-2y_3\geqslant -2\\-y_1+y_2+3y_3\geqslant 3\\2y_1-5y_2+y_3=-4\\y_1\text{ 无约束},y_2\geqslant 0,y_3\leqslant 0\end{cases}$$

2.2　原问题存在可行解,对偶问题为

$$\max w=3y_1+2y_2$$
$$\begin{cases}2y_1+y_2\leqslant 1\\y_1-2y_2\leqslant -2\\-2y_1+3y_2=-2\\y_2\geqslant 0,y_1\text{ 无约束}\end{cases}$$

对偶问题无可行解,因此,原问题也无最优解(无界解).

2.3　(1) 对偶问题为

$$\max w=3y_1+5y_2$$
$$\text{s. t.}\begin{cases}y_1\leqslant 4\\y_2\leqslant 6\\3y_1+2y_2\leqslant 18\\y_1,y_2\geqslant 0\end{cases}$$

(2) $(0,3,1)^{\mathrm{T}}$

2.4　(1) 对偶问题为

$$\min w=8y_1+12y_2$$

$$\text{s. t.}\begin{cases}2y_1+2y_2\geqslant 2\\2y_2\geqslant 1\\y_1+y_2\geqslant 5\\y_1+2y_2\geqslant 6\\y_1\geqslant 0,\quad y_2\text{ 无约束}\end{cases}$$

(2) $(4,1)^{\mathrm{T}}$

2.5 (1) $(0,6,0)^{\mathrm{T}}$；(2) 无最优解.

2.6 原问题的最优解为 $\boldsymbol{x}^*=(15,5,0,10,0,0)^{\mathrm{T}}$. (1) $-4/3\leqslant c_2\leqslant 2$；(2) $\boldsymbol{x}^*=(13,3,0,18,0,0)^{\mathrm{T}}$；(3) $\sigma_3=-1\leqslant 0$，最优解会变化；(4) $\left(\frac{41}{3},\frac{11}{3},0,\frac{46}{3},0,\frac{8}{3},0\right)^{\mathrm{T}}$，$-\frac{71}{3}$.

2.7 (1) $\left(\frac{100}{3},\frac{200}{3},0\right)^{\mathrm{T}}$；(2) $\left(\frac{175}{6},\frac{275}{6},0\right)^{\mathrm{T}}$；(3) $6\leqslant c_1\leqslant 15$；(4) $-4\leqslant\delta\leqslant 5$；(5) 值得生产；(6) $\left(\frac{95}{3},\frac{175}{3},0\right)^{\mathrm{T}}$.

2.8 当 $t\in[0,8/3]$ 时，$\boldsymbol{x}=(0,10,10,0,0)^{\mathrm{T}}$；当 $t\in(8/3,5]$ 时，$\boldsymbol{x}=(0,15,0,5,0)^{\mathrm{T}}$；当 $t\in(5,+\infty)$ 时，$\boldsymbol{x}=(15,0,0,5,0)^{\mathrm{T}}$.

2.9 (1) 最优解为 $\left(\frac{8}{3},\frac{4}{3}\right)^{\mathrm{T}}$；(2) 当 $t\in\left[0,\frac{4}{5}\right]$ 时，最优解为 $\boldsymbol{x}=\left(\frac{8}{3}-\frac{1}{3}t,\frac{4}{3}-\frac{5}{3}t\right)^{\mathrm{T}}$；当 $t\in\left(\frac{4}{5},2\right]$ 时，最优解为 $\boldsymbol{x}=(4-2t,0)^{\mathrm{T}}$；当 $t\in(2,+\infty)$ 时，参数线性规划问题无可行解.

习 题 3

3.1 (1) $(0,4)^{\mathrm{T}}$，-4；(2) $(0,1)^{\mathrm{T}}$，9.

3.2 (1) $(1,2)^{\mathrm{T}}$，11；(2) $(2,4)^{\mathrm{T}}$，-2.

3.3 (1) $(0,1,1,0)^{\mathrm{T}}$，4；(2) $(1,0,0)^{\mathrm{T}}$，1.

习 题 4

4.1 最优方案不唯一，总运价为 93.

4.2 最大赢利为 72000 元.

4.3 略.

4.4 (1)13;(2)165.

4.5 (1)64;(2)44.

习 题 5

5.1 $x=(1,2)^{\mathrm{T}}$.

5.2 (1)非凸规划;(2)非凸规划.

5.3 (1)3.7321;(2)2.43342.

5.4 $(2,0)^{\mathrm{T}}$.

5.5 $(-13,10)^{\mathrm{T}},(-0.8,3.8)^{\mathrm{T}}$.

5.6 (1)$\left(-1,\dfrac{3}{2}\right)^{\mathrm{T}}$;(2)Hesse 矩阵非正定.

5.7 $\left(-\dfrac{5}{9},\dfrac{5}{9},-1\right)^{\mathrm{T}},\left(\dfrac{131}{676},\dfrac{-53}{676},\dfrac{-175}{676}\right)^{\mathrm{T}}$,不是.

5.8 (1)$(1,1)^{\mathrm{T}}$;(2)$\left(-1,\dfrac{3}{2}\right)^{\mathrm{T}}$.

5.9 $(0.25,0)^{\mathrm{T}}$,2.875.

5.10 $(2,4)^{\mathrm{T}}$,12.

5.11 提示:原问题的极小点为 $\boldsymbol{x}^*=(0,0,0)^{\mathrm{T}}$,但用 Powell 方法时,搜索方向线性相关,所得点的第一个分量恒为 0.5,永远达不到极小点.

习 题 6

6.1 $\boldsymbol{x}^{(1)}$不是,$\boldsymbol{x}^{(2)}$是.

6.2 $(1,0)^{\mathrm{T}}$,不是.

6.3 $(1,1)^{\mathrm{T}}$.

6.4 (1)$(0,0)^{\mathrm{T}}$;(2)$(0,1)^{\mathrm{T}}$.

6.5 (1)$(3,3)^{\mathrm{T}}$;(2)$\left(\dfrac{2}{3},\dfrac{1}{3}\right)^{\mathrm{T}}$.

6.6 (1)$\left(\dfrac{3}{4},\dfrac{5}{4}\right)^{\mathrm{T}},\dfrac{7}{4}$; (2)$(1,\sqrt{3})^{\mathrm{T}},-\sqrt{3}$.

6.7 $\left(\dfrac{1}{2},\dfrac{3}{2}\right)^{\mathrm{T}},\dfrac{3}{2}$.

6.8 $(0.875,0.625)^{\mathrm{T}},-2.25$.

习　题　7

7.1　最优解为$(2.8571,5.7143)^{T}$,对应的目标函数值为$(0,20)^{T}$.

7.2　取权系数$(0.3,0.7)^{T}$,最优解为$(6,2)^{T}$.

7.3　最优解为$(0,1)^{T}$,对应的目标函数值为$(0,-1)^{T}$.

7.4　最优解为$(0,8.1805,0)^{T}$,对应的目标函数值为$(16.3610,57.2635)^{T}$.

7.5　A产品5t,B产品4t;利润44000元,投资29700元.

习　题　8

8.1　(1)$x_1^*=0,x_2^*=0,x_3^*=10,\max z=300$;(2)$x_1^*=\frac{9}{2},x_2^*=0,x_3^*=0,\max z=\frac{204^3}{8}$;(3)$x_1^*=\frac{3}{2},x_2^*=3,x_3^*=\frac{3}{2},\max z=\frac{81}{4}$;(4)$x_1^*=0,x_2^*=1,x_3^*=9,\max z=41$.

8.2　最大收益2680.

8.3　利润最大260.

8.4　A→B→C→E;B→C→E;C→E;D→C→E.

参考文献

陈宝林.1989.最优化理论与算法.北京:清华大学出版社
邓乃扬,诸梅芳.1987.最优化方法.沈阳:辽宁教育出版社
邓乃扬等.1982.无约束最优化计算方法.北京:科学出版社
飞思科技产品研发中心.2003.MATLAB 6.5 辅助优化计算与设计.北京:电子工业出版社
龚纯,王正林.2009.精通 MATLAB 最优化计算.北京:电子工业出版社
管梅谷,郑汉鼎.1983.线性规划.济南:山东大学出版社
管志忠.2010.Fibonacci 数列与黄金分割求极小的程序法.河西学院学报,26(5):1-4
郭科,陈聆,魏友华.2007.最优化方法及其应用.北京:高等教育出版社
郭耀煌等.1994.运筹学原理与方法.成都:西南交通大学出版社
何坚勇.2007.最优化方法.北京:清华大学出版社
胡良剑,丁晓东,孙晓君.2001.数学实验:使用 MATLAB.上海:上海科学技术出版社
胡毓达.1990.非线性规划.北京:高等教育出版社
解可新,韩立兴,林友联.1997.最优化方法.天津:天津大学出版社
赖炎连,贺国平.2008.最优化方法.北京:清华大学出版社
林锉云,董加礼.1992.多目标优化的方法与理论.吉林:吉林教育出版社
卢险峰.2003.最优化方法应用基础.上海:同济大学出版社
马振华等.2001.运筹学与最优化理论卷、北京:清华大学出版社
蒲俊,吉家锋,伊良忠.2002.MATLAB 6.0 数学手册.上海:浦东电子出版社
钱颂迪.1990.运筹学原理.北京:清华大学出版社
施光燕,钱伟懿,庞丽萍.2007.最优化方法.北京:高等教育出版社
粟塔山.2002.最优化计算原理与算法程序设计.长沙:国防科技大学出版社
孙德敏.1997.工程最优化方法及应用.合肥:中国科学技术大学出版社
汤代焱等.2002.运筹学.长沙:中南大学出版社
唐焕文,秦学志.2004.实用最优化方法.大连:大连理工大学出版社
席少霖,赵风治.1983.最优化计算方法.上海:上海科技出版社
阳明盛,罗长童.2006.最优化原理、方法及求解软件.北京:科学出版社
袁亚湘,孙文瑜.1997.最优化理论与方法.北京:科学出版社
张伯生,范君晖,田书格.2008.运筹学.北京:科学出版社
张光澄.2005.非线性最优化计算方法.北京:高等教育出版社
张华庆,龙京鹏,罗明良,等.2010.二维动态规划方法的 MATLAB 实现及其应用.南昌航空大学学报(自然科学版),4:61-66
张可村,李换琴.2007.工程优化方法及其应用.西安:西安交通大学出版社
赵瑞安,吴方.1992.非线性最优化理论和方法.杭州:浙江科技出版社
朱德通.2003.最优化模型与实验.上海:同济大学出版社